国家“中西部高校综合实力提升工程”人才支持项目
“科学知识图谱的基本理论与方法”（批准号：011565002）的成果之一
山西省高等学校优秀青年学术带头人资助项目
“基于作者学术关系的学科知识图谱研究”（批准号：2014052006）的成果之一

基于作者学术关系的科学交流研究

A Research on Scientific Communication Based on Author Academic Relationships

马瑞敏/著

科学出版社
北京

图书在版编目(CIP)数据

基于作者学术关系的科学交流研究 / 马瑞敏著. —北京：科学出版社，2015.6

(计量学研究丛书)

ISBN 978-7-03-044855-2

I. ①基… II. ①马… III. ①科学计量学-研究 IV. ①G301

中国版本图书馆 CIP 数据核字（2015）第 126904 号

责任编辑：邹 聪 陈会迎/ 责任校对：朱光兰

责任印制：徐晓晨/ 封面设计：无极书装

编辑部电话：010-64035853

E-mail：houjunlin@mail. sciencep. com

科学出版社出版

北京东黄城根北街 16 号

邮政编码：100717

http://www.sciencep.com

北京凌奇印刷有限责任公司印刷

科学出版社发行 各地新华书店经销

*

2015 年 7 月第 一 版 开本：720×1000 B5

2019 年 1 月第四次印刷 印张：14

字数：262 000

定价：68.00 元

（如有印装质量问题，我社负责调换）

总 序

20世纪60年代以来，在图书馆学、文献学、科学学、情报学领域相继出现了三个类似的术语：Bibliometrics、Scientometrics和Informetrics，分别代表着三个十分相似的定量性分支学科，即文献计量学、科学计量学和信息计量学（情报计量学）（简称“三计学”）。经过几十年的努力研究和推动，“三计学”都不同程度地取得了一定进展，得到了学术界的广泛承认。文献计量学、科学计量学和信息计量学（情报计量学）之间的关系十分密切。尽管它们的研究对象和目的有所不同，但三者的起源相同，并且享有共同的原理、方法和工具，因此，学术界习惯于将它们统称为“三计学”，而且随着科学技术的发展和三门计量学的不断拓展，它们之间出现了合流的趋势，还产生了共同的国际学术组织——国际科学计量学和信息计量学学会（International Society for Scientometrics and Informetrics，ISSI）。20世纪90年代以来，随着计算机技术、网络技术的迅速发展和广泛普及，以及知识经济与知识管理的兴起，数字化、网络化和知识化成为信息社会与知识经济时代的显著特征，“三计学”研究的广度和深度不断扩展，信息管理领域又相继出现了以网络信息和数据为计量对象的网络信息计量学或称网络计量学（Webometrics）和以知识单元为计量对象的知识计量学（我们译为Knowledgometrics），与“三计学”一起并称为“五计学”。“五计学”分别以文献、数据、信息（包括网络信息、情报）、知识和科学活动为研究对象，既有共同基础、交叉融合，又各有侧重、自成体系，成为信息管理领域计量研究的五朵奇葩。“五计学”的形成和发展历程反映了信息管理领域定量研究的不断创新及随着时代和社会背景的变化而不断演变的轨迹，既是文献计量学和科学计量学研究的继承和发展，也是信息管理领域定量研究的拓展与创新。

文献计量学（Bibliometrics）是以文献体系和文献计量特征为研究对象，采用数学、统计学等的计量方法，研究文献情报的分布结构、数量关系、变化规律和定量管理，并进而探讨科学技术的结构、特征和规律的一门分支学科。早在1969年，英国计算中心的普里查德（A. Pritchard）开创性地提出用“文献计量学”（Bibliometrics）这一新名称来代替统计书目学（Statistical Bibliography）一词，并认为文献计量学是“将数学和统计学的方法运用于图书及其他交流介质研究”的一门学科。文献计量学概念提出后就得到了图书、情报、信息界的积极响应。经过半个世纪的努力，文献计量学已经形成为一门独立的科学学科，并得到了国际学术界的广泛承认。

科学计量学是以社会环境为背景，运用数学方法计量科学研究的成果，描述科学的体系结构，分析科学系统的内在运行机制，揭示科学发展的时空特征，探索整个科学活动的定量规律的一门学科，被人们称为“科学的科学”。科学计量学是以科学本身作为对象进行定量研究的学科。这里所指的“科学”，不仅指作为知识体系的科学，而且也包括作为社会活动的科学。科学计量学是伴随着科学学在现代科学技术革命的历史背景下孕育形成的。人类对科学本身的定量研究，可以上溯到19世纪下半叶，到20世纪60年代得到广泛的发展。1961年美国科学史家普赖斯发表了《巴比伦以来的科学》，为科学计量学的诞生奠定了基础。他通过对科学杂志、文献等的统计研究，论证了科学知识指数增长律。由此他被认为是“科学计量学之父”。1963年，美国费城科学信息研究所的加菲尔德博士创立“科学引文索引”（SCI），为科学计量学研究提供了数据基础。前苏联学者弗·纳利莫夫在1969年提出了“科学计量学”（Наукометрия）这一术语，转译为英文Scientometrics。20世纪70年代，我国的科学学工作者开始全面、系统地将国外有关科学计量学的研究成果介绍到国内，使科学计量学研究在我国蓬勃发展起来。它在促进科学学理论研究和影响国家科学政策方面，已经初显身手，并且正在发挥着越来越大的作用。

信息计量学是采用定量方法来描述和研究信息（情报）的现象、过程和规律的一门学科。它是数学和统计学与情报学广泛结合而形成的情报学的一个新兴的定量性分支学科。“信息计量学”（原称“情报计量学”）名称最早出自德文Informetrie一词，是由德国学者昂托·纳克（Otto Nacke）最先提出的。在其后的文献中很快就出现了与之对应的英文术语Informetrics。1980年9月，在德国法兰克福召开了第一次情报计量学（含科学计量学）研讨会，纳克在会上宣传了他提出的“情报计量学”概念。1981年，在我国期刊上也出现了信息计量学的德文和英文术语，并将其译为情报计量学。Informetrics一词不仅在英语国家中迅速流传开来，而且还得到了国际文献联合会（FID）的认可，标志着一门新兴分支学科的兴起。早在1980年，FID就设立了情报计量学委员会（FID/IM）。1987年，第一届文献计量学与情报检索理论国际研讨会在比利时举行，著名情报学家布鲁克斯在会上提议，应将Informetrics术语补充到拟于1989年在加拿大召开的第二届国际学术会议的名称中去，得到了与会学者的普遍赞同和支持。但直到1995年6月，在美国芝加哥召开的“第五届科学计量学和情报计量学国际会议”上才更名，情报计量学替代文献计量学出现在会议名称中，现名为“国际科学计量学和信息计量学学会”（ISSI）。由于在1987年以来的有关国际学术会议出版的论文集上都有Informetrics标题，因此，国外一些著名情报学家都把1987年看成是Informetrics被国际情报学界正式承认的一年。

我国学术界对Informetrie（德文）和Informetrics（英文）术语及其所代表的学科也及时地作出了反应，并给予了应有的关注和重视。早在1981年就有相关论文发表。1988年正式出版的《文献计量学》不仅详细论述了“三计学”的关系，而且还较早系统地提出了情报（信息）计量学的内容框架。只是到了1992年，我国有关部门将Information对应的译名“情报”改译为“信息”之后，我们对Informetrics的译名“情报计量学”也作了相应的改变，译成为“信息计量学”。

网络信息计量学，也称网络计量学，英文为Webometrics或Cybermetrics。它是采用数学、统计学等定量分析方法，对网上信息的组织、存储、分布、传递、相互引证和开发利用等进行定量描述和统计分析，以揭示其数量特征和内在规律的一门新兴分支学科。网络信息计量学研究始于20世纪90年代后期，最初表现为文献计量学在网络中的应用。自1997年阿曼德等在Journal of Documentation上发表了《万维网上的信息计量分析：网络信息计量学方法探讨》一文，首次提出了Webometrics一词。这一概念很快得到了国际学术界的积极响应，迅速掀起了网络信息计量学研究的热潮，并引起了社会各界的广泛关注。1997年，以研究网络信息计量学为核心的网络电子期刊Cybermetrics在西班牙马德里创刊，标志着网络信息计量学作为一门独立的新兴学科从传统的信息计量学研究中独立出来。随后以Cybermetrics和Webometrics为主题的研究大量出现。早在2000年，在一次国际会议上我们率先发表了“网络信息计量学及其应用研究”一文，首次论述了该学科的由来、概念，产生背景、研究对象、目的意义、范围和内容等基本问题，后来被学术界广泛认同和引用，在国内外都产生了广泛学术影响。

网络信息计量学的研究对象是网络信息。可以分为三个层次：一是以“比特”形态存在的最基本的网络信息单元，其类型包括数字信息、文字信息，以及集文字、图像和声音于一体的多媒体信息等；二是关于网上文献（如数字论文、电子期刊、电子图书等）的信息及其相关特征信息；三是关于网络结构单元的信息，包括以网站、网页、链接、数据库等结构为信息单元的信息资源。网络计量学主要是由网络技术、网络管理、信息资源管理与信息计量学等相互结合、交叉渗透而形成的。其研究的根本目的是通过对网上信息的计量研究，为网上信息的有序化组织和合理分布、为网络信息资源的优化配置和有效利用、为网络管理的规范化和科学化提供必要的定量依据，从而改善网络的组织管理和信息管理，提高其管理水平，促进其经济效益和社会效益的充分发挥。

知识计量学是以整个人类知识体系和知识活动作为研究对象，采用计量学方法对知识载体、知识内容、知识活动及其影响等进行定量研究的一门交叉性学科。20 世纪 90 年代以来，随着科学技术的飞速发展，知识化已成为当前科技、经济和社会发展的重要因素和显著特征。知识经济和知识管理在全球范围内普遍兴起，知识作为社会竞争中一种重要的战略资源和经济资源受到了人类前所未有的重视和关注。从不同的角度和不同的层面出发对知识本身及各种知识活动进行广泛的研究成为知识社会关注的焦点，而其中有关知识及其影响的测度、计量也成为重要的研究课题。虽然许多学科领域都从不同的角度出发间接或直接地对知识计量进行了研究，取得了一定的研究成果。但由于各自研究的目的和角度不相同，从而使得知识计量研究零碎、分散且不系统。创建知识计量研究这一相对独立的交叉学科，可以集中有关学科的优秀研究成果，从“知识单元”这一共同的角度入手，对不同领域、不同形态的知识计量进行系统的研究和分析，从而在更深的层次上解决知识计量研究的难题。研究表明，从基于知识载体的计量转移到对知识本身的计量，包括知识体系的宏观计量和知识内容本身的数量、质量、价值和关系的计量，成为发展的必然趋势。

从文献计量学引入我国开始，武汉大学信息管理学院以邱均平教授为首的研究团队从 1980 年以来长期、持续地关注信息管理领域的计量学研究，并且率先发表了一系列在国内外都有重要影响力的学术论文，出版了一套反映信息管理领域定量研究成果的“计量学研究丛书”，这不仅在国内信息管理领域是首例，而且在国际上也未见报道。

我们团队在我国率先开展“三计学”的教学与研究，取得了丰硕的研究成果。在过去多年文献计量学教学和研究的基础上，邱均平编著的《文献计量学》于 1988 年在科学技术文献出版社正式出版。该书首次从理论、方法和应用相结合的角度构建了文献计量学的内容体系，是我国出版最早的、为数不多的文献计量学经典著作之一，受到学术界同行的热烈欢迎和好评。它不仅被多所高校采用，作为图书馆学、情报学和信息管理学等学科领域的核心教材，而且被引率至今一直名列前茅，经久不衰。这“无疑是对我国情报学研究和情报学教育的积极贡献，具有开创性的意义”（著名情报学家杨沛霆语）。

之后，我们团队又开展了大量有关“三计学”方面的研究，在国内外产生了重大影响。随着信息技术和信息科学的迅速发展，信息资源电子化、数字化和网络化日益普及，给人类社会、经济、科技和文化等各个领域的发展都带来了巨大的影响和深刻的变革。在这种新的社会环境和技术条件下，文献计量学研究出现了许多新的发展方向和趋势。面对这一新形势、新趋势和新课题，我们团队又在国内率先开展了信息计量学和网络信息计量学研究，并于2000～2001年以“信息计量学”和“网络信息计量学”为题在《情报理论与实践》杂志上发表了系列研究论文，在国内外学术界产生了巨大反响，被引率一直居高不下，成为开展信息计量学和网络信息计量学研究必看的经典系列文章。2007年1月，《信息计量学》一书在武汉大学出版社出版。该书是我们团队长期从事“三计学”教学与研究的结晶，是反映网络信息时代“三计学”发展特征，面向图书馆学、情报学和信息管理学及相关学科领域教学与研究现实需要的产物，被列入“教育部面向21世纪课程教材”和“高等学校信息管理类核心课教材”，被遴选为国家精品课程和国家级“十二五”规划教材。2010年7月，在三项国家自然科学基金项目和两项教育部基金项目资助及大量前期原创性成果积累的基础上，国内第一本以《网络计量学》命名的著作在科学出版社出版，弥补了国内网络计量学领域研究的不足。至此，我国网络计量学研究开始进入系统研究和快速发展时期。

我们团队早在20世纪80年代初就开始关注国外知识计量和知识网络方面的研究动向，并发表了一系列研究成果。著名科学计量学学者赵红州、蒋国华在1995年曾指出：科学计量学和经济计量学两门姊妹学科问题，对于迎接知识经济时代，开展知识经济学研究具有特殊意义。看来很有必要将科学计量学拓展到知识计量学，并与经济计量学结合起来，从宏观和微观上对知识生产和应用，知识投入和产出，知识存量和流量，知识分配和转移，知识价值和价格等，进行广泛的跨学科的综合研究。但是令人遗憾的是，知识计量学在此后很长一段时间并没有得到深入研究和进一步发展。直到2009年，在国家社会科学基金项目“基于知识单元的知识计量研究（CTQ009）”和国家自然科学基金项目“基于作者学术关系的知识交流模式和规律研究（70973093）”的资助下，我们团队在国内发表了一系列具有影响力的原创性研究成果，完成了一系列项目研究报告，并在此基础上有了2014年《知识计量学》一书在科学出版社的出版，填补了国内知识计量学研究的空白。

完成“五计学”的系统研究并形成信息管理领域计量学研究的完整体系，一直是我们团队的共同愿望和奋斗目标。在文献计量学、信息计量学、网络计量学和知识计量学研究的雄厚基础之上，《科学计量学》一书的出版被提上研究议程。经过近五年的精心酝酿、组织、研究和写作，《科学计量学》书稿已初步完成，即将在科学出版社出版。至此，信息管理领域的“五计学”系列著作的出版已画上了一个圆满的句号。

“计量学研究丛书”的显著特点主要是：①连续性和系统性强。从文献、科学活动的计量，到信息、网络信息的计量，再到知识及知识活动的计量研究，是一个连续的和不断深入研究的过程，我们为此连续研究了 30 多年。现在完成和出版的五个计量学的专著形成了一套系列丛书，构建了信息科学领域计量学研究的完整体系。②创新性和原创性强。五个计量学的著作都是以“著”或“编著”形式出版的，都是在多项国家级项目研究成果和发表大量原创性论文的基础上，经过系统化、规范化的总结、归纳、提炼和升华而成的。《文献计量学》是邱均平的个人专著，是我国早期出版的几部经典著作之一；《信息计量学》、《网络计量学》和《知识计量学》都是以这些学科命名的国内的第一部专著；《科学计量学》也是国内为数不多的重要著作之一。五个计量学的专著既有某些共同的交叉的内容，也有各自的具有个性特色的内容体系。它们都有各自不同的计量研究对象，计量研究的目的和内容也不一样，有些类似的规律或定律的表现形式和数值大小各有差异和特色。既融入了作者自己的研究成果，形成各自的个性特色，又反映了国内外的前沿研究成果，构成了一个统一的计量学研究体系。③水平高、学术性强。“计量学研究丛书”的著者都具有博士学位或高级职称，都是教学、科研第一线的骨干教师或学科带头人，既具有较高的学术水平和雄厚的科研基础，又有撰写著作的经验，从而为打造高水平、高质量的系列著作提供了人才保障。同时，按照理论、方法、应用三结合的思路构建各个著作的内容体系，体现内容上的前瞻性、创新性、科学性、系统性和实用性。注重整套丛书的规范化建设，采用统一版式、统一风格，表现出较高的规范化水平。

从文献计量学、科学计量学到信息计量学，再到网络计量学，最后到知识计量学，既是学科发展深化演变的创新过程，同时也是我们追随学科发展轨迹孜孜探求的旅程。但愿我们所做的这些科研成果和贡献，能够深入推动“五计学”的不断发展和繁荣。我们站在前人的肩膀上，也愿意成为后人的肩膀。

“计量学研究丛书”的顺利完成和正式出版，首先要感谢各位副主编和编著者的积极参与和配合，还要感谢科学出版社领导的支持和责任编辑邹聪女士的辛勤工作。由于计量学研究的艰巨性、复杂性，“计量学研究丛书”中的不足或偏颇之处在所难免，恳请同行专家和读者批评指正。

邱均平
2014 年 3 月于武汉大学

前言

随着经济全球化的不断深入和科学技术的飞速发展，我们所处的社会正进入一个全新的知识经济时代。知识将逐步取代传统的资本、劳动力等要素并成为重要的战略资源。大到一个国家、民族，小到一个组织甚至个体，要想在当前竞争激烈的知识社会中有一席之地，必须用渊博和深厚的知识武装自己。我国制定了一系列的政策鼓励知识创新，如影响深远的“985工程”就是要努力创建世界知名的一流大学，政府投入大量资金来支持这些“985”高校进行科研攻关，争取在某些方面有所突破，甚至引领世界科技。但是，一个不争的事实是不管哪个层面的知识创新，其根本还是“人”。人是知识创新的主体和根源。那么，鼓励知识创新，最根本的就是要激发学者的聪明才智，为他们营造良好的研究氛围，从而使他们多出成果，出好成果。

然而，科学并不是个人的产物。正如著名哲学家托马斯·库恩（T. S. Kuhn）所说：“科学研究尽管是由个人进行的，而科学知识本质上却是集团的产物，如不考虑创造这种知识的集团特殊性，那就无法理解知识的特有效能，也无法理解它的发展方式。”如果科学家埋头做实验和研究，不和他人交流，则很难有重要的突破。并且我们注意到，很多学者都把“我站在巨人的肩膀上”作为自己的座右铭。这告诉我们，没有前人成果的启迪则很难产生新的思想火花。借鉴他人的成果是科学交流

(scientific communication，或者是 scholarly communication) 的重要形式，这在作者引用中得到了显著体现。当然，科学交流的方式并非拘泥于借鉴他人的成果，还包括作者之间的口头交流、互发 E-mail 等非正式交流，以及合著发表论文等正式交流。科学交流深深地影响着科学的进程，整个科学的进程无不是学者间（不论是否跨时空）不断进行科学交流的过程。由此可见，科学交流本质上来讲是知识的交流，促进了科学发展，是科技进步的关键环节。科学交流是知识创新的基础，没有科学交流就不会有现代科学，也不会从根本上促进知识创新。当前整个科学界都非常重视科学交流，包括项目合作、互派留学生等，各种类型和层次的国际会议更是层出不穷。这些非正式交流的效果最终都会以一定形式表现出来，而论文则是这种效果的重要的记录形式之一。文献是正式交流的唯一途径，也是科学思想的结晶，还是这种思想的传播载体。以前人们获得他人的一份文献由于受到通信方式、出版周期等因素的制约似乎并不是一件易事，现在随着网络的发展、期刊运作模式的优化，获得文献的方式也大大改变，而这些技术的进步导致科学交流的速度更快、时效性更强、效率更高。

还需要注意的是，以前研究科学交流只是局限于很小的一个学科，采用小规模的数据样本，研究方法也比较单一。而现在的科研环境与以前大不相同，首先是网络引文索引数据库的发展为科学交流的研究提供了新的平台和环境。比如，研究科学交流的重要工具科学引文索引（Science Citation Index，SCI）就经历纸本→光盘→单机数据库→联机数据库→Web 网络版（即 Web of Knowledge 平台）这样一个发展的历史轨迹。当然，从以前 SCI 一统天下，到现在 SCI、Scopus 及完全网络意义的 Google Scholar 三足鼎立，都为研究科学交流创造了便捷。其次是计算机技术的不断发展使得科学交流的研究方式发生了根本性的变化。手动统计基本已经成为历史，学者们利用计算机技术自动获取、存储和整理数据已经成为当前研究科学交流的重要保障。现在一些学者研发了一些针对某种或者几种数据库数据来源的信息系统，大大方便和促进了相关研究。另外，对于科学交流的结构的科学展现也是当前信息可视化的研究热点。最后是分析方法的不断创新。比如，作者合作中引入了复杂网络分析（complex network analysis）和社会网络分析（social network analysis）方法，从而实现了大规模海量数据的分析；基于作者同被引（author co-citation）的科学交流知识结构分析方法从一开始的聚类分析（cluster analysis）、因子分析（factor analysis）等基本方法，现在已经融入了路径搜寻分析、自组织分析（self-organization analysis）等比较高级且新颖的方法。但遗憾的是，在当前新环境下，对于科学交流的深入系统的研究还相当匮乏，有一些关键问题亟待解决，甚至有一些问题需要探索性研究。总之，科学交流的大环境在改变，包括对科学交流的重视达到了前所未有的高度、科学交流速度的加快和交流网络的复杂化等。

同时，研究科学交流的条件和方法也发生了翻天覆地的变化，包括新型数据库的涌现、研究方法的创新等。但是，当前对于科学交流的研究比较缺失。在这样的背景下，我们有必要重新利用新方法、新工具和新数据来探究科学交流的模式、内在规律和知识结构（intellectual structure）等，使得科学交流更加有序和高效。

本书遵循理论铺垫→模式与规律探索（宏观统计）→交流知识结构挖掘（中观分析）→结论启示的思路展开，内容框架主要分为四个部分：第一部分主要是理论研究，包括科学交流的基本理论、作者学术关系与科学交流研究（第一章、第二章）；第二部分是关于科学交流模式与规律的研究（第三章、第四章）；第三部分是对科学交流知识结构的研究（第五章、第六章）；第四部分为通过其他部分研究所得到的一些启示（第七章）。本书从网络拓扑结构和作者社会关系两个角度研究了作者合作交流模式，通过实证研究证实了作者合作网络是复杂网络，具有小世界效应（small-world effect）和幂律分布特征这两大规律；探索性地借鉴网络信息计量学和社会网络分析方法研究了作者引用交流模式，并证实作者引用网络也是复杂网络，也具有小世界效应和幂律分布特征这两大规律。同时还证实了作者合作和作者引用之间有着一定的关联，两者结合起来能够更好地认识科学交流的模式与规律；从原理上厘清了作者同被引分析（author co-citation analysis，ACA）这一常用知识结构发现方法中存在的问题和争议，提出自己的解决方法，并证实了它们的可行性和科学性，同时以图书情报学（以下简称图情学）为例，详细分析了它的知识结构的现状和演变情况；探索性地证实了作者耦合分析也可以进行科学交流知识结构的挖掘，并与作者同被引分析进行了比较，两者结合起来可以更好地发现一个学科或者领域的知识结构。

结合国内外研究，笔者认为本书的研究内容主要有以下四点创新之处：第一，从理论方面来看，对现有研究的热点尤其是作者同被引分析提出自己的看法，厘清和纠正当前国内外尤其是国内信息科学界对一些算法原理的错误理解。第二，从研究内容来看，首次尝试对基于作者引用关系的科学交流模式和规律进行研究，证实了作者引用交流网络也是复杂网络，即具有小世界效应和幂律分布两大规律；首次对基于作者耦合关系的科学交流知识结构进行探索性研究，证实了作者耦合分析与作者同被引分析一样也可以探测一个学科或者领域的知识结构。这两部分研究属于探索性研究，具有较明显的创新性。第三，从研究方法来看，一是方法的合理移植，将社会网络分析、网络计量学和应用统计学中的方法合理移植到本书的研究中，从而拓展信息计量的研究深度；二是对当前国内外可视化方法进行梳理，尝试使用 Pathfinder 算法、Kamada-Kawai 平衡算法和聚类分析相结合的可视化方法来更加科学、直观地展现某个学科或者领域的知识结构。第四，在研究工具上突破，开发了基于各种关系而进行实验研究的软件，从而实现数据处理完全自动化，大大提高了研究效率。

最后需要强调的是，由于本书的研究内容主要来源于笔者2009年的博士论文，数据略显陈旧，这次出版没有加以更新，主要是因为本书所涉及的案例都是对于某种分布或者某种方法的论证，数据的新旧对其并没有影响。基于作者学术关系的科学交流的研究还有很多问题值得探索，由于水平有限，书中存在疏漏之处在所难免，恳请同行批评、指正。

马瑞敏

2015年1月于山西大学

目 录

第一章

科学交流的基本理论

科学交流的研究在国外有着悠久的历史，并且不同学科背景的学者都参与其中。比如，科学社会学奠基人默顿（R. K. Merton）提出了论著的优先权的问题①，从根本上解决了学者为什么不断创作这一问题，开创了研究科学交流社会结构与过程（social process and structure）的先端；著名哲学家库恩则在其《科学革命的结构》② 中给出了科学如何发展、演变及影响因素等哲学层面的解释，开创了研究科学交流的认知变革和结构（cognitive change and structure）的先端；而科学计量学之父普赖斯（D. J. Price）则利用科学计量学方法对科学增长、无形学院中的合作等进行了计量研究③，从另一个更加细致且更具说服力的方面来研究科学交流，开创了利用数据来研究科学交流的结构和过程的先河。他们三人的众多传世论著都集中在20世纪60年代，可以说，关于科学

---

① R. K. 默顿．科学社会学［M］．鲁旭东，林聚任译．北京：商务印书馆，2003

② 托马斯·库恩．科学革命的结构［M］．金吾伦，胡新和译．北京：北京大学出版社，2003

③ D. 普赖斯．巴比伦以来的科学［M］．王静，张风格译．北京：中共中央党校出版社，1992

交流的研究起端于20世纪60年代。遵循着这些奠基人的科学足迹，国外关于科学交流的研究不断涌现并逐步兴盛。可以看出，学术界对于科学交流的研究已经经历了很长的历程，然而对于科学交流这一概念尤其是其研究范围的理解，不同的学者有着不同的看法。本章作为理论铺垫章节，正是要对科学交流的基本问题进行理论梳理，以期对后文的研究起到指引作用。本章主要解决如下六个问题。

(1) 科学交流的研究视角和研究内容有哪些?

(2) 科学交流研究的流派有哪些? 代表性人物及其学术贡献是什么?

(3) 科学交流研究的简史。

(4) 既有科学交流的模式与规律的总结。

(5) 科学交流的结构包含的种类有哪些?

(6) 科学交流系统运行与保障机制有哪些?

1.1 科学交流的定义与内容

1.1.1 定义与类型

在 H. D. White 和 K. W. McCain 对于图情学学科知识结构的研究中①，科学交流占据了相当重要的位置，该研究方向汇聚了许多著名的学者。另外，对我国情报学研究有重要影响的苏联情报学家米哈依诺夫在其著作《科学交流与情报学》中也明确指出，情报学研究对象有两个方面：一是科学情报；二是科学交流过程。由此可见科学交流在情报学中的重要地位。那么，什么是科学交流？只有弄清楚这一基本概念方可对其进行更加深入的研究。

首先，“交流”是指各个体之间借助于他们共同的符号系统（对人类来说就是口语、手势、文字等）进行情报交流。在此基础上，米哈依诺夫等给出了科

① White H D, McCain K W. Visualizing a discipline: an author co-citation analysis of information science, 1972—1995 [J]. Journal of the American Society for Information Science and Technology, 1998, 49 (4): 327-355

学交流的定义："人类社会中提供、传递和获取科学情报的种种过程是科学赖以存在和发展的基本机制，这些过程的总和我们称之为科学交流。"[①] 科学交流的本质是知识交流[②]。

另外，科学交流有一组非常相近的概念，最主要的是"科学传播""科学传递""信息交流"这三个概念。科学交流和科学传播的概念几乎完全一样，在英文中都称为"scientific communication"，只不过在翻译为中文时出现了不同的名称。在尹兆鹏的博士论文中，他详细研究了"communication"一词在国内外的不同含义，并指出当前最好将它翻译为交流[③]。科学传递是指新的、有用的、具有针对性的知识，通过一定的载体或媒介，传播给特定对象的行为[④⑤]。科学交流的概念要比科学传递广一些。科学交流可以是单向的，也可以是相互的；而科学传递的概念比较窄，主要是单向的，更强调针对性，是科学交流的一部分。随着情报学研究范围的扩大，科学交流似乎已经不能包含当前研究的所有范围，于是出现了更加宽泛的概念——信息交流。信息交流是指不同时间或不同空间上的认知主体（即人或由人组成的机构、组织等）之间交互共享信息的过程[⑥]。信息交流比科学交流的范围更广，它不仅包含文献等科学信息资源，还包括政治、财经等方面信息的交流。由此可见，这几个概念之间存在着包含与被包含的关系，具体如下：科学传递 ⊆ 科学交流＝科学传播 ⊆ 信息交流。

科学交流的类型，按照米哈依诺夫的定义，包括正式过程和非正式过程两种。并且，基于这两种过程，并结合 H. Menzel 的研究成果[⑦]，米哈依诺夫提出了广义交流系统图，如图 1-1 所示。

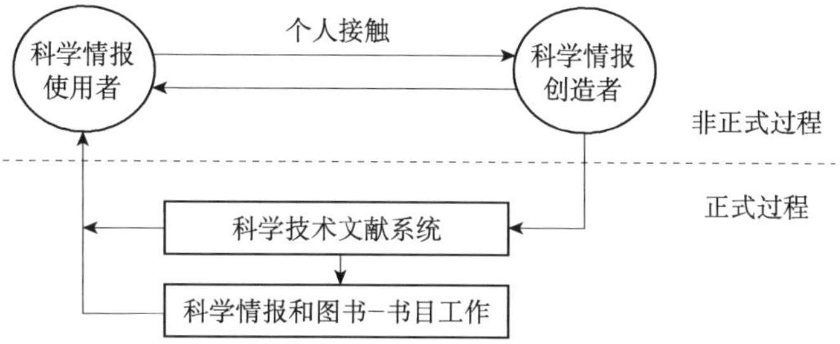

图 1-1　广义的科学交流系统图

---

① 米哈依诺夫，乔尔内，吉里列夫斯基．科学交流与情报学［M］．徐新民，等译．北京：科学技术文献出版社，1980：47

② 邹志仁．情报学基础［M］．南京：南京大学出版社，1987：99

③ 尹兆鹏．科学传播的哲学研究［D］．上海：复旦大学，2004

④ 邹志仁．情报学基础［M］．南京：南京大学出版社，1987：100

⑤ 这里借鉴的是情报传递的概念，在传统的情报学中，情报传递往往是指科学传递

⑥ 严怡民．现代情报学理论［M］．武汉：武汉大学出版社，1996：115

⑦ Menzel 是第一个提出正式过程和非正式过程的学者，但是其理论由米哈依诺夫完善与发展

从图 1-1 可以清晰地看出科学交流系统由两部分构成（图 1-1 中用虚线划分）。非正式交流是指基本上由科学家自己来完成的那些过程，即必须有科学家的亲自参与，该过程包括：科学家之间的直接对话；科学家之间参观同行的实验室等；科学家对某些听众作口头演讲；交换书信、出版物预印本和单行本等；研究成果在发表前的准备工作等。正式交流是指借助于科学技术文献进行科学情报交流的过程，该过程包括：编辑出版和印刷过程；科学出版物的发行；图书馆书目工作和档案事务；科学情报活动①。

在学术界，对于正式过程和非正式过程的作用的争议比较大。普赖斯在提出"无形学院"后，明确指出科学交流的非正式过程具有更大的意义。通过调查，他发现"科学利用的资料有 80%左右是通过非正式渠道从其他科学家那里得到的"。普赖斯非常推崇非正式交流，写作了一系列与无形学院相关的论文。而米哈依诺夫则坚决地认为正式交流是非常重要的。他针对普赖斯对非正式交流的热衷进行了直言不讳的批评："普赖斯也应该受到严厉谴责：他在自己的著作中几乎没有着重阐明，'无形集体'的建立是一种自然的而不是人为的过程。交换书信、期刊论文预印本和单行本仅仅是科学交流许多方法中的一种，无论在任何场合也不应该将其绝对化，因为这会给整个科学交流系统带来损失。"②从上面的争论来看，每种过程都各有特点，都在科学交流系统中发挥着重要的作用，对他们的研究都非常有必要，不可绝对化地夸大某一个过程的作用。C. L. Borgman 也曾经给出科学交流的定义："任何领域的学者通过正式渠道和非正式渠道使用和传播信息。"从她给出的简单定义也可以看出，正式过程和非正式过程具有同等重要的作用。

1.1.2 研究视角与内容

1. 研究视角

科学交流的研究可以是理论的，也可以是定量的。本书强调的是从定量角度（即文献计量）来研究科学交流。一般来讲，从文献计量学出发，我们可以从生产者（producer）、作品（artifact）和内容（content）三个视角来研究科学

---

① 米哈依诺夫，乔尔内，吉里列夫斯基．科学交流与情报学［M］．徐新民，等译．北京：科学技术文献出版社，1980：48-72

② 米哈依诺夫，乔尔内，吉里列夫斯基．科学交流与情报学［M］．徐新民，等译．北京：科学技术文献出版社，1980：61

交流[①]。

1）生产者视角

这里的生产者是一个比较宽泛的概念，包括作者、研究团队、机构、专业甚至国家。在科学交流中，生产者扮演着知识的发送者或者接收者或者两者兼备的角色。在研究生产者时，不仅可以研究他们在科学交流中的贡献或表现（如通过发文和被引情况来考察他们的科学贡献），而且可以通过他们的相互关系来研究科学交流的内在规律（如后文的小世界效应和幂律分布）与知识结构（如后文通过作者同被引来研究学科知识结构）。

2）作品视角

这里的作品可以是研究论文、会议论文或者专著，也可以是期刊甚至是会议。对于论文和专著，我们可以看成是交流的源泉（知识的承载体），而期刊和会议则是知识传播的渠道。

3）内容视角

内容视角包括两个部分：一是对作者自定义关键词或者是出版商指定关键词[②]的研究；二是对引文动机的研究。对于词的分析现在逐渐扩展到一个较为前沿的研究方向——内容分析（content analysis）。引文动机的研究一直是文献计量学领域研究的热点，如 M. Weinstock 归纳的 15 条正面的引用动机，F. C. Thorne 归纳的五条负面的引用动机等[③]。

本书主要是从生产者视角出发来研究科学交流，但是对生产者又进行了限定，即“作者学术关系”这一范围内（具体概念参见 2.1 节）。

2. 研究内容

科学交流作为图情学的一个重要的研究方向，它不是抽象的，而是有着其特定的理论体系和研究内容。Borgman 在总结 D. Crane、W. D. Garvey 等著名学者的成果的基础上，对科学交流的研究内容做了归纳总结，她指出科学交流的内容包括如下四个部分[④]：①科学信息的增长；②研究领域（包括专业和学科）之间的关系；③用户群体的信息需求和利用；④正式渠道和非正式渠道的关系。

---

① Borgman C L. Scholarly Communication and Bibliometrics［M］. Newbury Park：SAGE Publications，1990：14-16

② 有很多国外投稿系统都特别指定了关键词，不能由作者随意填写

③ 详见：邱均平 . 信息计量学［M］. 武汉：武汉大学出版社，2007：318-319

④ Borgman C L. Scholarly Communication and Bibliometrics［M］. Newbury Park：SAGE Publications，1990：10-26

Borgman 只是粗略地给出了科学交流研究的内容，但是从她给出的范围来看，科学交流研究的内容非常广泛，包括信息科学（如信息增长与老化的研究、学科结构的研究）和传播科学（如用户研究、渠道研究）的许多方面，并且明确指出了从用户角度来考察和检验科学交流效果怎样，以及如何通过用户的行为来影响他们的交流模式[①]。

还需要关注的是，L. A. Lievrouw 曾把科学交流分为四部分（他用“program”来表述）[②]，即作品研究（artifact study）、用户研究（user study）、网络研究（network study）和实验室研究（laboratory study）。其中，作品研究是指信息增长、信息流动和科学指标等，很明显，这主要是从正式交流角度来研究科学交流。用户研究主要包括学者的信息需求和利用情况，具体包括信息检索的用户研究及各个学科学者信息使用情况的分析。网络研究包括科学文献的引文分析和对科学中的社会结构（social structure）的社会计量，这种研究都是基于“网络”，不论是引文网络还是社会网络。实验室研究注重的是一种称为“民族志研究”的方法，这种方法注重的是实地调查和访谈，所以这里的“实验室”实际是指一种访谈的环境，而并非我们日常认为的实验室。在 Lievrouw 提出的科学交流研究内容中，我们可以发现他所指的科学交流比 Borgman 的还要宽泛，不仅包括作品和用户，还包括社会网络和民族志研究甚至信息检索，他所指的科学交流内容可以说是包含了情报学的主要方面，并且很有前瞻性，如对于社会网络等的研究。

从 Borgman 和 Lievrouw 对于科学交流的研究内容来看，他们都没有完全按照正式交流和非正式交流这样的大类去划分，虽然我们也可以对其进行一定的归类。一般来说，从定量分析角度来看，文献计量尤其是引文分析是用来研究正式交流非常合适的一种方法[③]。普理查德（A. Pritchard）[④] 对于文献计量学的定义被学术界广泛接纳，他给出的定义为[⑤]：

“To shed light on the processes of written communication and of the nature and course of development of a discipline (in so far as this is displayed through

---

① Zhao D. A comparative citation analysis study of web-based and print journal-based scholarly communication in the XML research field [D]. Tallahassee: Florida State University, 2003: 6

② Lievrouw L A. Four programs of research in scientific communication [J]. Knowledge in Society, 1: 6-22

③ Borgman C L. Scholarly Communication and Bibliometrics [M]. Newbury Park: SAGE Publications, 1990: 14

④ Pritchard A. Statistical bibliography or bibliometrics? [J]. Journal of Documentation, 25 (4): 348-349

⑤ 为了更好地理解文献计量与科学交流的联系，这里给出了英文定义。从这一英文定义，可以更加原汁原味地反映出两者的关系

written communication), by means of counting and analyzing the facets of written communication."

从普理查德给出的文献计量定义来看，文献计量的研究可以说是紧紧围绕科学交流展开的。当然这里的科学交流主要是指正式交流（他用更加直白的"written communication"来表达），他明确指出"文献计量可以研究正式交流的方方面面"。这与米哈依诺夫提倡的正式交流观是一致的。

1.2 科学交流研究的流派

1.2.1 科学社会学研究流派

科学社会学是社会学的一个分支，诞生于1938年，以默顿出版其博士论文《十七世纪英国的科学、技术与社会》为标志。科学社会学为科学交流的研究奠定了坚实的理论与方法基础。该流派的作者对于科学交流的研究具有开创性，产生的成果众多，并且流传至今，影响深远。下面对其中的典型作者及其学术贡献进行简单的述评。

1. 科学学奠基人——J. D. 贝尔纳

早在20世纪30年代，在英国就形成了由贝尔纳、H. 莱维和J. 李约瑟等科学家组成的"科学的社会关系运动"（The Social Relations of Science Move, SRS）。他们试图沿着马克思主义路线，对科学与社会的关系进行系统的分析。他们认为科学是"计划科学"①，即科学和政治是紧密相关的。这些学者发表了很多著作来阐述自己的观点，其中1938年贝尔纳的《科学的社会功能》一书则是SRS科学家多年成果的结晶和顶峰之作。在该著作中，专列"科学交流"一章来详细介绍科学交流的范畴和社会影响因素。在该章中，他指出科学交流不仅是科学家之间的交流，而且包括科学家向公众传播自己的思想这一过程。他研究了科学交流的不同载体的利弊，包括期刊、摘要和报告等，并提出要通过"个人接触""互派交流""充分利用无线电和电影院"等方式来提高科学交流的效率，并且要强化科研管理，科研管理要为科学发展铺平道路并提供指引②。由此可见，贝尔纳对于科学交流的论述已经比较全面，他的很多

① 徐梦秋．默顿的科学规范论的形成［EB/OL］．http：//blog.163.com/xumengqiublog/blog/static/1238560012009757192627 4［2009-07-10］

② J. D. 贝尔纳．科学的社会功能［M］．陈体芳译．桂林：广西师范大学出版社，2003

思想都为后继研究者提供了宝贵的基础。

当然，贝尔纳的“计划科学”思想后来受到了其他学者的严厉抨击，这些学者建立了“科学的自由协会”来对抗 SRS，而这一协会的领军人物就是赫赫有名的M. 波兰尼和 J. R. 贝克。他们主张“科学的自由和自治”，反对“计划科学”。并且波兰尼提出了影响深远的“科学共同体”（scientific community）这一概念，他指出科学共同体应该是自我完善、自我管理与自我控制。这一思想和科学交流的“自组织”又有着惊人的相似之处。

所以，贝尔纳学派及其反对者为科学交流研究奠定了良好的理论基础，是科学交流的先驱人物。

2. 科学社会学的创始人——默顿

默顿是美国人，他的很多思想来源于英国的贝尔纳，但是又有自己独特的思想在其中①。默顿关于科学交流的经典论著包括《科学发现的优先权》和《科学界的马太效应》两篇文章。在第一篇论文中，他明确解答了“学者为什么发表论文”这一科学交流尤其是正式交流的根本性问题②。答案也很简单，即为了争得一个思想或者方法的优先权，捍卫自己的知识产权。优先权是科学规范的产物，即科学界把独创性定义为科学的最高价值，科学家都在遵循着这样的规则去争取自己应有的权益。优先权带给科学家更多的是精神上的喜悦感，当然也有得到同行承认的成就感。学者正是为了发表更多独创性的作品才不断撰写论著。而在第二篇论文中，他对科学交流中的一种现象，即现在广为人知的马太效应（更加详细的介绍见 1.6.2 小节）进行了详细的分析和原因阐述。实质上，他指出了科学交流中作者学术地位的不平等性，即科学交流系统的结构是典型的等级结构。那么从这一点出发，我们也可以看出“重要作者”或者“核心作者”，甚至“核心期刊”或者“重要期刊”这样的称谓是不可回避的。这些称谓在一定程度上是科学交流系统内在规律的反映。

默顿的影响是巨大的。虽然科学社会学曾经沉寂 20 年左右，但是在 20 世纪 60 年代逐步繁荣，产生了一大批学者和著作。他们沿着默顿的足迹使研究更加细致和深入化。比如，默顿的学生科尔兄弟［乔纳森·科尔（J. R. Cole）和斯蒂芬·科尔（S. Cole）］的《科学界的社会分层》（1973 年）、朱克曼

---

① 事实上，有的学者这样来区分贝尔纳和默顿的地位：贝尔纳是广义科学社会学，即科学学的创始人；默顿是科学社会学的创始人。两人的思想基本产生于同一时期。他们两人由于身处不同国家而代表了不同的研究传统，即英国研究传统和美国研究传统

② 谭萍．贝尔纳与默顿：科学社会学研究纲领比较［J］．理论月刊，2006，(5)：43-45

（H. Zuckerman）的《科学界的精英——美国的诺贝尔奖金获得者》（1976年）等著作都对科学交流的研究做出了巨大贡献并有着深远影响。

3. 20世纪最伟大的科学史学家和科学哲学家——库恩

默顿学派的方法解释了科学交流的社会结构，即他们把科学作为一种社会建制来考察，并不涉及科学知识本身的内容、产生及增长问题①。而库恩正是从科学知识本身出发来研究该问题，他的传世之作《科学革命的结构》一书对他的观点进行较为全面的阐述。他认为科学知识是通过伴随着范式（paradigm）转换的科学革命而增长的。科学的发展轨迹一般是从常规科学（即累积增长时期）然后到科学革命，可见库恩认为科学增长并不完全是连续的，而是包括连续增长和点缀于其中的不连续时期②。但是，库恩的理论比较晦涩，尤其是关于其核心概念范式没有给出一种清晰的定义，以至于不同的学者有着不同的理解。但是，库恩是研究科学交流“认知结构”（cognitive structure）的第一人，他的卓越贡献和巨大影响是难以磨灭的。很多学者都沿着其研究思路进行更加详尽的研究，并且形成了著名的“爱丁堡学派”。

4. 无形学院的倡导者——普赖斯

无形学院最早由普赖斯于1963年正式提出③并得到学术界的认可。他给出无形学院比较宽泛的定义：“不同地域机构的一群精英（不超过100人）相互交换信息，以期掌控某领域的研究进展。”④ 无形学院的提出，主要是为了凸显非正式交流的重要性。Garvey和B. C. Griffith的研究表明，非正式渠道的数量要远远大于正式渠道⑤。无形学院的提出最主要的目的是解决期刊发表信息滞后这一关键问题。普赖斯一生都在倡导无形学院，并且发表了诸多关于无形学院的论著。正是由于他的倡导，随后对于无形学院的研究才日益蓬勃，产生了很多著作。比如，普赖斯的《小科学，大科学》（1963年）、克兰的《无形学院——知识在科学共同体的扩散》（1972年）等。

---

① 黛安娜·克兰．无形学院——知识在科学共同体的扩散［M］．刘珺珺，顾昕，等译．北京：华夏出版社，1988：2

② 托马斯·库恩．科学革命的结构［M］．金吾伦，胡新和译．北京：北京大学出版社，2003：61

③ “无形学院”这个名词最早是指17世纪伦敦皇家学会的10来名科学家组成的交流小群体

④ 转引自：Zuccala A. Modeling the invisible college［J］. Journal of the American Society for Information Science and Technology，2006，57（2）：152-168

⑤ Garvey W D，Griffith B C. Scientific communication：its role in the conduct of research and creation of knowledge［J］. American Psychologist，1971，26：173-179

1.2.2 引文分析研究流派

引文分析研究流派是富有情报学特色的流派，也是我们比较熟悉的一个流派。在引文分析这一领域，可以说是群星璀璨，他们为科学交流的定量化研究做出了独特且卓越的贡献。

提起引文分析，就必然要提及尤金·加菲尔德（E. Garfield），正是由于他开创性地发明了举世闻名的 SCI，引文分析作为一种独特的分析方法为世人所知。当然，引文分析也成为研究科学交流的重要方法。在 Borgman 任主编的《科学交流与文献计量》中就明确地指出："文献计量方法尤其是引文分析在科学交流研究中起着独特的作用"①，并且整本书从理论和实践都是在阐述和应用引文分析来研究科学交流。所以，加菲尔德的贡献是非常巨大的，他是引文分析研究流派的重要奠基人。同时，我们还要缅怀科学计量学之父普赖斯的卓越学术贡献。普赖斯不仅是无形学院的倡导者，并且在科学计量领域发表许多原创性的论著，如文献增长模型、普赖斯指数和引文网络研究等。普赖斯的成果还具有很强的前瞻性，如他对于累积优势的研究②、引文网络度分布的研究③都为当前复杂网络的研究奠定了良好的基础。

在基于科学引文索引的基础上，又衍生出一些重要的方法，具有代表性的是耦合分析、同被引分析和研究轨迹的追踪分析④。耦合分析由 M. M. Kessler 于 1963 年提出，同被引分析由 H. Small 于 1973 年提出，这两种方法都可以用来研究一个学科的科学交流知识结构（主要是前沿结构），现在对于耦合分析尤其是同被引分析的研究非常热门（这两种方法及其应用在后文都会有详细介绍，在此不再详述）。而研究轨迹的追踪则是发端于加菲尔德对于脱氧核糖核酸（DNA）的研究，并且如今该方法已经被加菲尔德和他的合作者完全软件化和自动化（软件名称为 Histcite），相信其应用将更加广泛。

总之，引文分析流派的最大特色是对科学交流的定量化研究，有着明显的定量研究的特征，其研究影响力非常广泛，包括科学社会学的很多研究都在应用引文分析⑤。该方法在当前对于科学交流研究越来越重视的情况下，必然得到

---

① Borgman C L. Scholarly Communication and Bibliometrics［M］. Newbury Park：SAGE Publications，1990：13

② Price D J. A general theory of bibliometric and other cumulative advantage processes［J］. Journal of the American Society for Information Science，1976，27（5/6）：292-306

③ Price D J. Networks of scientific papers［J］. Science，1965，149（3683）：510-515

④ 尤金·加菲尔德．引文索引法的理论及应用［M］．侯汉清，等译．北京：北京图书馆出版社，2004

⑤ 科尔兄弟、朱克曼等的研究都用到了引文分析

更多学者的关注。

1.3 科学交流研究的发展历程

载体对于科学交流的影响是巨大的，米哈依诺夫提出正式交流和非正式交流过程的依据根本在于“载体”（即是否通过文献交流思想）。可以说，载体改变着科学交流的方式，也必然改变着学者对于科学交流的研究范畴与内容，并反映着科学交流研究的发展历程。基于此，本节将从载体角度来简要阐述科学交流研究的发展历程，以期对科学交流的研究有一个纵向的整体把握，主要从纸质出版物、网络出版物（注：将电子出版物也归于此类）及非正式交流三个方面展开。

1.3.1 基于纸质出版物的科学交流研究

纸质出版物（主要是图书和期刊论文）作为传统的正式交流唯一渠道历来受到学者的重视，尤其是米哈依诺夫更是对正式交流推崇备至。纸质出版物在科学交流中一直充当着重要的角色，人们阅读纸质出版物的习惯也早已形成。学者们对于科学交流的研究，尤其是正式交流的研究都是基于纸质出版物。迄今为止，基于纸质出版物的科学交流研究仍然进行得如火如荼，丝毫没有消减的迹象。

基于纸质出版物的科学交流研究一直是科学交流的主流。而这方面的研究一直遵循着两条基本的轨迹：一是理论研究轨迹；二是应用研究轨迹。通过文献调研发现，对于科学交流的研究可以说是在20世纪60年代左右达到了一个前所未有的高峰。在这段时间内，涌现出了众多日后耳熟能详的著名学者。其中一部分作者进行基于纸质出版物的科学交流基本理论研究，如Menzel、Garvey、Griffith等对科学交流模式的研究。而另一部分则是充分利用科学引文索引来进行定量化的研究，如普赖斯对于引文网络的研究、Garfield关于期刊评价和引文网络的研究、Small对于同被引分析的研究等。

到现在，基于纸质出版物的科学交流研究仍然是热点，主要集中在两个方面：一是科学评价领域；二是科学交流结构可视化方面。在科学评价领域，主要是评价科学交流的效果，即利用一些指标（如影响因子、h指数等）来评价科学交流系统中哪些作者（或者期刊、机构）贡献大。这一方面的研究在科学管理和辅助决策方面起着重要的作用。另外，现在对于知识挖掘的研究非常热门，而很多知识挖掘都是基于文献及其网络（如合作网络和引文网络），学者们通过算法研究（包括聚类算法和可视化算法）更加科学和形象地展示学科知识结构及研究前沿等重大学术问题。

综上，基于纸质出版物的科学交流研究有着旺盛的生命力，在很长一段时间内都将占据重要地位。

1.3.2 基于网络出版物的科学交流研究

纸质出版物有一个非常重要的缺点，就是“成本高且流通慢”，但是，受到科学技术发展的限制，在很长一段时间内都难以突破以纸质为载体的知识传播模式。随着计算机技术、网络技术的迅猛发展和出版方式的灵活转换，网络出版物（含电子出版物）逐步进入了我们的视线，并且在我们的科学研究中扮演着重要的角色，它带来了科学交流的变革，为科学交流研究孕育了新的土壤。

情报学家兰开斯特（F. W. Lancaster）是系统论述网络出版物的学者，他于1978年出版的 *Toward Paperless Information Systems* 一书详细构建了未来科学交流知识载体的形式、交流模式和重要影响①。令我们惊叹的是，兰开斯特的前瞻性研究很快便得到了印证，并且不仅仅是电子期刊的大量涌现，甚至已经出现了运作模式较为成熟的纯网络期刊。

对于网络环境下的正式交流的研究，主要集中在两个方面：一是对于“开放存取”（open access，OA）的研究；二是“基于学术索引引擎”而进行的相关研究。开放存取是指文献在网上可以免费获取，允许任何用户阅读、下载、拷贝、传递、打印、检索、超级链接该文献，并为之建立索引，用作软件的输入数据或用于其他任何合法用途②。它主要包括 OA 期刊（包括纸质期刊电子化和纯网络期刊）和 OA 仓储两种形式③。开放存取的提出和兴起，不仅提高了科学交流的效率，而且颠覆了传统的科学评价方法与模式，所以当前学者对于开放存取的关注度非常高。在国外，开放存取已经得到了较多学者的认可，在自然科学领域尤其是物理学、化学等领域现在更是比较普及，如现在很多物理学者都将论文首先发表在 arXiv. org 上。现在我国也积极响应开放存取运动，如政府部门牵头组建的“科技论文在线”就是这方面的一种积极尝试。现在很多学者都在研究开放存取对于学者之间的科学交流有何影响、如何影响的问题（比如，S. C. Herring 对于以计算机为媒介的网络交流的研究④；R. Kling 等关于电子期刊

---

① Lancaster F W. Toward Paperless Information Systems [M]. New York：Wiley，1978

② 董颖，张世平，刘日生，等. 开放存取研究综述 [J]. 高校图书情报论坛，2006，5 (4)：4-7，11

③ OA 期刊有着严格的审核制度，而 OA 仓储则只是一个存储文献的资料库

④ Herring S C. Computer-mediated communication on the internet [J]. Annual Review of Information Science and Technology，2002，36：109-168

及网络对于科学交流的影响的研究[①])。开放存取只能组织某一方面或者领域的知识，并不一定非常全面，而现在飞速发展的搜索引擎技术则又将我们带向了一个崭新的科学交流新平台中。这些搜索引擎可以将与某一关键词相关的所有分布在网络上的论文有机组织起来（包括来源和引用），功能非常强大。这样的学术搜索引擎包括 Google Scholar、ResearchIndex. org 等，尤其是 Google Scholar 的推出极大地推进和改变了人们获取信息的方式与效率。这方面的研究非常少，零散分布于最近几年的期刊论文中。比如，D. Zhao 就专门以“网络环境和传统期刊环境下科学交流比较研究”作为自己的博士论文题目，并且其中网络环境下科学交流的研究（主要是从作者显示度和作者同被引两方面展开）的数据就来自 ResearchIndex. org[②]；L. Leydesdorff 关于 Google Scholar 环境下的作者同被引研究等[③]。

基于网络环境的科学交流研究为我们开辟了新的研究领域，现在只是刚刚起步而已，相关研究还很不系统和深入，需要更多学者从理论和应用多个方面来进行研究，争取有较大的突破。

1.3.3　非正式交流研究

关于非正式交流的研究从 1963 年迄今就没有停止过，取得了丰硕的成果，主要集中在两个方面：一是关于无形学院的研究；二是关于网络环境下作者科学交流的研究。

无形学院的研究也集中在两个方面：一是对于什么是无形学院及如何通过引文来寻找无形学院的研究；二是研究无形学院内的作者如何交流及交流效果（评价）的问题。由于普赖斯给出的无形学院的定义比较简单和抽象，有不少作者对其内涵进行了重新鉴定（如 W. O. Hagstrom 的定义[④]和 Lievrouw 的定义[⑤]），以期对无形学院有一个更清晰的理解。其中，笔者认为 A. Zuccala 的定义[⑥]是迄今

① Kling R，Callahan E. Electronic journals，the internet，and scholarly communication ［J］. Annual Review of Information Science and Technology，2003，37：127-177

② Zhao D. A comparative citation analysis study of web-based and print journal-based scholarly communication in the XML research field ［D］. Tallahassee：The Florida State University，2003

③ Leydesdorff L，Vaughan L. Co-occurrence matrices and their applications in information science：extending ACA to the Web environment ［J］. Journal of the American Society for Information Science and Technology，2006，57（12）：1616-1628

④ 转引自：Zuccala A. Modeling the invisible college ［J］. Journal of the American Society for Information Science and Technology，2006，57（2）：155

⑤ Lievrouw L A. Reconciling structure and process in the study of scholarly communication ［A］// Borgman C L. Scholarly Communication and Bibliometrics ［C］. Newbury Park：SAGE Publications，1990：59-69

⑥ Zuccala A. Modeling the invisible college ［J］. Journal of the American Society for Information Science and Technology，2006，57（2）：152-168

最全面的一种："无形学院是由某个研究领域一群有着相互交流的学者构成，这些学者创造本领域的相关论文并且通过正式渠道和非正式渠道来与其他作者进行交流，尽管这些作者可能属于不同地域的研究机构。"这里，Zuccala 将正式交流（即引用和合作）引入了无形学院，使得无形学院的范畴更加明朗化。在这一理论基础上，很多作者都利用作者同被引来进行无形学院的发现，以期使得无形学院的研究"有形化"（如 Zuccala 的博士论文就专门研究了如何鉴别和发现无形学院①；M. Gmür 则对同被引分析在无形学院发现中的作用进行了评估②）。而对于无形学院内作者如何交流的研究成果是比较多的，并且一直持续至今，相关研究包括作者之间引用的动机研究、作者之间知识交流路径和渠道研究、作者之间的社会关系对于交流的影响研究等方面。当然，这方面研究的经典之作不得不提及克兰的专著《无形学院——知识在科学共同体的扩散》，该书集中了库恩理论（尤其是其范式理论）和普赖斯的知识增长理论，从合作（广义的合作，包括项目合作等）、引用和社会关系等方面创造性地研究了科学共同体的成长过程及其影响因素，其研究方法、研究思路及研究结论都对以后的研究有着重要的参考价值。

在网络日益发达的今天，学者们很少通过邮寄信件来交流，E-mail、视频通话、即时通信工具等已经非常普及并成为交流的主要工具，它们的出现大大提高了交流的时效性。只要双方有时间，完全可以不受空间的限制并进行几乎无滞后的交流。而随着 Web 2.0 概念和技术的成熟，BBS、Blog 和维基等新的交流媒介不断涌现，这些都大大改变了人们科学交流的方式。在 Web 2.0 环境下，学者和观众的互动是非常及时的，通过发表帖子（相当于论文）来传播自己的观点，通过评论与回复来进行实时交流，而通过"标签"（相当于关键词）来寻找相似帖子，至于引用他人帖子更是只要做个简单的链接即可。互联网让"大容量无形学院"（相对普赖斯提出的 100 人规模）的形成成为现实。现在学者对于网络环境下的交流模式研究已经探讨很多（如方卿等的研究③），并且现在已经有一些学者来定量研究网络科学交流（如陈远对 Donews 博客的研究④；邱均平等对图情 Blog 的研究⑤；王晓光对 CSDN 博客的研究⑥）。

从上面的介绍来看，当前对于非正式交流的研究比较热，尤其是网络化大

---

① Zuccala A. Revisiting the invisible college: a case study of the intellectual structure and social process of singularity theory research in mathematics [D]. Toronto: University of Toronto, 2004

② Gmür M. Co-citation analysis and the search for invisible colleges: a methodological evaluation [J]. Scientometrics, 2003, 57 (1): 27-57

③ 方卿. 论网络载体的发展对科学信息交流的影响 [J]. 图书情报知识, 2002, (1): 13-17

④ 陈远. 基于网络社区的信息传播机制研究 [D]. 武汉: 武汉大学, 2007

⑤ 邱均平, 于长福, 马瑞敏. 图林博客的社会网络分析 [J]. 图书情报工作, 2008, (11): 6-9

⑥ 王晓光. 博客社区内的非正式交流: 基于网络链接的实证分析 [J]. 情报学报, 2009, (2): 248-256

大促进了人与人之间的非正式交流的效率，引起了学术界的广泛关注，对于网络环境下的非正式交流的研究就显得尤为迫切。

1.3.4　历史回顾引发的思考

从上面的历史回顾来看，科学交流的研究也随着载体的转变在不断丰富。但是需要强调的是基于不同载体的科学交流研究都非常重要，不可偏颇。但是，国内情报学界对于传统的基于纸质出版物的科学交流研究有所忽略，热衷于网络环境下的科学交流研究。而实质上，基于纸质出版物的科学交流仍然有很多基本问题还没有深入探讨，研究方法也是一直在照搬国外而没有突破，实证性和应用性的研究还大量匮乏。这一刻意求新的现象值得我们反思。

现在在我国情报学界对于网络环境下的信息交流研究比较多，并且多集中于理论层面的研究，实证与应用研究很少。在国外，学者对于网络环境下的科学交流研究却非常谨慎，参与的学者也并不是很多。真正做出成绩的也是有深厚计算机和数学背景的专家，如当前网络计量学界最为活跃的英国学者 M. Thelwall 就是计算机博士。那么，其他学者在研究什么？从《美国信息科学与技术学会会刊》(*JASIST*)、*IPM* 和 *Scientometrics* 等国外顶级杂志来看，很多学者还是在研究传统的科学交流，即基于纸质出版物的科学交流研究。那么，他们的研究是否有所突破呢？回答是肯定的。比如，最近对于 h 指数的研究（交流效果的评价）、对于知识图谱的研究（交流结构的可视化）和对于复杂网络的研究（交流规律的研究）都站在了学科的最前沿，并且得到了学术界的认可。

当前，对于网络环境（纯网络环境，即互联网）科学交流的研究还局限在共链分析（co-link）、Blog 计量、网络影响因子（web impact factor）等方面。并且当前研究似乎有所停滞，这主要是由技术上的局限所引起的。比如，无法有效过滤垃圾信息而导致共链分析的结果不是很可靠；由于搜索引擎的不稳定性，网络影响因子的计算并不准确。而 Blog 的研究也主要集中在“好友链接”方面，更加深入的分析还没有。所以，当前对于网络环境下科学交流的研究显得比较“稚嫩”，有些研究甚至误差比较大。这也是很多国外科学计量学专家很少介入纯网络环境的研究，只是做一些尝试性研究的原因。

所以，虽然网络环境对于学者学术研究来说似乎是一片新天地，但是当前的技术还没有达到我们“随心所欲”的程度，还有很多技术壁垒。而传统环境仍然有许多值得研究的地方，并且这些问题都是当前研究热点，不仅情报学专家在研究，很多物理学家、计算机专家都在研究（如知识图谱和复杂网络）。令我们有压力的是，物理学家和计算机专家的研究成果很多基于图情学（这点可以从他们的引文中看出），但是他们却取得了突出成果。比如，对于幂律分布的研究，图情学中的洛特卡定律和齐普夫（G. K. Zipf）定律都是典型的幂律分布，但是我们没能对这些定律的应用抽象化和扩大化，并且对于方法的研究也比较粗糙。最终，当别的学科作者提出幂律分布（或者是长尾效应）并在很多学科（如经济管理领域）应用时，我们是多么的无奈和尴尬。

基于以上的一些阐述，笔者认为基于传统出版物的科学交流研究仍然有很多“机遇”，并且面临着其他学科学者的“挑战”，我们需要在该方面研究得更加深入和专业。当然，也要不断地尝试网络环境下科学交流的研究，但是需要格外谨慎，并且需要开发更好的应用软件来获取和处理网络数据，争取早日有所突破。所以，基于传统和基于网络的研究都不能偏颇，都大有可为。

1.4 科学交流的模式与规律

1.4.1 科学交流的模式

“模式”（pattern）一词的含义非常丰富，它标志着研究对象之间隐藏的规律关系，而这些研究对象可以是图像、图案，也可以是数字，还可以是抽象的关系甚至思维的方式。模式强调的是形式上的规律，而非实质上的规律①。模式是前人积累的经验的抽象和升华。简单地说，就是从不断重复出现的事件中发现和抽象出的规律，是平时解决问题的经验的总结。只要是一再重复出现的事物，就可能存在某种模式②。不论是科学社会学家，还是引文分析学家，他们都对科学交流的模式有精深研究。这方面的研究最主要解决“科学交流要经过哪些媒介和途径来实现”这一问题。很多学者都提出了自己的观点，这方面的研究已经比较成熟，除了 1.1.2 小节中介绍的米哈依诺夫（基于门泽尔的研究）模式，还有以下其他几种比较著名的模式③④⑤。

1. 香农-维弗通信模式

这一模式由计算机专家 C. E. Shannon 和 W. Weave（图 1-2）于 1949 年提出，

---

① 这点需要格外注意，从这里出发，也可以看出模式和规律是有差别的，模式的定义比规律的定义要宽泛一些。

② 百度百科 . 模式 . http：//bk. baidu. com/view/37878. htm [2009-10-11]

③ 严怡民 . 现代情报学理论 [M] . 武汉：武汉大学出版社，1996：119-129

④ 秦鸿霞 . 信息交流模式述评 [J] . 情报杂志，2007，(11)：80-86

⑤ 陈喜乐 . 科技传播的研究状况及其模式 [J] . 厦门大学学报（哲学社会科学版），2007，182 (4)：57-66

它为学者利用计算机、网络等通信工具进行交流奠定了坚实基础。

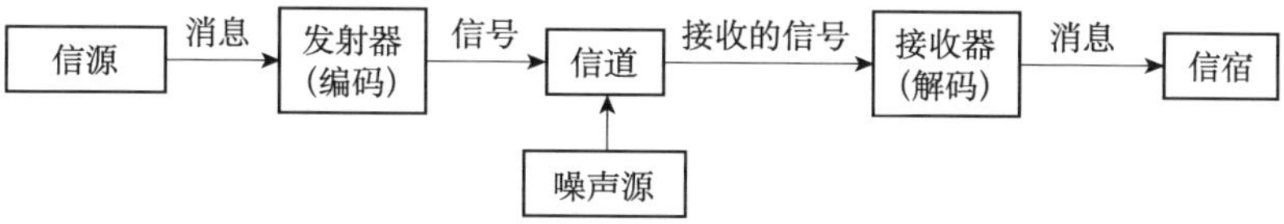

图 1-2　香农-维弗通信模式

2. 5W 模式

该模式（图 1-3）由拉斯韦尔（H. D. Lasswell）提出，在传播学中应用颇广，对于科学交流的研究也有着积极的借鉴意义。实质上，这一模式更多强调的是传播效果，即第一次明确提出传播的效用问题，这点很值得肯定。

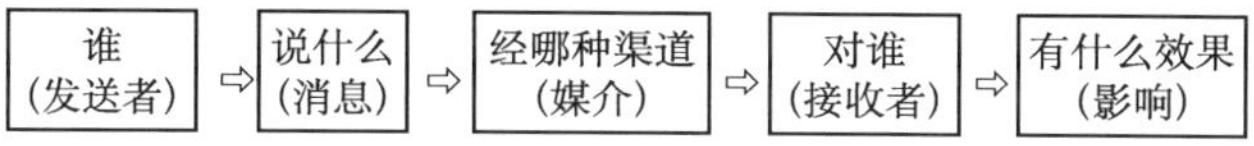

图 1-3　5W 模式

3. S-C-R 模式

这一模式由情报学家维克利（B. C. Vickery）提出（图 1-4），是典型的情报学科学交流模式，在情报学界有着重要影响。这一模式将人（交流主题）、文献（交流载体）、机器（传播工具）和自然界（外部影响）有机统一起来，较为系统地描述了科学交流的各个要素。

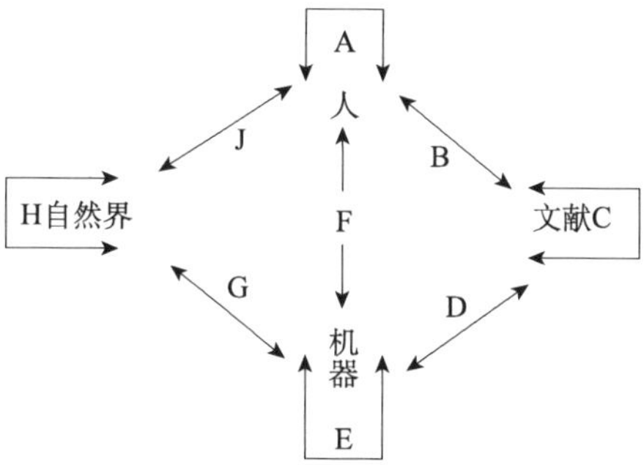

图 1-4　S-C-R 模式

4. Garvey-Griffith 模式

该模式由美国著名情报学家和心理学家 Garvey 与 Griffith 提出（图 1-5），该模式是科学交流的经典模式，其在西方国家学术界的影响力要远远大于米哈依诺夫所提出的模式。该模式对论文发表进入科学交流系统的整个流程（正式交流与非正式交流）进行了详细描述，比米哈依诺夫的模式更加详细。

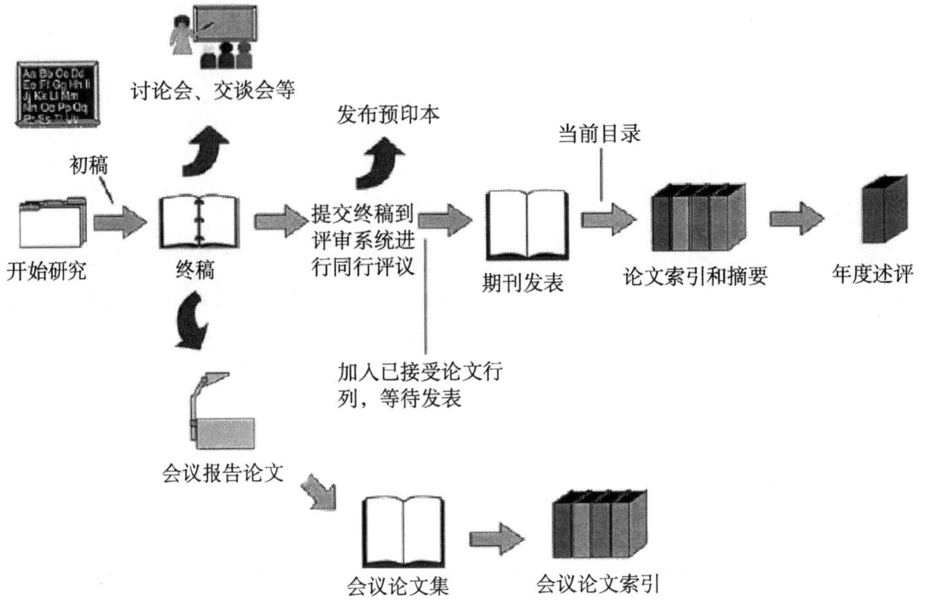

图 1-5　Garvey-Griffith 模式

5. 2020 年的科学交流模式

这一模式较为科学地预测了未来的科学交流模式，由 J. M. Hurd 提出（图 1-6）①。该模式受到 Garvey-Griffith 模式启发，但是又适应了网络环境及高度发展的计算机技术，为我们描绘了未来科学交流的宏观模式，即完全电子化的科学交流模式。当然，需要指出的是，这种模式是一种理想化模式，是一种"倾向"，纯网络电子文献和传统的纸质文献将长期共存。

通过这些基本模型的介绍，我们可以对科学交流的基本过程和环节有一个比较清晰的了解，从而对科学交流的理解更加形象化和具体化。但是，我们也可以看到，这些模式的研究更多是宏观层面的研究，主要是解决文献发表后如何更好地发挥其知识传递功能这一问题。本书更加注重从微观层面，即从作者之间的合作和引用出发来研究科学交流的模式。

① Hurd J M. The transformation of scientific communication: a model for 2020 [J]. Journal of the American Society for Information Science, 2000, 51 (14): 1279-1283

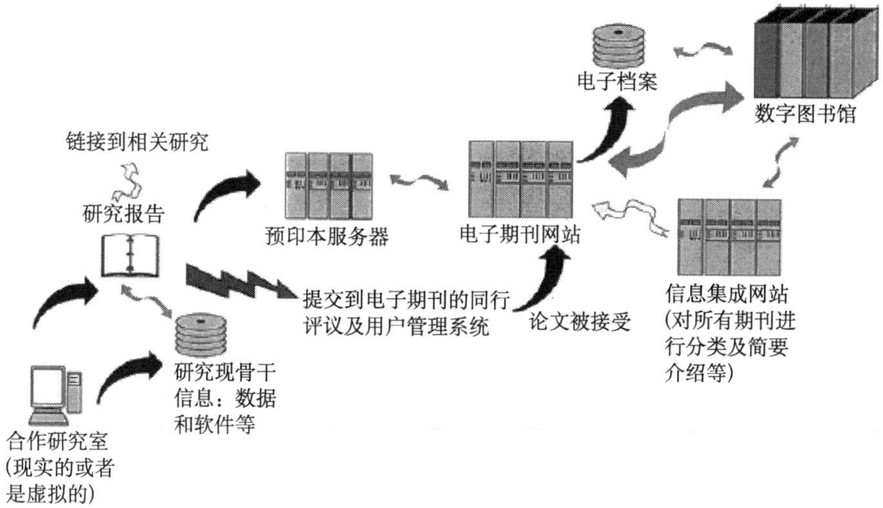

图 1-6　2020 年的科学交流模式

1.4.2　科学交流的规律

首先，科学交流系统是一个社会系统①。尽管社会现象似乎是随机的、偶然的和独特的，但是它仍然表现出高度的规律性。社会规律性主要表现为统计规律，即总体的规律。社会虽然不是一个像自然界那样的客观系统，但它也不完全是人为设计的产物。虽然个人行为都是有意识、有目的、有选择的，但最终形成的社会秩序却是自然而然的，不受个人意志所左右的。社会研究并不同于哲学研究和历史研究，它并不试图探寻永恒的或者普遍适用的发展规律，并根据这种规律来预言人类社会的未来，而是试图科学地解释社会生活中表现出来的各种规律，这些规律包括：①社会总体的统计规律，它只是以概率的方式说明总体的状况或倾向，而不排除个别的特例；②由社会规范和社会制度所规定的相对持久的行为模式②；③适用于特定社会、特定历史时期的经验规则③。科学交流的规律研究一直是信息计量学界研究的热点，随着复杂网络研究的兴起，对于科学交流规律的研究更加深入。纵观当前对于科学交流规律的研究，主要

① Garvey W D，Griffith B C. Scientific communication as a social system：the exchange of information on research evolves predictably and can be experimentally modied［J］. Science，1967，157（3792）：1011-1016

② 在科学交流系统中，可能和社会制度联系得少一些。当然在考虑不同国家科研状况的情况下，科学交流又与社会制度有着必然联系。在此需要辩证地看待这一问题

③ 袁方. 社会研究方法教程［M］. 北京：北京大学出版社，2006：66-68

集中在两个方面：一是信息计量学中的“三大定律”的发现与修正；二是复杂网络研究中的两大基本规律的检验与探索。

1. 信息计量学中的三大定律

在科学交流规律的研究中，有许多信息计量学专家为此做出了卓越贡献。其中，影响深远的无疑是信息计量学中以三位著名专家命名的三大定律，即文献信息集中与离散分布规律——布拉德福定律、文献信息词频分布规律——齐普夫定律和文献信息作者分布规律——洛特卡定律。

1）布拉德福定律

其文字表述为：如果将一定时间内（通常一年）按某学科载文量等级排列的期刊划分为三个区，使每一个区所包含的相关论文数量相等，即恰好等于全部期刊发表的该学科文章总数的 1/3，则可发现，第一区（核心区）所涉及的文章来自数量不多但效率最高的 n_1 种期刊；第二区（相关区）包括数量较大、效率中等的 n_2 种期刊；第三区（外围区）包括数量最大而效率很低的 n_3 种期刊。那么，三个区中的期刊数量成下列关系：$n_1 : n_2 : n_3 = 1 : a : a^2 (a > 1)$，其中 a 为布拉德福常数（约为 5）[①]。

2）齐普夫定律

其文字表述为：如果把一篇较长的文章（约 5000 字）中每个词出现的频次统计起来，按照高频词在前、低频词在后的递减顺序排列，并用自然数给这些词编上等级序号，即频次最高的词等级为 1，频次次之的等级为 2……频次最小的词等级为 D（或 L）。若用 F_r 表示频次，r 表示等级序号，则有 $F_r r = C$，其中 C 为常数[②]。

3）洛特卡定律

其文字表述为：生产 2 篇文章的作者大约是生产 1 篇文章的作者数量的 1/4，生产 3 篇文章的作者大约是生产 1 篇文章的作者数量的 1/9 …… 生产 n 篇文章的作者是生产 1 篇文章的作者数量的 $1/n^2$；且生产 1 篇文章的作者是全体作者数量的 60%左右。可表述为 $y(x) = y(1)/x^2$，其中 $y(1)$ 为写 1 篇论文的作者数量；$y(x)$ 为撰写 x 篇论文的作者数量[③]。

通过研究还发现，这三种定律的数学表达形式具有统一性，即我们所称的“布-齐-洛的一致性”。如果我们将期刊、字词、作者及论文等视作源，同时将它

① 邱均平．信息计量学［M］．武汉：武汉大学出版社，2007：105-106

② 邱均平．信息计量学［M］．武汉：武汉大学出版社，2007：139

③ 邱均平．信息计量学［M］．武汉：武汉大学出版社，2007：167

们各自出现的次数作为项①，那么这三大定律都可以认为是源和项之间存在的单变量函数关系。这种关系呈现频次-规模分布或者频次-等级分布，并且都可以用以下表达式表达，即 $f(r)=C/r^a$ 。从这一表达式来看，这三种定律的实质都是幂律分布。这在很大程度上说明科学交流系统中存在着广泛的幂律分布规律。还需要注意的是，三大定律的研究对象分别是期刊容量、字词频数和作者生产力，本书将从作者学术关系这一全新的视角来研究科学交流的规律，三大定律的研究为本书的研究提供了良好的借鉴。

2. 复杂网络中的两大基本规律

现在关于复杂网络（关于其具体定义和内容等详见 2.1.4 小节）的研究非常热门，尤其是对于大规模作者合作网络和论文引文网络的研究更是给予了我们很大的启迪。复杂网络中有着两大统计特征，也即两大基本规律——小世界效应统计规律和幂律分布规律。

1）小世界效应

小世界效应是指具有较大的集聚系数（clustering coefficient）和较短的平均距离（average distance）。Watts 和 Strogatz② 通过以某个很小的概率 p 切断规则网络中原始的边，并随机选择新的端点重新连接，构造出一种介于规则网络（regular）和随机网络（random）之间的网络，这种网络有着较大的集聚系数和小的平均距离，这和其他两种网络是截然不同的（规则网络是 $p=0$ 时的网络，具体如图 1-7 最左面网络所示，它具有集聚系数大、平均距离长的统计特征；随机网络是 $p=1$ 时的网络，具体如图 1-7 最右面网络所示，它具有较小的集聚系数和较短的平均距离的统计特征），随后他们的研究得到了学术界尤其是物理学界学者的认可，他们把这样的网络称之为小世界网络。

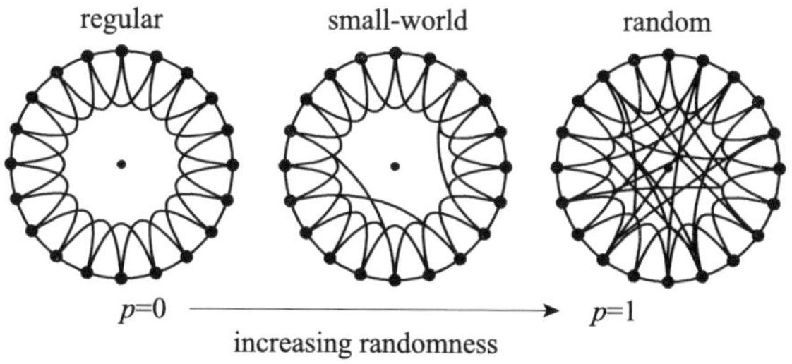

图 1-7　三种网络图示

① 这里的实质是埃格希（L. Egghe）提出的信息生产过程

② Watts D J, Strogatz S H. Collective dynamics of "small-world" network [J]. Nature, 1998, 393: 440-442

集聚系数是考察和某个点相连的两个点相连的概率，某个点的集聚系数 $C(i)$ 的计算公式为

$$C(i)=\frac{2E(i)}{k_i(k_i-1)} \tag{1-1}$$

其中，$E(i)$ 为实际存在的边数；k_i 为第 i 个节点的度。$C(i)$ 实质就是与点 i 相邻的点实际存在边数与应该存在边数的比值。在社会网络分析中，有一个假设和集聚系数十分相关，即“禁现三方关系假设”。这一假设具体为：如果 A 和 C 有强关系、B 和 C 也有强关系，那么 A 和 B 不存在关系的情况不会发生。这一假设已经在社会学中得到了验证。以此类推，合作关系在很大程度上也是社会关系的体现，所以这一假设似乎在合作网络中也应该存在。而集聚系数则是考察这种禁现关系的一个重要的指标，在小世界效应中，从整体统计特征来看，整个网络的集聚系数比较大，即一个人的朋友之间也应该是朋友。应用在合作网络，即一个人的合作者之间也应该有合作。

平均距离即网络中所有两点间的距离的平均值，公式为

$$L=2\sum_{i>j}d_{ij}/\left[N\ (N-1)\right] \tag{1-2}$$

其中，N 为整个网络的节点数；d_{ij} 为两点之间的距离。要想理解这里“距离”（distance）的含义，需要对其相关的一系列概念进行必要的了解，即“线路”（walk）、“迹”（trail）、“途径”（path）和“直径”（diameter）。线路是指一个点和另一个点之间的连线（中间可包括 N 个点和 N 条线，且都可以重复）。迹是指在一个线路中没有重复出现的线。途径是指一个线路中各条线和各个点都不重复。两点之间的长度最短的途径叫作测地线。两点之间的测地线的长度叫作测地线距离，简称距离。也就是说，两点之间的距离是指连接这两点的最短途径的长度。一个图有多条测地线，把图中最长的测地线称为直径。只有对这些相关概念进行深入的了解，才能准确地计算出 d_{ij} 的值，进而计算出 L 的值。

2）幂律分布

幂律分布主要是指节点的度分布服从幂律分布规律。点的度数（nodal degree）是指一个点 n_i 的临点的个数，记作 d（n_i）。实际上，一个点的度数也是与该点相连的线的条数。对于有向网络（directed network），又有入度（in-degree）和出度（out-degree）之分。入度是指向该点的线的条数。出度是该点指向别的相邻点的条数。一个点的度数＝入度＋出度。点的度数可以考察一个点的影响力。比如，在引文分析中，一个作者的入度越大说明被关注（如被引）越大，出度越大则在一定程度上说明学习能力强或者吸收知识能力强（如频繁引用别人的文献）。但是，还需要强调的是，对于有向网络，有的研究证实入度和出度都满足幂律分布，如闫宏飞和李晓明①

① 闫宏飞，李晓明. 关于中国 Web 的大小、形状和结构［J］. 计算机研究与发展，2002，29（8）：958-967

利用北京大学的天网搜集系统研究了中国网页的互链情况，指出网页的入度和出度满足幂律分布；张嘉龄和李茂青①对博客互相链接进行研究，他们也发现博客的入度和出度都满足幂律分布。但是有的研究证实入度满足幂律分布，而出度则没有什么明显的规律可循，显得杂乱无章。比如，D. Fraiman② 就从数学原理推演出出度的分布并不时刻都满足幂律分布，具有一定的随意性。对于幂律分布的机理，A. L. Barabási 和 R. Albert 认为是“富者更富”（rich get richer，提出时间为 1999 年）③，这和普赖斯于 1965 年提出的“累积优势”是不谋而合的。

从数学原理来讲，幂律分布是指一个随机变量的概率密度分布服从 $p(x) \propto x^{-\alpha}$ 这样的形式。在这里我们主要研究的是离散型随机变量的分布④，具体为 $p(x) = \Pr(X = x) = Cx^{-\alpha}$，其中 C 值可以用 Hurwitz Zeta 函数［用 $\zeta(\alpha, x_{\min})$ 表示，$x_{\min}$ 是指随机变量的最小值⑤］来计算。这样，得到离散型随机变量的幂律分布的表达式：

$$p(x) = \frac{x^{-\alpha}}{\zeta(\alpha, x_{\min})} \tag{1-3}$$

虽然国外一些研究已经证明了作者合作网络和论文引用网络是复杂网络（详细介绍见 2.1.4 小节），即具有小世界效应和幂律分布这两大规律，但是仍然还有许多工作要做，一是对于合作网络中这两大规律的验证，二是探索性研究其他一些交流网络（如作者引用交流网络）是否也存在这两大规律。本书后面对于科学交流规律的研究正是紧紧围绕这两方面展开的。

1.5 科学交流结构的类型

在系统科学中，“结构决定功能”是被普遍接受的原理，由此可见认识结构在认识事物本质和价值中的重要作用。结构是功能的内在根据，功能是要素与结构的外在表现。结构的变化制约着系统整体的发展变化，结构的改变必然引起功能的改变。比如，石墨和金刚石都是由碳原子组成的，但由于碳原子的空

---

① 张嘉龄，李茂青．博客信息传播的网络模型构建［J］．软件导刊，2008，7（5）：67-69

② Fraiman D. Growing directed networks：stationary in-degree probability for arbitrary out-degree one［J］. The European Physical Journal B，2008，61：377-388

③ Barabási A L，Albert R. Statistical mechanics of complex networks［J］. Science，1999，286：509-512

④ 很显然，度这一变量是离散型的，而非连续型的，这点需要格外注意。离散型和连续型的分布函数是不一样的。详见：Clauset A，Shalizi C R，Newman M E J. Power-law distributions in empirical data［EB/OL］. http：//arxiv. org/abs/0706. 1062［2009-05-03］

⑤ 并不是所有值的分布都满足幂律分布，最小值的设置就是为了剔除那些不符合幂律分布的点

间排列不同，其功能则完全不同。结构对功能之所以起主要的决定功能，一是因为结构使系统形成了不同于它的诸要素的新质。系统的各个要素在相互联系、相互作用中，交流和交换着物质、能量及信息，由此决定，它一方面使系统整体出现了其要素没有的新质，另一方面又丧失了其要素的某些质。在新质的基础上，系统整体获得了新的功能，整体的功能主要取决于要素之间的结构。二是组成要素的行为在一定的约束条件下和协同作用下决定着系统的功能，“约束”和“协同”是由系统结构所赋予的①。根据结构决定功能原理，通过系统结构的变化来分析系统功能的方法，称为结构功能方法，对结构和功能的分析有四种情况②：一是同构异功，即同一结构的系统可以发挥多种功能；二是同功异构，即一种功能由多种结构来实现；三是同构同功，即相同的结构表现为相同的功能；四是异构异功，即结构不同，表现的功能也不同。

科学交流系统同样遵循着“结构决定功能”这一原理，在实际研究中，主要涉及拓扑结构、社会结构和知识结构三个方面，以下是对它们的简要介绍。

1.5.1 拓扑结构

拓扑结构一般是指一个网络的物理结构，即网络中各个节点相互连接的形式，是最为直观的一种表现网络节点关系的图形。科学交流中的很多统计规律正是基于交流网络的拓扑结构，如度（含出度和入度）的分布。另外，从直观的拓扑结构还可以研究科学交流的模式。不同的网络有着不同的拓扑结构，提及拓扑结构就不得不提影响重大并且比较成熟的计算机网络拓扑结构。计算机网络拓扑结构主要有总线型、星型、环型、树型、网状型和混合型等几种（在3.1.1小节图3-1详细给出，在此不再详述）。

计算机网络拓扑结构和科学交流网络（包含合作网络和引用网络）还不完全一样（两者的区别分析详见3.1.1小节），但是包含了最基本的交流模式，这对于研究科学交流的拓扑结构及模式的研究都有很大的启示。本书3.1.1小节正是基于此来研究科学交流的模式。

1.5.2 社会结构

在科学交流的很多研究成果中，都可以看到“社会结构”一词。社会结构在社会学中的定义是：一个群体或者一个社会中的各要素相互关联的方式③。但是我

---

① 吕永波．系统工程［M］．北京：清华大学出版社，北京交通大学出版社，2006：21-22

② 吕永波．系统工程［M］．北京：清华大学出版社，北京交通大学出版社，2006：22

③ 戴维·波普诺．社会学［M］．李强，等译．北京：中国人民大学出版社，1999

们这里的社会结构和社会学中的社会结构还是有区别的，社会学中的社会结构更多强调的是“社会经济结构、上层建筑结构、阶级阶层结构、人口结构、民族结构和家庭结构等”[①]，而我们这里最主要强调的是科学交流网络中透射出的人与人之间的社会关系，并从这种社会关系的构建来考察科学交流的内在分布特征与规律。

科学交流尤其是非正式交流的研究很多是从社会结构出发来进行研究的。比如，克兰在研究《无形学院——知识在科学共同体的扩散》时进行很多前期的问卷调查，在数学领域学者调查中，她询问了很多与被访问者的社会关系相关的问题，如“你是否与他人讨论你在这个问题领域的研究？如果是，和谁？并请列出姓名、机构、对你的影响程度等”。通过这样的交流网络的构建，她发现整个数学领域是由合作者群体和无形学院构成的。合作者群体主要是师生合作，他们构成一个个小的群体。而高发文作者（有较大影响力的作者）的合作使得整个网络连接起来，这正是无形学院的显著作用。由此可见，克兰研究非正式交流的方法的出发点就是作者的社会关系网络，延续了社会学方法的访谈特征（现在多被称为“民族志研究方法”），通过对作者之间的社会关系构成的网络进行分析来探究科学交流的内部结构和特点。这种网络结构很明显是一种社会结构。

1.5.3　知识结构

知识结构是图情学学者提出的一个概念，最早由 White 和 Griffith 于 1981 年提出[②]。他们两位是作者同被引概念和方法的创始人，也都是科学计量学界最高荣誉——普赖斯奖的获得者。在他们的奠基性论文 *Author cocitation: a literature measure of intellectual structure* 一文中，明确提出了“intellectual structure”这一概念。“intellectual”这一词，从表面来看，应该翻译为“智力”，但是和“structure”联系起来如果翻译为“智力结构”，则和教育学中的智力结构一词混淆，而两者又差别较大。基于以上考虑，还是将“intellectual structure”翻译为“知识结构”为好，现在国内的一些文献也都将其翻译为知识结构（比如，林丹明等[③]）。

作者同被引的定义在前文已经介绍过，在此不再详述。作者同被引现在已经不只是一个概念，更重要的是一种方法，即作者同被引分析。这种方法正是用来探测一个学科或者领域的知识结构。令人振奋的是，这一方法的应用已经不仅仅局限在图情学内，在其他很多学科领域也有应用（比如，McCain 和 Verner 等对软

---

① 李芹．社会学概论［M］．济南：山东大学出版社，2003：79

② White H D, Griffith B C. Author cocitation: a literature measure of intellectual structure［J］. Journal of the American Society for Information Science, 1981, 32 (3): 163-171

③ 林丹明，梁强，姚明安，等．我国工商管理研究的知识来源与结构——基于文献计量法的分析［J］．汕头大学学报（人文社会科学版），2009，25（1）：70-77

件工程领域的研究①；刘林青对战略管理领域的研究②），尤其是在最近几年该方法的应用更是广泛（更多相关内容见前言和第五章）。笔者也曾经利用作者同被引对我国情报学的知识结构进行了分析③并与 White 和 McCain 1998 年撰写的经典论文 *Visualizing a discipline: an author co-citation analysis of information science, 1972—1995* 中给出的国外图情学知识结构进行了对比，具体比较如图 1-8 所示。

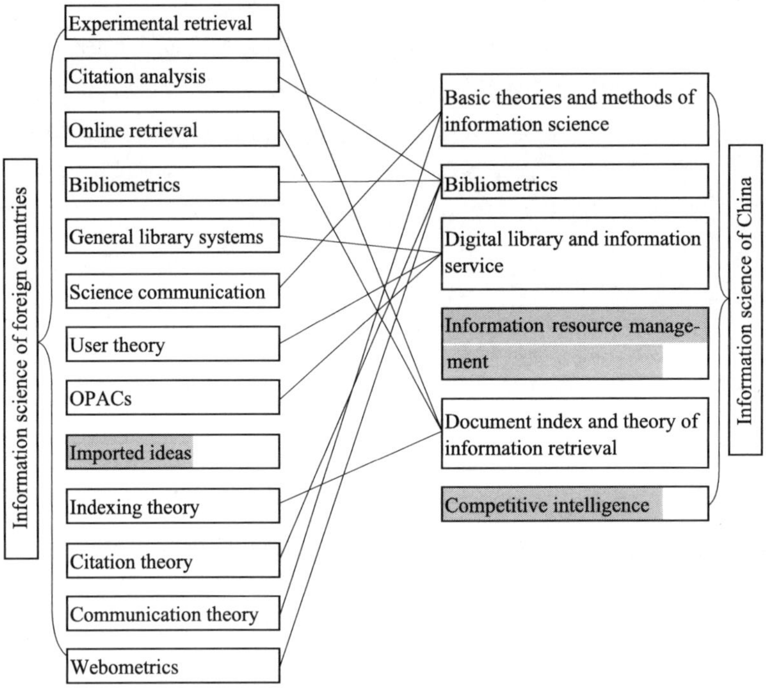

图 1-8 国内外图情学知识结构比较图

阴影部分为图情学所独有的研究方向

从图 1-8 的比较中，我们可以发现我国图情学的知识结构和国外有很大相似性，但是比较笼统和泛化，且比较注重理论研究，不如国外的那么细致且注重实际应用。但是在国内也有诸如“信息资源管理”和“竞争情报”这样比较有特色的研究方向。从这个例子也可以看出，研究一个学科的知识结构对于认识

---

① McCain K W, Verner J M, Gregory W H, et al. The use of bibliometric and knowledge elicitation techniques to map a knowledge domain: software engineering in the 1990s [J]. Scientometrics, 2005, 65 (1): 131-144

② 刘林青．范式可视化与共被引分析：以战略管理研究领域为例［J］．情报学报，2005，24（1）：20-25

③ Ma R M, Dai Q B, Ni C Q, et al. An author co-citation analysis of information science in China with Chinese Google Scholar search engine, 2004—2006 [J]. Scientometrics, 2009, 81 (1): 33-46

一个学科的研究状况很有益处，并可根据时间演变来分析学科知识结构的变化从而掌握研究方向的兴衰，这对于学科的宏观管理与微观调节都有非常重要的意义。

现在对于知识结构的研究，不仅仅局限在多元统计方面（如因子分析、聚类分析等，具体内容见第五章），在结构可视化方面的研究更是吸引了多个学科顶级专家的加入。比如，美国德雷塞尔大学的 C. Chen 就开发了专门的作者同被引可视化系统 CiteSpace①；同为美国德雷塞尔大学的 White 和 X. Lin 也开发了网络版的作者同被引可视化系统 Authorlink②。当然，最近由美国印第安纳大学图情学院等有关人员联合攻关开发的社会网络分析集成软件 Network Workbench③（NWB）功能更加强大。另外，还有 Ucinet 和 Pajek 等社会网络分析软件都可以提供知识结构可视化的相关功能模块。图 1-9 给出的是笔者论文中的我国情报学的可视化结构④，采用的工具是 Pajek。

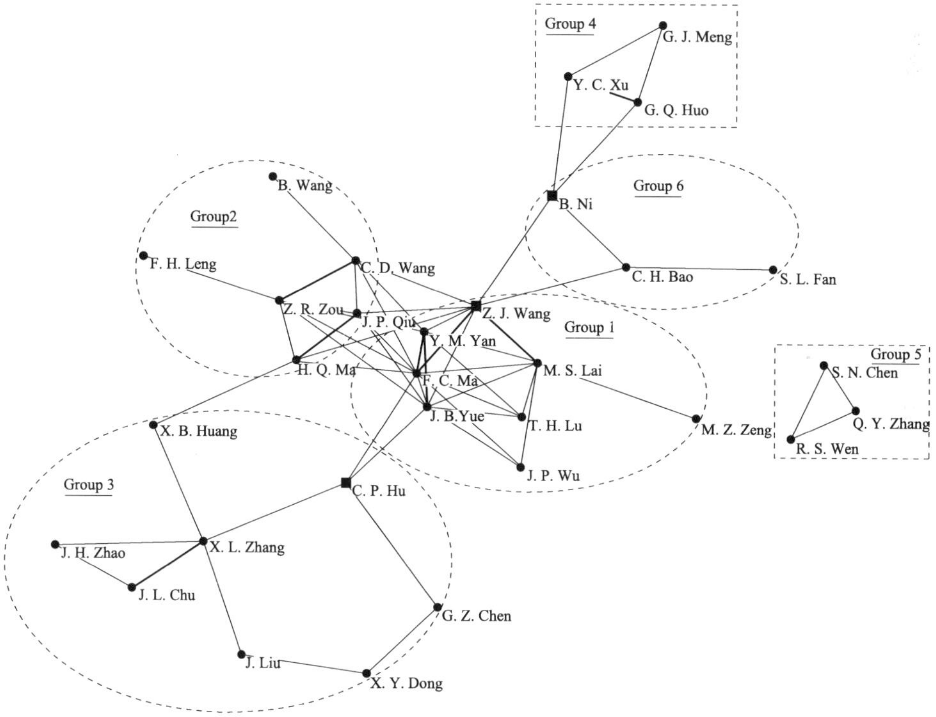

图 1-9　我国图情学知识结构可视化图谱

① 下载地址：http：//cluster. cis. drexel. edu/～cchen/citespace

② 演示地址：http：//project. cis. drexel. edu/authorlink

③ 下载地址：http：//nwb. slis. indiana. edu

④ Ma R M，Ni C Q，Dai Q B，et al. An author co-citation analysis of information science in China with Chinese Google Scholar search engine ［J］. Scientometrics，2009，81（1）：33-46

从图 1-9 可以看出，我国图情学可以分为六个部分，具体解释如图 1-8 右半部分所示，在此不再详述。关于知识结构的发现和可视化具体参见第五章。

1.6 科学交流系统中的自组织与马太效应

1.6.1 科学交流系统中的自组织

首先，我们来看组织的定义，组织既是名词也是动词。做名词时是指按照一定的规则构成或存在某种秩序的事物。做动词时是指事物形成一个空间、时间或功能上的有序结构的过程，又被称为组织化过程①。从这一定义来看，组织的重要功能是使事物“有序”。

根据一个组织是否是按照外界特定干预而形成的，把组织分为自组织系统和他组织系统。哈肯（H. Haken）② 曾给自组织如下定义，该定义被广泛认可，即“如果系统在获得空间的、时间的或功能的结构过程中，没有外界的特定干预，我们便说系统是‘自组织’的”。自组织作为一种动作，也必然是一种行为、一种过程。自组织过程包括：第一，非组织向组织有序化发展，或者有序化程度较低、较简单的组织状态向较高、较复杂的组织状态演化，这个过程被称为“自创生”阶段；第二，系统组织层次不变的情况下，组织的负责性相对增长的过程，被称为“自扩张”阶段；第三，系统在组织层次和复杂性方面都没有变化，知识维持系统现状，处于相对静止阶段，被称为“自维持”阶段；第四，系统所获得的物质-能量-信息低于维持系统现有结构形式运转的要求，那么系统就可能走向解体，退回到较低的层次状态，这就是系统的退化，被称为“自退化”过程。

科学交流系统是一个自组织系统，它具有自组织系统的所有特点。米哈依诺夫曾经明确指出“科学交流系统等级结构的特性在于，科学交流系统在自行组织的过程中力求达到的最稳定的状态”。同时，从自组织系统演化来看，科学交流系统完全遵循着自组织系统的演化行为和过程。1963 年普赖斯在其著作

① 孙志海．自组织的社会进化理论方法和模型［M］．北京：中国社会科学出版社，2004：20

② H. 哈肯．协同学［M］．戴钟鸣译．上海：上海科学普及出版社，1988：29

《小科学，大科学》中，就明确提出“文献逻辑增长模型”这一概念①。后来许多学者对逻辑增长模型进行了研究，影响较大的为苏联科学家弗·纳里莫夫，他正式提出了文献按逻辑曲线增长的理论和模型。具体如图 1-11 所示。从这一模型来看，学科处于诞生时科学文献呈现指数增长（自创生和自扩张阶段）；随着研究的深入，增长逐渐变慢，进入相对成熟时期（自维持阶段）；后来相对前段时间的增长，文献开始逐渐衰减，并可能产生新的分支领域（自退化）②。所以，科学交流系统尤其是正式交流系统是典型的自组织系统。

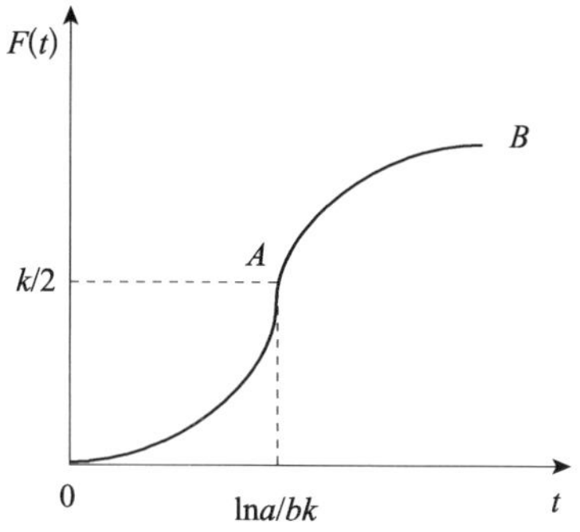

图 1-11　文献逻辑增长模型

马费成教授曾在《Web 2.0 信息自组织功能和序化机制研究——兼论情报学中的有序性原理》一文的导言中写道③：“情报结构的有序性既来自人类创造过程的有序性，又来自知识信息系统的自组织功能，两者相互联系、相互作用，

① 但是普赖斯最著名的是文献指数增长规律，由于受到分析样本和当时实验条件的限制，该模型还不是那么完善，具体如图 1-10 所示，横坐标是时间，纵坐标是文献数量

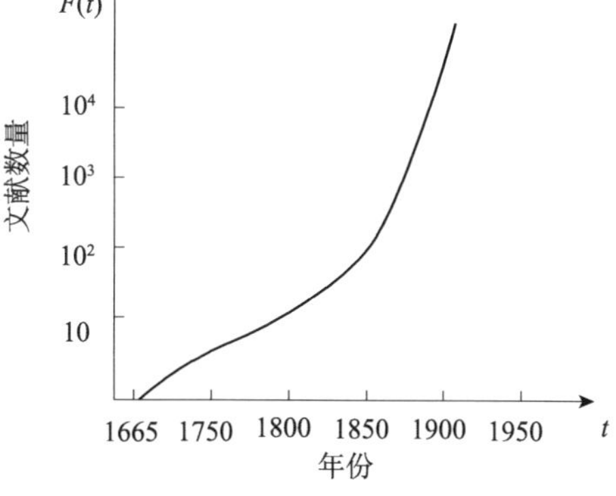

图 1-10　文献指数增长曲线

② 邱均平．信息计量学［M］．武汉：武汉大学出版社，2007：50-53

③ 马费成．情报学中的序［J］．图书情报知识，2008，(5)：5-7

形成了知识信息和情报的序性结构。情报结构的有序不仅是情报学的基本原理，也是情报工作和信息服务追求的基本目标，因此，情报学的基本任务就是要研究这种‘序’的规律，揭示这种‘序’的表现，按照这种‘序’来标引和组织知识信息，建立高效的情报结构。”如果按照米哈依诺夫的观点，情报学最主要研究的内容就是科学交流的各个过程，那么，情报结构的有序化，最主要的也是科学交流系统的有序化。自组织系统的有序就是指发生关系的诸要素之间的规则性。自组织系统的有序是指无序到有序、从低级有序到高级有序的过程。

科学交流系统是开放的系统，既可以吸收外部的信息，也可以自动淘汰一部分信息，符合耗散结构。一个自组织系统必然是耗散结构。耗散结构是一种远离平衡的开放系统（如化学、生物、社会、经济等都是耗散结构系统）。这种系统最显著的特征是：它一直处在与外界不断交换物质、能量和信息的过程中，能够维持着系统的有序结构，或者可能使系统向更高层次有序化跃进①。一个系统（不论是社会系统、文化系统还是科学交流系统）不断进化的动力就是外界持续地输入物质-能量-信息流。系统的动力学机制也就是系统内部的物质-能量-信息的流动路径、规则或方式。一个科学交流系统发展的动力主要从两个方面来考虑：一是向其他共同体的开放，即不断地创造成果，并且成果无条件向所有学者开放，不论这些学者属于哪个科学共同体；二是科学共同体之间的信息流动，即要交流。只有交流，系统才能吸收更多信息，并且可以摒弃一些信息，这样更加维护了系统的稳定性②。

1.6.2 科学交流系统中的马太效应

马太效应现在已经是在很多领域和行业都被广泛接受的名词。在科学界，人们之所以对马太效应耳熟能详，这要归功于科学社会学创始人默顿。默顿在他的《科学界的马太效应》一文中正式将这一名词提出。马太效应来自马太福音：“凡有的，还要加给他，叫他多余。凡没有的，连他所有的也要夺去。”基于此，默顿指出科学界的马太效应是指：“相当有声望的科学家因特殊贡献得到的承认不断地自然增长，而尚未成名的科学家则得不到这样的承认。”

默顿对于马太效应的研究主要集中在四个方面③④：一是多重发现；二是共

① 孙志海．自组织的社会进化理论方法和模型［M］．北京：中国社会科学出版社，2004：26-27

② 孙志海．自组织的社会进化理论方法和模型［M］．北京：中国社会科学出版社，2004：30-34

③ Merton R K. The Matthew effect in science［J］. Science，1968，159（3810）：56-63

④ 他还研究了形成马太效应的心理机制等，在此不作为重点阐述

同合作；三是科学交流；四是资源分配。前两个方面主要研究“科学奖励”，他给出了这样的假设：“如果两位科学家独立做出了同样的发现，那么名气大得多的一位会获得较大的甚至是全部的荣誉；同样，如果地位相差悬殊的一些科学家共同合作，那么共同努力得到的荣誉的大部分甚至全部属于最有名的那一位。”① 对于科学交流，他提出这样的假设：“成果的知名度与学者声誉成正比”，即学者声誉高的人提出一项“发明”要比声誉低的人提出同样一项发明得到人们接受和推崇快得多。他还援引了美国心理学协会的研究结果，即“15％到23％的心理学家在选择阅读论文时依据的就是作者的身份”。而对于资源分配，则是马太效应的更广泛体现。比如，他举例指出：“美国的哈佛、伯克利、哥伦比亚、普林斯顿、霍普金斯和芝加哥这 6 所大学培养了 22％的物理学和生物学博士，在所培养的全部博士中有 69％的人后来获得了诺贝尔奖。”② 可以说，马太效应在科学界是普遍存在的。

然而，马太效应有着很多负面的影响，如默顿所说的“老人统治”③ 就不利于新人的成长。当然更多的是资源分配的不公平，默顿指出，“这种社会选择的过程使得最优秀的科学人才更为集中，这使得任何与马太效应原理相抗争以创立新的科学精英机构的尝试都变得极为困难”，这也就是说存在着“学术垄断”现象。

马太效应在科学交流系统中起着重要的作用，当然作用也是两方面的。首先是正面作用，简单地讲，马太效应保障了科学交流系统的稳定性。米哈依诺夫曾经指出科学交流系统的三大特点之一就是“等级结构是科学交流系统最稳定的结构”，而马太效应正是导致等级结构的重要原因。默顿曾经指出“马太效应在诸多社会分层系统中发挥了重要作用”④。在科学交流系统中，科学家的分布总是呈现金字塔形，处在顶端的人总是少数的，大部分人分布在底层。并且这少数人集聚在顶端很长时间，甚至有的大家在某一领域会“流芳千古”。底层的科学家可能终身都不会引起过多关注，当然也有不少通过努力进入了更高层

---

① 科尔兄弟继续深入研究了合作中的马太效应，他们发现地位低（用被引次数来衡量）的某人和地位相当高的一位作者共同发表一篇论文时，这篇论文的扩散速度比与地位相当（即被引次数低）的作者合作时更快。详见：乔纳森·科尔，斯蒂芬·科尔．科学界的社会分层［M］．赵桂苓，顾昕，等译．北京：华夏出版社，1989：217

② 这里所涉及的比例与后来出版的文章［即默顿所著的《科学社会学》（下册）中的一章］并不一致，本书以他在 *Science* 上的原文为标准。

③ 即一个研究机构由年龄偏大的人来主持和管理，如他指出美国科学院院士的平均年龄是 62 岁，其中约有 1/4 的人是 70 岁以上。

④ R.K. 默顿．科学社会学（下册）［M］．鲁旭东，林聚任译．北京：商务印书馆，2003：630

次甚至顶层，但是随着新的学者加入该领域（总的规模的增大①），底层仍然聚集着很大比例的学者。科学家身份的改变并不改变“金字塔”的基本形状，只是改变其“胖瘦”而已（图 1-12）。由此可见，马太效应在科学交流中有着很大的支配作用，它的存在保障了科学交流系统的等级性，进而保障了其稳定性。但是，马太效应对于科学交流也有阻碍作用，这也是不容忽视的，并且在我国更加应该得到重视，否则它会把看似有序的科学交流系统“过于专制化”，导致系统的最终紊乱和衰减。比如，某个研究方向由于马太效应而形成了“权威”，我们知道权威的影响是持久的，即使他不再进行更加深入的研究，那么这些“权威”则可能长期处于“金字塔”的顶端。但是，他们接触新知识的机会不多从而导致故步自封，如果仍然有人追随这些学者，那么并不能取得很大的突破。长期下去，很有可能在人才培养方面出现问题。还有，一些学者在成为权威后喜欢“发号施令”，不管自己是否在行都进行“指挥”，那么这将在把握研究方向进而寻找突破口方面误导其他学者，尤其是年青学者。马太效应对科学交流及其系统有着正反两个方面的影响，我们都必须重视，只有这样才能更好地解决科学交流中存在的问题。

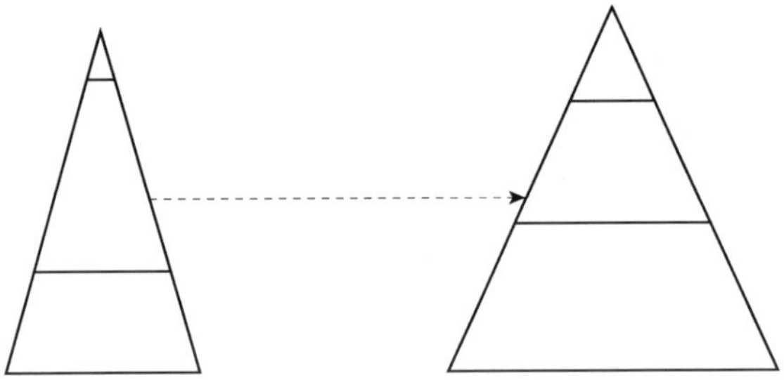

图 1-12　科学交流的金字塔形结构

最后，还有一点需要讨论的是，默顿提出的马太效应与帕累托（V. Pareto）的 20/80 原则（或者称为帕累托法则，the 20/80 rule）、齐普夫的最省力法则（the principle of least effort）的根本思想是一致的，实质上都有“成功产生成功”这样的含义在其中，都是指优势群体在某一体系中的统治地位，如权威专家对于某个学科体系、发达国家对于整个世界经济体系、高频词汇对于词汇总表体系②。

---

① 这里是说一个领域逐步扩大时，领域衰退时图 1-11 则朝相反方向演变

② 虽然齐普夫的最省力法则看似是指“选择最省力的方式选择自己需要的东西”，但是反过来思考，什么是最省力的方式？什么是最合适的事物（或人）？那些被广泛接受的、频繁提及的正是最省力的事情（或人）。所以齐普夫和马太效应是一致的。还需要注意的是，帕累托法有时也被称为最省力法则

1.7 本章小结

本章主要研究的是科学交流的基本理论，以期使大家对于科学交流有一个更加全面的认识和了解，为后文的研究进行必要的理论铺垫。本章的主要结论如下。

（1）科学交流的研究视角较多，研究内容广泛。本书正是从作者学术关系视角来系统研究科学交流的模式、规律和知识结构的。

（2）科学交流研究形成三大流派，并且每个流派都群星璀璨，研究成果众多且影响巨大。

（3）基于纸质出版物的科学交流研究和基于网络出版物的科学交流研究同等重要，不可偏颇，都非常有研究价值。

（4）当前学术界对于科学交流模式的研究还主要集中在宏观模式方面，对于微观模式的研究仍然欠缺。虽然对于科学交流规律的研究逐步增多和成熟，但是仍然需要改进，一是从新的研究视角出发来研究科学交流的规律；二是对于既有定律的检验；三是探索新的交流网络（如引用交流网络）的内在规律。

（5）科学交流结构可以分为拓扑结构、社会结构和知识结构三种，这些结构的分析为一个学科（或领域）科学交流模式与规律的研究奠定了良好的基础，也对科研管理有着重要意义。

（6）科学交流系统是自组织的，也具有马太效应。自组织使得科学交流系统呈现稳定的等级结构，而马太效应则是这种等级结构形成的根本机制。马太效应有着两面性，既要正视其存在的必然性，也要对其负面影响加以科学调控。

第二章

作者学术关系与科学交流研究

作者学术关系是笔者命名的一个新概念，本书正是通过对各种学术关系的分析来揭示科学交流的模式、规律及知识结构。所以，非常有必要对作者学术关系的基本问题及与科学交流的关系进行澄清与阐述。基于以上考虑，本章主要解决的问题如下。

（1）作者学术关系的基本问题研究。

（2）作者学术关系与科学交流的关系是什么？

（3）作者学术关系在科学交流研究中的应用包含在几个方面？

2.1 作者学术关系概述

由于作者学术关系是一个新概念，下文将从定义与类型、影响因素、与知识图谱的关系等方面对这一概念进行阐述。

2.1.1　定义、类型与构建

1. 定义

要对作者学术关系加以定义，需要对该短语进行拆分，然后再进行组合，即首先要对“什么是关系”做一个清楚的了解，然后对“学术关系”进行科学界定，最后加入主体——“作者”即可构成完整的“作者学术关系”定义。

“关系”在《现代汉语词典》(第 5 版) 中有六种含义，分别如下[①]：①事物之间相互作用、相互影响的状态；②人和人或人和事物之间的某种性质的联系；③对有关事物的影响或重要性；值得注意的地方（常与“没有、有”连用）；④泛指原因、条件等；⑤表明有某种组织关系的证件；⑥关联，牵涉。很显然，考虑到研究主体——作者，我们这里的关系主要是指第二点，即人和人之间的某种性质的联系。

学术关系，如果从上面关系的定义直白来看，是指人和人之间的学术方面的联系，但是这一定义仍然不清晰，“学术”是一个非常宽泛的概念，学术在《现代汉语词典》(第 5 版) 中的定义为“有系统的、较专门的学问”。人和人在学术方面的联系包含的类型和种类也比较多，如学术座谈会、信件的交流、联合主持学术会议、合作出书和撰写文章等。需要强调的是，这里的“人”主要是指学者，但是即使限定为学者，仍然无法有效理清他们之间学术关系的类型。所以，本书将学者的属性限定在“作者”范畴，即强调学者作为“论文发表者”的这一属性，而一个作者的论文也可以作为其他论文的参考文献，所以论文又可以从发文和引文两个角度来衡量。这样，作者充当了知识的生产者和知识的接收者双重角色。

基于以上考虑，我们可以对“作者学术关系”作如下的定义：

从论文的角度（包括发文和引文）出发，作者和作者之间表现出的某种学术联系。

① 中国社会科学院语言研究所词典编辑室．现代汉语词典［M］．第5版．北京：商务印书馆，2005

2. 类型

从论文的角度出发，作者和作者之间的学术关系主要表现在三个方面。

1）作者合作关系

这里的合作和广义的合作（如项目合作、共同主持会议等）是不同的，仍然严格限定在“论文”范围之内。它是指：两个作者或者多个作者共同撰写一篇文章，即这些作者同时出现在某篇论文的署名中。这是两个作者间主动直接的知识交流关系。两个作者合著的文章越多，说明两人的研究兴趣越一致。两个作者合著论文的篇次被称为他们的“合作频次”或者是“合作强度”。

2）作者引用关系

合作是完全从发文的角度来构建作者之间的学术关系，而引文则从发文和参考文献两个方面进行构建。发文和它们的参考文献构建起庞大的引文网络，如果我们把文献替换为作者，则构成了作者引用网络。和合作网络不同的是，引用网络是有向的，情况更加复杂。对于两个作者之间的引用关系，有单向的（图2-1），也有双向的（图2-2）。单向引用表示的是知识的单方向流动，一方是知识的生产者（箭头的初端），另一方是知识的接收者（箭头的末端），知识交流有一方处于被动；双向引用表示的是知识的双向流动，知识交流最为充分，互动性良好。如果考虑多个作者，则构成了作者引用网络，通过该网络我们就可以深入发掘作者引用关系背后深藏的科学交流模式和规律。图2-3给出的是一个简单的作者引用关系网络。在图2-3中可以很直观地看出有些作者完全是知识的接收者（如A）；有些作者则互动良好，并且形成了该网络的“明星”（如D）①。

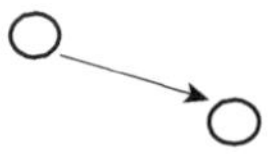

图2-1　单向引用

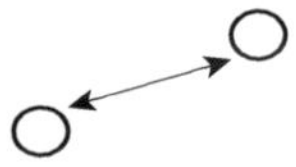

图2-2　双向引用

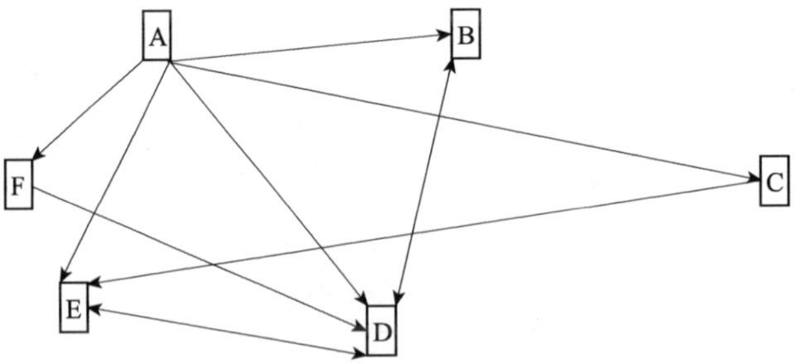

图2-3　作者引用关系网络示意图

① 完全意义的知识传递者是不存在的，任何学者的成果都是在前人研究的基础上形成的

还需要指出的是，在作者引用关系网络中，还隐藏着两种特殊的关系，即作者同被引关系和作者耦合关系（图 2-4）。作者同被引关系：两个作者同时出现在一篇文章的参考文献中。如果两个作者同时频繁出现在一些文献（数量为 *N*）的参考文献中，说明两人的研究兴趣比较一致。数量 *N* 则被称为他们的“同被引频次”或者是“同被引强度”。这是两个作者之间一种被动间接的知识交流关系，即他们的关系不是凭自身主观意愿建立的且并不直接发生关系，他们的关系纽带建立在引用他们的第三方文献基础上。作者耦合关系：两个作者发表的文章引用了一些相同文献。这些相同文献数量越大（数量为 *N*），说明两者的研究兴趣越相似。数量 *N* 则被称为他们的“耦合频次”(coupling frequency)或者是“耦合强度”(coupling strength)。这是两个作者之间一种主动间接的知识交流关系，即他们关系的建立是源于自身意愿但是通过第三方即共同引用的参考文献这一中介表现出来。关于这两种关系的详细介绍和分析请参见第五章和第六章。

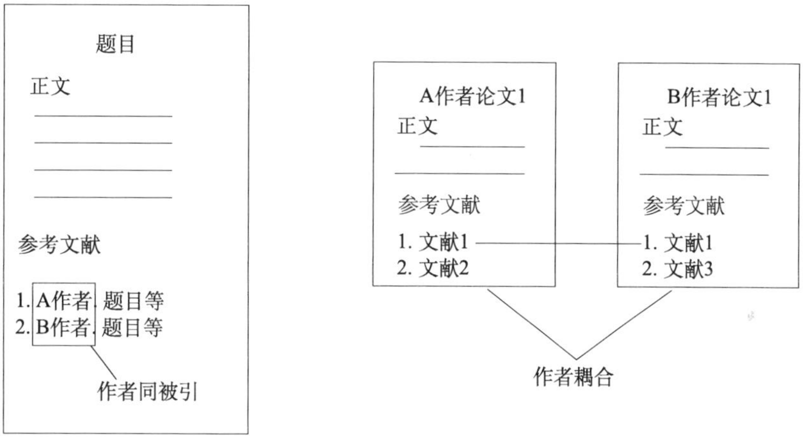

图 2-4 作者同被引和作者耦合示意图

从图 2-4 来看，左边是作者同被引关系，作者 A 和 B 出现在某论文的参考文献中，同被引强度为 1。右边是作者耦合关系，作者 A 的一篇论文和作者 B 的一篇论文共同参考了文献 1，他们的耦合强度为 1。

3）作者链接关系

作者链接关系基本和作者引用关系是一样的，在此不再详述。这里主要阐述两者的不同之处。作者链接是通过超链接而建立起来的作者之间的学术关系，而很明显，“链接”的范围比“引用”要宽广一些，引用一般都是局限在某个学术数据库内，而链接则不受此限制，它对所有网上的相关资源都可以索引。所以，作者链接将有可能使作者之间的学术关系网扩大，并使得作者之间的学术关系加强。这是作者链接与作者引用最大的区别。

3. 关系的构建

由于我们不只是研究某两个作者的关系，那么必然涉及多人关系，要想深入地分析作者之间的学术关系，首先要将这种关系用计算机能识别的方式表示出来。一般来讲，从数据的形式角度来看，关系数据主要有两类：一是行动者和行动者数据；二是行动者和事件数据①。很显然，作者和作者的关系数据属于行动者和行动者数据，这种数据的格式一般都是方正数据，即行和列是相同的。

方正数据又可以分为对称数据和非对称数据，作者合作、同被引和耦合数据是对称数据（表 2-1），而作者引用则是非对称数据（表 2-2）。对角线则根据实际情况填写（详见第五章、第六章的数据处理），表 2-1 和表 2-2 中先暂时设置为空值。

表 2-1　对称性关系数据

作者	A	B	C
A	—	k	m
B	k	—	n
C	m	n	—

表 2-2　非对称性关系数据

作者	A	B	C
A	—	k_1	m_1
B	k_2	—	n_1
C	m_2	n_2	—

另外对于作者关系的相似性，一般情况，可以从两个角度来考察：一是绝对相似性；二是相对相似性②。绝对相似性就是指两个作者的直接关系。比如，A 和 B 同时被引 3 次，B 和 C 同时被引用 5 次，那么我们说 B 与 C 较 A 有着更大的相似性，这种相似性的判断是从两两作者之间的关系强度出发。相对相似性是指全面考虑每个作者和除自己以外其他作者的关系，然后再比较两个作者之间的相似性。比如，研究对象总共有 4 个（矩阵如表 2-3 所示），其中 A 和 B 的关系强度为 10，A 和 C 也为 10，B 和 C 也为 10，那么从绝对相似性来看，A、B、C 之间都具有最大的相似性，但是如果考虑到 D 的存在则需要重新考虑三者之间的关系，发现 A 和 B 还是等同的，而 C 和 D 的关系相对不紧密，导致 C 和 A、B 有着一定的差别。在统计学中，这种相似性可以通过皮尔逊相关系数法、余弦法和欧几里得距离等来测度（详见第五章）。

表 2-3　假想四人对称矩阵

作者	A	B	C	D
A	—	10	10	8
B	10	—	10	8
C	10	10	—	4
D	8	6	4	—

① 刘军．社会网络分析导论［M］．北京：社会科学文献出版社，2004：23

② 这两个名称是笔者自己定义的，特此说明

2.1.2　作者学术关系与社会关系

社会关系是社会中人与人之间关系的总称。马克思指出：人的本质是一切社会关系的总和。此意即为社会关系源于人，因为有了人类，人与人之间便产生了各种复杂的关系，这些关系就统称为社会关系①。而与社会关系研究关系密切的学科——社会学正是研究透过时间和空间的人对人的相互影响，也即研究人的联合、接近、适应、同化、协调、分离、竞争、对抗或冲突等关系交织而成的人际关系网②。

本书研究的出发点是作者之间的学术关系，这似乎和社会关系并无很大关系。但是，人作为社会人，他们之间的学术关系往往受其自身社会关系的影响甚至制约。合作关系最能折射出社会关系的影子，合作往往受到地域、感情亲密程度、学派等社会因素的影响，甚至这些因素在一定程度上决定了作者之间是否可以合作。合作关系中往往可以按照社会关系划分为师生合作模式、同事合作模式等合作模式，由此也可以看出合作关系和社会关系相互渗透、密不可分。在科学社会学中，合作关系无疑是研究重点之一。它更多关注的是合作关系中的社会分层现象及其影响。对于科学中的师生关系，朱克曼在《科学界的精英——美国的诺贝尔奖金获得者》中专门提及“科学中的师与徒”问题：“科学方面的诺贝尔奖金获得者是一群由于才能而不是由于遗传组成的精英，然而在1901年至1976年选中的313位获得人当中有相当多的人实际上是互有联系的，少数人通过血统或婚姻联系，更多的人通过师与徒的纽带联系。因此，在科学界的超级精英中，有大量近亲相传的现象，但这主要是属于社会性的而不是属于生物学的现象。”并且她用大量的数据来证实了以上观点，同时还详细分析了师徒合作中的荣誉分配、名师效应、矛盾与冲突等更加深入的问题。由此可见，合作关系尤其是师生合作关系中包含着复杂的社会关系，而在一定程度上讲，正是师生合作导致了一批批学术精英的诞生，科研合作对于科学进步具有重要的意义。

作者之间的引用关系更多体现的是学术关系，从正常引用动机出发，一个作者引用另一个作者不会是随意的，而是和自己的学术论文有较为密切的关系，这种关系主要是学术关系。但是我们发现作者引用关系中也包含着一定的社会关系。科尔兄弟曾经在《科学界的社会分层》中专门提到了“分层与科学情报的交流”这一问题。他们指出，“院系级别高的科学家（注：如有博

---

① 引自百度词条 http：//baike. baidu. com/view/360388. htm

② 引自百度词条 http：//baike. baidu. com/view/742801. htm

士点授予的院系）比级别低的科学家利用著名科学家的高质量工作成果的可能性要稍大一些”“著名科学家的成果为其他著名科学家所利用的可能性稍高于那些不太出名的同行”“分层体系中占据一个有声望的地位，能增加知名度，并且使某个人的工作成果更广泛地为其他著名科学家利用，这不依赖于工作的质量”。从科尔兄弟的研究来看，作者之间的引用并不是理想中的那么单纯，其中夹杂了许多社会因素，如院系的级别和档次使得研究问题的深度在不同科学家中有较大差别，导致他们引用经典论著的差别，即著名专家引用著名专家的概率要高于一般专家对于著名专家的概率；引用者对于被引用者学术地位的认可使得人们容易对权威产生心理上的一种“崇拜”，进而不断引用自己熟悉的专家的论文。由此可见，作者之间的引用关系也和社会关系有着一定的联系，这种联系比较“隐秘”，不像合作关系那么直接。在本书的研究中，更加倾向于将引用关系定义为学术关系，当然也肯定其包含着的社会关系。

2.1.3 作者学术关系的影响因素

作者学术关系并不是独立存在的，受到许多外在因素的影响。我们需要对这些影响因素有一些必要的了解，这样方能更加深入全面地了解作者学术关系。笔者认为，影响作者学术关系的因素主要有以下六个方面。

(1) 学术权威的影响。在现实中，学术关系的建立和学术权威紧密相关。除了朱克曼对于诺贝尔奖获得者这样顶级权威的学术影响圈子的研究外，在现实中，我们可以明显地意识和感知到：作者希望和学术权威合作发表论文，初出茅庐的作者倾向于引用权威的论文，这些都是学术权威潜在的无形影响力造成的。迄今，我们不得不承认这些权威的巨大影响力。正如克兰在研究无形学院时得出这样的结论：高产科学家（即一定发文数量以上的权威）不仅在促进科学交流上发挥作用，在促进创新的扩散方面也举足轻重。高产作家之间的交流使得整个科学共同体连在一起，成为一个有机体。从她的研究也可以明确地看出，权威对科学交流和科学研究的影响是巨大的，我们在平时的科学研究中必须正视权威的现实存在。

(2) 社会关系的影响。上文已经提及这方面，在这里主要从作者合作关系出发进行一定的扩展阐述。在现实中（尤其是在我国），往往最初是与自己的导师合作，然后发展为同师门或者同学。但是，我们也发现两个非常陌生的人合作的现象是很少见的。社会关系对学术关系的影响在合作关系中得到了充分体现。

(3) 地域的影响。该方面的影响主要还是集中在作者合作关系。作者合作似乎不仅仅受到社会关系的影响，还受到地域的影响。比如，毕业的学生可能去了离导师较远的地方，那么可能和导师的交流就少一些，合作也少一些。并且我们发现同事间的合作也有一定的地域性，同一地区的甚至是同一单位的作者合作的概率要高于与其他单位同事合作的概率。

（4）个人因素的影响。这一因素是影响作者学术关系的根本因素。个人是科研活动的主体，并且在科研中可以充分发挥自己的主观能动性。有的作者喜欢单打独斗，有的作者喜欢交流合作；有的作者喜欢引用他人的作品，而有的作者喜欢引用自己的作品；有的作者喜欢引用国外作者，有的作者喜欢引用国内作者；等等。所有这些个人因素都深深地影响作者之间的学术关系。学术关系不是天然形成的，而是在科研活动中作者个人的科研创作与交流活动中形成的。只要作者遵守默顿提出的“科学精神气质”[①]，那么这些影响完全可以看成是正面的影响，是科研活动中个性化色彩的充分体现。

（5）科研环境和条件的影响。这一影响是客观因素即外在因素的影响，也是我们需要正视的。不同的科研环境和条件对于作者学术关系也有着较大的影响。在好的平台中，结识和交流的学者层级可能较高，机会也比较多，这样合作也比较多。而在一般平台中，这样的机会比较少。在科研条件好的机构，利用文献比较方便，接收新思想和观点的速度快，人们之间竞争激烈，这样大大加快了科研生产，而科研生产的过程（合作和引用同时发生）则对作者学术关系产生影响。由此，科研环境和条件的影响也是非常现实的，也是值得深入思考之处。

（6）研究数据来源和样本的影响。既然要研究学术关系，则必然要选择一定的样本并收集数据，即解决整体和抽样这一问题。首先，我们不可能选择所

---

① 即默顿总结的科学精神四项基本规范：第一，普遍主义（universalism）。只要是科学真理，不管它的来源，都要服从非个人的普遍标准。科学原理的正确与否与原理发现者的国籍、种族、阶级、宗教和其他的个人品质无关。第二，公有主义（communism）。其含义是所有科学上的重大发现都是社会合作的产物，科学知识是人类的共同财富。公有主义规范由科学知识的累积性决定。任何科学成果都不能完全是一个人的功劳，它都是在继承前人的劳动成果和吸取同代人的科学思想的基础上完成的。该规范要求所有的创新知识都应该公开发表，以保证科学知识的传播与交流，避免他人重复劳动和重复评价；要求科学家在知识生产中保持谦虚的态度，在引用他人成果时应予以“引证”鸣谢。第三，无私利性（disinterestedness）。该规范是鼓励科学家为“科学的目的”从事科学研究，要求科学家不把从事研究视为带来荣誉、地位、声望或金钱的敲门砖，谴责运用不正当手段在科学竞争中提高自己或压制对手。第四，有条理的怀疑主义（organized skepticism）。该规范要求所有知识，无论是通过科学研究还是其他任何权威的来源——如宗教或政治——而产生的，在它成为确证无误的知识之前，必须经过同样仔细的考察。（转引自：http：//libseeker. bokee. com/viewdiary. 13958587. html［2009-10-15］）我们可以看出，默顿的科学精神四项基本规范是理想化的，尤其是普遍主义原则更是具有理想色彩。但是他的这四项原则很好地提出了学术规范的根本要点（包括合作和引用），其影响是深远的。对此有兴趣的话可参考下文：徐梦秋，欧阳锋．默顿科学规范论的价值要素与行为规范［J］．厦门大学学报（哲学社会科学版），2008，186（1）：47-55

有的作者进行研究（样本问题）；其次，从数据可获得性来看，不同的数据库收录的期刊范围是不一样的（来源问题）。所有这些都会对我们研究学术关系产生影响。所以，选择合适的数据来源和样本也是影响作者学术关系的因素之一，这种影响是实验过程中的影响。

2.1.4 作者学术关系网络与复杂网络

复杂网络无疑是最近几年科学界的一个研究热点，很多成果都发表在*Science*和*Nature*这样的顶级期刊上，并且涉及的作者的学科背景是多样的，尤其是物理学家和计算机专家的研究更加引人关注。虽然图情学学者有所涉及，但是还不够深入，影响力比较有限。然而，在阅读国内外关于复杂网络研究的论文时，我们会惊喜地发现很多图情学领域外的作者都提到了图情学学者为复杂网络研究做出的奠基性贡献。比如，在提及幂律分布的时候几乎所有作者都提及了我们圈内耳熟能详的齐普夫，他们认为齐普夫是幂律分布现象研究的先驱者。另外提及幂律分布形成机理时，无不提及科学计量学之父普赖斯。所有这些都说明图情学的许多研究和复杂网络研究紧密相关，并且做出了许多原创性的成果。

复杂网络迄今还没有确切的定义，但是人们逐步对什么是复杂网络有了一定的认识，这种认识是建立在两篇具有深远影响的论文之上的。一是Watts和Strogatz于1998年发表在*Nature*上的*Collective dynamics of "small-world" network*一文①；另外一个是Barabási和Albert于1999年发表在*Science*上的*Statistical mechanics of complex networks*一文②，这两篇论文分别揭示了复杂网络的小世界效应和无标度特性（scale-free property，也称为幂律分布）这两种基本统计特征，从而使得人们对复杂网络的特性有了一个较为清晰的认识。

国外学者对于复杂网络的研究非常深入且广泛，对很多现实存在的网络都进行了广泛研究。M. E. J. Newman③曾经总结了现实中符合复杂网络特征的网络，他将网络分为社会型（social）、信息型（information）、科技型（technological）、生物学型（biological）四种，具体如表2-4所示。

---

① Watts D J, Strogatz S H. Collective dynamics of "small-world" network [J]. Nature, 1998, 393: 440-442

② Barabási A L, Albert R. Statistical mechanics of complex networks [J]. Science, 1999, 286: 509-512

③ Newman M E J. The structure and function of complex networks [J]. SIAM Review, 2003, 45 (2): 167-256

表 2-4　现实存在的复杂网络情况表

类型	网络	是否有向
社会网络	film actors（电影演员）	undirected（无向）
	company directors（公司董事）	undirected（无向）
	math coauthorship（数学领域合作）	undirected（无向）
	physics coauthorship（物理领域合作）	undirected（无向）
	social biology coauthorship（社会生物学合作）	undirected（无向）
	telephone call graph（电话图）	undirected（无向）
	email messages（电邮信息）	directed（有向）
	email address books（电邮地址）	directed（有向）
	student relationships（学生关系）	undirected（无向）
	sexual contacts（性接触）	undirected（无向）
信息网络	WWW nd. edu（网站）	directed（有向）
	WWW Altavista information（搜索引擎）	directed（有向）
	citation network（引文网络）	directed（有向）
	Roget's Thesaurus（罗格词典）	directed（有向）
	word co-occurrence（共词）	undirected（无向）
科技网络	Internet（因特网）	undirected（无向）
	power grid（电力网络）	undirected（无向）
	train routes（交通网络）	undirected（无向）
	software packages technological（软件包技术）	directed（有向）
	software classes（软件分类）	directed（有向）
	electronic circuits（电子电路）	undirected（无向）
	peer-to-peer network（P2P 网络）	undirected（无向）
生物学型网络	metabolic network（新陈代谢网络）	undirected（无向）
	protein interactions biological（蛋白质互动）	undirected（无向）
	marine food web（海洋食物网）	directed（有向）
	freshwater food web（淡水食物网）	directed（有向）
	neural network（神经系统网络）	directed（有向）

从表 2-4 来看，和本书紧密相关的是合作网络（物理学、数学和社会生物学）和引文网络，但是我们也发现当前较为深入的研究都集中在国外，国内的相关深入研究还比较少。另外，不管是国外还是国内关于引文网络的研究，都是以论文为研究单位，那么如果以作者为研究单位结果会如何？以作者为研究对象的互引网络是否也是复杂网络？这也是本书重点研究的内容之一。

2.1.5　作者学术关系与知识图谱

知识图谱[①]以科学知识为计量研究对象，所以属于科学计量学的范畴[②]。关

① 这里不详细区分知识图谱与科学知识图谱的关系，在这里两者几乎等同

② 刘则渊，陈悦，侯海燕，等．科学知识图谱：方法与应用［M］．北京：人民出版社，2008：3

于知识图谱，不同的学者给出了不同的定义，我国学者陈悦和刘则渊在总结国内外的各种定义后提出了知识图谱的定义，他们将其定义为：可视化描述人类随时间拥有的知识资源及其载体，绘制、挖掘、分析和显示科学技术知识及它们之间的相互联系，在组织内创造知识共享的环境以促进科学技术研究的合作和深入。笔者认为这个定义已经把知识图谱的定义框架设定得比较完整，但是还存在一定的“模糊性”：一是“人类随时间”不易理解；二是“科学技术”没有必要在定义中明确提出；三是“组织内”限定范围过窄；四是“合作和深入”还没有较完全地表达知识图谱的目的。笔者将其修正为：利用知识可视化方法和工具，绘制、挖掘、分析和显示知识（含其载体）及它们之间静态或动态的相互关系，方便人们对知识网络内在关联有更加直观而深入的理解，促进科学研究的交流与合作。

科学知识图谱所描绘的对象主要包括三个方面[①]：①从事科学技术活动和作为知识载体的人，包括科学家、技术专家、项目组、实践团体或某一知识领域共同体；②显性或编码化的知识，如论文、专利、所学课程、数据库或类似的应用等；③过程或方法，包括研究问题和解决问题的过程或方法、组织的业务流程，以及相关的知识投入等。其研究方法主要包括文献计量与引文分析法、多元统计分析方法和社会网络分析方法等。

在科学计量学领域，谈到知识图谱，必然要提及加菲尔德，他提出并创立了影响深远的SCI，并且早在1964年他便基于SCI绘制了DNA领域的历时动态图谱，从此以后，利用SCI进行领域可视化（knowledge domain visualization）的研究便逐步兴起，并且吸引了计算机科学、物理学等学科领域众多学者的参与。*JASIST*、*Scientometrics* 和《美国国家科学院院刊》（*Proceedings of the National Academy of Science*，*PNAS*）都曾经就“领域可视化”做了专题。可以说，在科学计量学领域，知识图谱最多的应用是领域可视化，其定义为[②]：利用空间表征法来显示各知识领域间的关系，它旨在揭示由科学文献和引文路径的复杂交织所反映出的科学交流。

从上面的介绍来看，知识图谱的研究对象中非常重要的一部分是“从事科学技术活动和作为知识载体的人”，那么作者理所当然也包括在其研究对象中。知识图谱的构建必然要建立在研究对象一定关系的基础上，而作者作为科学计量学中重要的也是最根本的研究对象，他们之间关系的呈现必然是知识图谱研究中的重要组成部分[③]。知识图谱的构建是基于各种数据挖掘技术和可视化技

---

① 陈悦，刘则渊．悄然兴起的科学知识图谱［J］．科学学研究，2005，23（2）：149

② 刘则渊，陈悦，侯海燕，等．科学知识图谱：方法与应用［M］．北京：人民出版社，2008：7

③ 正如前文所述，这里的知识图谱主要是领域可视化，主要是文献计量与引文分析的方法。为了和前文统一，这里也称为知识图谱

术，目的是使研究对象之间看似纷乱的关系有序化，并用图谱的形式直接地展现出包含于其中的隐性关系，这点已经得到了实践的反复证明。可以说，知识图谱基于各种学术关系，是各种学术关系显性和隐性结构的图形化过程。这种图形化过程使我们对研究对象之间的学术关系所包含的更深层次现象和分布特征有着更加直观的认识，大大方便了学者从现象到本质地认识一个知识领域的现状、发展历程及动态。

2.2 作者学术关系与科学交流的辩证关系

2.2.1 作者合作与科学交流的辩证关系

在日常科研中，大家经常听到诸如“合作与交流”或者“交流与合作”这样的词语，这也直白地告诉我们作者合作与科学交流是密不可分的。

首先，交流是合作的基础。在合作之前，作者之间必然要经过反复长期的深入探讨，包括论文框架的构建、数据收集与处理方法等方面的探讨和交流。只有经过这样一步，才能集思广益，最终才能创作高质量的论文或者其他作品。所以，交流是合作的前奏和必经过程。

其次，合作促进交流的深入和广泛，也是交流结果的记录与见证。真正有质量的合作产生了有较高影响力的作品，那么这些作品随后便自然进入了科学交流系统中，并使得其他作者阅读和检验作品中的思想、方法等，也让其他作者认识了该作品的作者，这样便提供了合作的契机。所以，合作使得合作网络有可能逐步扩大，并使得合作不仅仅局限在两个人及几个人之间，而是更加广泛的范围之中。克兰在《无形学院——知识在科学共同体的扩散》中曾经写道：“研究领域中的亚群体分为两类：一类是合作者群体；另一类是无形学院，也即合作者群体中少数多产科学家形成的交流网络。合作者群体的功能是吸收补充新的研究成员，并使之社会化……而无形学院的作用是使合作者群体联系起来。”克兰给我们描绘了一幅理想化的合作交流网络图景，她的核心思想就是不断地合作使得知识在整个科学共同体内扩散，并且将整个科学共同体内的作者通过相互合作连成一个有机体（即网络）。

2.2.2 作者引用与科学交流的辩证关系

在文献计量学中，引文分析已经成为科学交流研究的必要手段。在很多关于科学交流的实证或者实例分析中，都可以看到引文分析的影子。在 Borgman

主持多个专家编写的《科学交流与文献计量》一书中，许多专家都是利用引文分析来进行科学交流的相关研究。那么作者引用与科学交流到底有什么内在联系呢？这一基本问题需要重新审视。

一方面，引用是交流的记录和表现。一个作者引用别人论文的过程，实质上就是别人的知识转移给自己的过程，这种过程如果没有参考文献来记录，那么我们便无法很好地了解这个作者到底和谁交流。当然，这里的交流和口头交流、书信交流等是不一样的，它属于正式交流的范畴。引用别人，首先是对被引用作者科研的肯定或者是感兴趣（不论是正面的还是反面的兴趣），这和非正式交流的最初动机是完全一致的。事实上，如果一个人对另一个人的研究不感兴趣，那么他很少会去主动和对方进行交流。其次，引用什么是对交流内容的记录，一个作者可能研究很多方面的东西，但是一篇研究性论文的范围必然是比较窄的，研究的内容也是相对固定和收敛的。从引用中我们就知道这篇论文的相关内容是什么，两个作者在哪个问题上进行探讨。这也和非正式交流有着共同之处，非正式交流必然也是就某一问题进行探讨，虽然它们记录的载体是不一样的，正式交流是通过论文及其参考文献来记录，而非正式交流则通过笔记、信件等记录（口头交流除外）。所以，引用不论从动机还是过程，都完全模拟着非正式交流的动机和过程，它是科学交流的记录和表现，是科学交流过程的见证。

另一方面，交流激发创作思想火花，使得引用更加有广度和深度，是科学引用的基础。不论是正式交流还是非正式交流，我们就某一研究问题（或者方向）读的别人的文章越多、和别人通过非正式渠道探讨得越多，我们就越对该问题的研究有较广范围的把握，对它的研究也更加有深度。这种广度和深度在引用中得以有效表现。交流为论文的撰写进行了很好的铺垫，没有前期的交流就没有一篇高质量论文的诞生。正如科学社会学的创始人默顿非常喜欢的一句名言“我站在巨人的肩膀上”那样，交流正是从前人那里吸取知识营养，得以启发并形成自己的思考，最终在科研上有较大的突破。

2.2.3 作者链接与科学交流的辩证关系

首先需要强调的是，我们这里的链接是指作者之间的链接，而非广义的网页或者网站链接。对于文献来说，链接和引用的动机并没有很大差别：都是为了引用相关的研究来支撑自己的观点等。然而，“链接”这个词的意义还不仅仅是引用的升级，它代表的是一种变革：这种变革不仅仅是技术的变革，也是一种学者交流行为与习惯的变革。现在国内外有许多开放存取的平台（其中甚至不少纯网络发表的期刊），虽然它们还没有得到学术界非常广泛的认可，但是的确给大家的科学研究带来了很大的影响。另外，有些作者的作品可能既不在传统纸质期刊发表，也不在网络期刊发表，也不发布在特定的开放存取平台，而是直接发表在网络上（如自己的学术博客）。可见，随着网络的发展，学术文献的类型逐渐丰富起来。这样，在技术变革的同时，网络化使得人们发表文献和利用文献的方式有了很大程度的改变。而链接正是在这种改变中得以产生。如果我们在这种新的网络环境下仍然用“引用”的话，可能显得有点陈旧，并且包含的意义比较狭窄。Borgman 在 2002 年时就提出使用“linking”来取代“citing”以适应这种新的科研环境[①]。她在发表于 *ARIST* 的论文中首先指出了引用的局限性：①引用的文献一般是指发表在学术期刊上的学术论文（链接则不局限在学术期刊，包括任何可以在网络上找得到的学术资源[②]）。②引文的文献的存放形式是纸质的（链接的资源必然在很大程度上是电子资源）。③引用的表现方式为：引用文献将被引用文献列在文章的参考文献列表中（链接不仅可以在文章末尾，并且可以灵活地在文章的任何一个需要之处）。④参考文献的选择由文章的作者决定（在 Web 2.0 环境下，参考文献的选择不仅作者可以定，读者也可以修订和追加[③]）。继而，她指出网络化的全文文献的出现使得引用的范畴过于狭窄，并且研究人员也越来越渴望将自己的文献发表在网络上，鉴于这样的考虑，她提倡使用更加广泛的 linking 来代替 citing。

另外，从链接网络和引文网络角度来看，两者也有着较大差别。传统的引文网络受到数据库收录范围的限制。当前很多研究都证明不同的数据库对于作者发文和引用次数都有着直接的影响。那么当文献网络化后，引用就不仅仅局限在某个数据库内的文献。比如，一篇文献可能被 N 篇论文引用，但是如果一个数据库只收录这 N 篇不同作者论文中的 M 篇，那么我们只能计算该论文的被引次数为 M，而实际上这篇论文的思想和知识扩散到 N 个作者，它在科学交流系统中的作用被远远低估了。然而随着链接技术的发展，我们可以将一篇文献的被引用情况进行较为全面的索引，当前的 Google Scholar 正在朝这样的集成化的方向发展，它不仅可以索引文献数据库的文献，而且可以索引开放存取期刊（纯网络期刊）中的文献，这样我们利用链接网络和引文网络进行研究的时候得出的结论是有差别的，并且这种差别是必然的。

在弄清楚链接和引用的关系之后，链接和交流的关系则逐渐明朗化。链接和引用与交流的关系实质都是一样的，只不过是探讨范围有所改变。引用使交

---

① Borgman C L. Scholarly communication and bibliometrics [J]. Annual Review of Information Science and Technology, 2002, 36 (1): 2-72

② 括号内的为本书的解释，Borgman 对于网络环境的具体表现没有详细说明。本书为了更好地理解两者的区别，在括号内进行注释

③ 这里需要强调的是，不能跨年代链接，只能链接比这篇文章较早的文章来补充参考文献的不完整，否则不符合文献引用的逻辑，这点需要特别注意

流的范围可能大部分局限在纸质文献，而链接则使交流在更加广阔的平台和环境中进行。但是，链接和交流的关系仍然等价于引用与交流的关系，即链接是交流的记录与表现；交流激发创作思想火花，使得链接更加有广度和深度，是科学链接的基础。

最后需要强调的是，在当前环境下，作者链接和作者引用的本质区别不是很大。这是因为真正的纯网络环境发表论文的氛围还没有真正形成，纯网络发表的论文很多也是引用纸质文献，而纸质文献（包括电子化的纸质文献）虽然引用网络文献，但是很大一部分仍然是一些网页和网址（如图书馆）等非学术类资源，在这些资源中作者的真实姓名很难确定，甚至有的就是转载并没有确切的作者。在当前这种情况下，作者和作者之间的链接最主要的形式还是传统意义的引用，并没有实质性的突破。当然，在这里提出链接这个概念，也是和 Borgman 的初衷一样，希望在将来有一天网络文献大大超过文本文献，并且有相关机制约束和规范化的时候，链接则将有可能取代引用。

2.3 作者学术关系在科学交流研究中的应用

从 2.2 节我们可以看出作者学术关系与科学交流有着必然的联系。科学交流是一个比较抽象的科学名词，而在实际研究科学交流时，往往是从学者之间的关系网络出发来研究。那么，作者学术关系可以在科学交流研究中有哪些方面的应用呢？由于作者学术关系的研究仍然主要属于文献计量的范畴，在此首先回顾 Borgman 在《科学交流与文献计量》一书中的相关研究，她指出文献计量尤其是引文分析在科学交流研究方面有四个方面的应用：①识别和描述科学共同体（characterizing scholarly communities）。即回答这样几个问题，一是“一个领域由哪些科学共同体构成”，二是“每个科学共同体到底在研究什么”，三是“每个科学共同体的作者的特点是什么”。实质上，这一方面的应用就是如何发现一个研究领域的知识结构，知识结构正是由不同研究主题构成的有机整体。而研究对象既可以是文献［如文献同被引（documentation co-citaion）和文献耦合（bibliographic coupling）］，也可以是词汇［如共词（co-word）］，还可以是作者（如作者同被引）。②揭示科学共同体的演变（evolution of scholarly communities）。很多研究已经表明，一个学科或者领域的科学共同体的构成并不是一成不变的，而是随着时间的推移而有所改变的。并且，即使是一个科学共同体内部也会随着时间在人员组成和数量方面都会有所改变。而这种改变对于我们了解一个学科或者领域的变化、把握研究重点和前沿领域都有非常重要的意义。③评价学术贡献。文献计量已经非常广泛地应用在评价作者、论文和期刊等的影响力方面。很多研究进行了该方面的研究。比如，被引次数、高被引论文、热门论文、影响因子、即年指标、h 指数等都是大家熟知的评价指标。可以说，利用文献进行科学评价越来越受到关注，这种关注不仅限于国外，在国内也进行得如火如荼，并且日趋规范化和科学化。④思想演变轨迹的发现(diffusion study)。这一应用影响很大，如对于双螺旋基因研究的历史轨迹、香农的信息理论的发展历程等方面。这点通过引文的时序网络可以进行清晰的描绘，加菲尔德博士及其团队已经开发了 Histcite 软件来实现这一研究目的。

对 Borgman 的研究进行总结，可以发现作者学术关系至少可以在如下两个方面应用：一是学科或者领域科学交流知识结构及其演变研究中的应用；二是作者学术水平评价方面的应用。另外需要指出的是，Borgman 的总结主要集中在较为微观的层面上，而对于引文分析在科学交流模式尤其是科学交流规律发现方面的总结仍然有所欠缺。随着复杂网络研究的逐渐兴起，对于小世界效应和无标度特征（幂律分布）等规律性的研究引起了学者的极大关注。而正如前文指出，复杂网络中包含着合作网络和引文网络，所以作者学术关系在科学交流模式与规律方面也有着应用，是更加宏观方面且具有指导意义的应用。

2.3.1　科学交流模式与规律验证或发现

科学交流模式的定义根据不同的研究出发点有着不同的定义①。比如，按照载体来定义，则可以定义为正式交流模式和非正式交流模式，如果按照流程来定义，则又有诸如 Garvey-Griffith 模式、Hurd 模式等。可见，模式的研究需要一个合适的切入点。从该切入点出发来发现科学交流的模式。后文中（3.1 节和 4.1 节）将主要从网络拓扑结构和社会关系两个角度来分析作者学术关系背后隐藏的交流模式。

文献发表后便进入了正式交流渠道，如果它的表现是杂乱无章的，那么我们就不会对其有一个清晰的认识，也不会利用其来进行相关的理论与应用研究。早在 20 世纪初文献计量学诞生的时候，就有许多关于科学交流规律的研究。比如，文献计量学中的三大经典定律，其实质都是对文献（包括其作者和载体——期刊）在科学交流系统中的分布的研究。布拉德福定律是对文献信息集中于离散分布规律的研究；齐普夫定律是对文献信息词频分布规律的研究；洛特卡定律是对文献信息作者分布规律的研究。随着科研条件和环境的改变，学者们对于这三大定律进行了不断的验证（包括修正）和扩展（新发现）。尤其是为了适应网络环境的变革，许多研究有了“网络”的烙印。比如，早在 1997 年，R. 鲁索(R. Rousseau）就研究了纯网络环境下网站的分布，他发现网站被链接数量的分布

① 关于模式与规律的定义见 1.4.2 小节相关内容

也符合洛特卡定律①。在国内，张洋也以网络环境下的布拉德福定律研究作为其博士论文的重要篇幅进行了实证研究，着重研究了 Web 下载总频次的布拉德福分布情况②。虽然这些传统的文献计量规律和作者学术关系的关联性并不是很直接和紧密，但是这些规律可以为作者学术关系的相关研究带来很多启示。

作者学术关系中包含规律的研究是随着复杂网络的研究逐步深入的。正如前文介绍，在已有的研究中已经证实很多学科的作者合作网络都是复杂网络。在复杂网络中，作者合作网络有着小世界效应特征，即在较短的路径内作者之间就可以认识，并且作者的合作作者之间合作的概率也是比较高的（高集聚系数）；同时，作者度的分布满足幂律分布，而幂律分布是信息计量学中普遍存在的分布规律（三大定律的实质都是幂律分布，即布-齐-洛的统一）。最近的一些研究也发现作者合作子网的分布也满足幂律分布③④。但是，当前的研究还主要集中在外文作者合作的研究中，对于中文作者的合作研究还是非常欠缺的。对于引用网络，普赖斯无疑是该方面研究的先驱，他早在 1965 年的一篇发表在 *Science* 上的论文中就发现了在引用网络中论文的度分布满足幂律分布⑤。当然，受到当时实验条件的限制，他还不可能进行太大规模的研究。那个时代的他也没有明确提出"幂律分布"这样的如今广泛认知的概念。直到 1998 年，R. Redner 利用大量数据对引文网络再次进行了相关研究，他再次证实了论文引用网络中论文的度的分布符合幂律分布⑥。但是，我们可以发现从作者引用关系这一角度出发来发现其背后隐藏的交流规律的研究还没有，对其进行研究是非常迫切的。

2.3.2 科学交流知识结构的发现及其演变分析

正如前文所述，科学交流结构包括拓扑结构、社会结构和知识结构三种结构。这里主要研究科学交流的知识结构的发现及其演变。通过作者关系的分析来研究科学交流知识结构已经有近 30 年的历史。早在 1981 年，White 和 Griffith⑦就明确提出了利用作者同被引关系来进行一个学科或者领域知识结构的发现和分析⑧。最近几年对于它的研究更是如火如荼。我们可以看到不仅在国

① Rousseau R. Stations: an exploratory study [J]. International Journal of Scientometrics, Informatrics and Bibliometrics, 1997, 1: 1-7

② 张洋. 网络信息计量学的理论与应用研究 [D]. 武汉：武汉大学，2005

③ Palla G, Derenyi I, Farkas I, et al. Uncovering the overlapping community structure of complex networks in nature and society [J]. Science, 2005, 435 (7043): 814-818

④ 王福生，杨洪勇. 《情报学报》作者科研合作网络及其分析 [J]. 情报学报，2006, 26 (5): 659-663

⑤ Price D J. Networks of scientific papers [J]. Science, 1965, 149 (3683): 510-515

⑥ Redner R. How popular is your paper? An empirical study of the citation distribution [J]. The European Physical Journal B, 1998, 4 (2): 131-134

⑦ White H D, Griffith B C. Author cocitation: a literature measure of intellectual structure [J]. Journal of the American Society for Information Science, 1981, 32 (3): 163-171

⑧ 实际上，早在 1968 年就有学者提出了类似的概念，只不过没有得到足够的重视

外最近几年发表了大量关于作者同被引的论文，国内也有许多相关论文（详见第五章）。由此可见，作者同被引分析已经是当前信息计量学界的一个研究热点。在前言中已经提到，作者同被引的研究热点集中在如下两个方面：一是对于传统同被引方法的修正；二是结果可视化方面。现在对于作者同被引的研究吸引了许多不同学科的学者，并且在许多学科知识结构发现中都得以应用。

该方面的研究，对当前研究影响最大且极具参考价值的是 White 和 McCain 于 1998 年发表的一篇关于“信息科学研究可视化”的文章（曾获得美国科学技术情报学会最佳论文奖）①。在这篇长达 19 页的论文中，他们分时段（1972～1995 年、1972～1979 年、1980～1987 年、1988～1995 年）地分析了国外信息科学的知识结构。他们指出信息科学主要由“文献计量”和“信息检索”这两个部分构成，虽然随着时间的推移，由原来信息检索比例较大转为文献计量专家比例较大。他们用图形表现了这种变化，如图 2-5 和图 2-6 所示。我们可以明显地看到，文献计量学的研究学者（图 2-5 左侧）在 1980～1987 年这一时段所占比例相对信息检索的研究学者是比较少的，而在随后的 8 年（图 2-6）则有了翻转——文献计量的研究占据了主要地位。

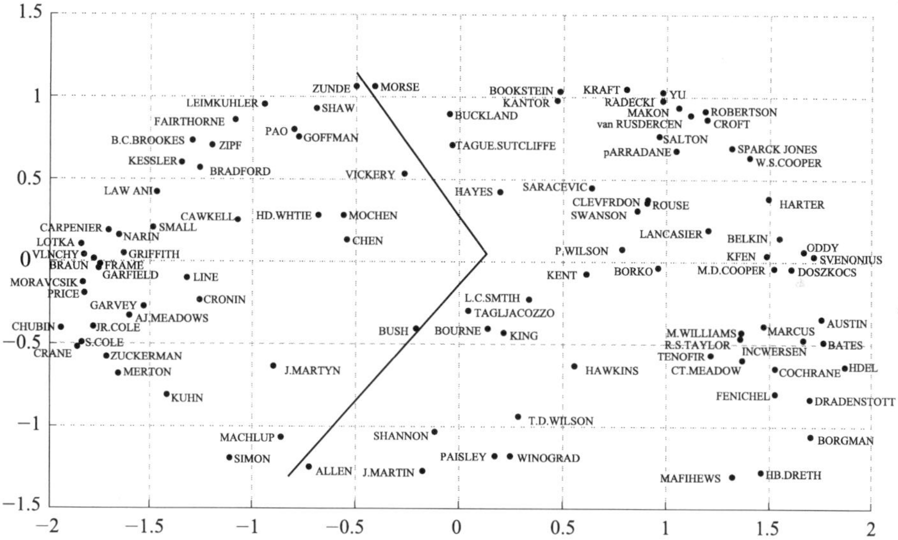

图 2-5 1980～1987 年图情学知识结构

资料来源：White H D, McCain K W. Visualizing a discipline: an author co-citation analysis of information science, 1972—1995 [J]. Journal of the American Society for Information Science and Technology, 1998, 49 (4): 327-355

① White H D, McCain K W. Visualizing a discipline: an author co-citation analysis of information science, 1972—1995 [J]. Journal of the American Society for Information Science and Technology, 1998, 49 (4): 327-355

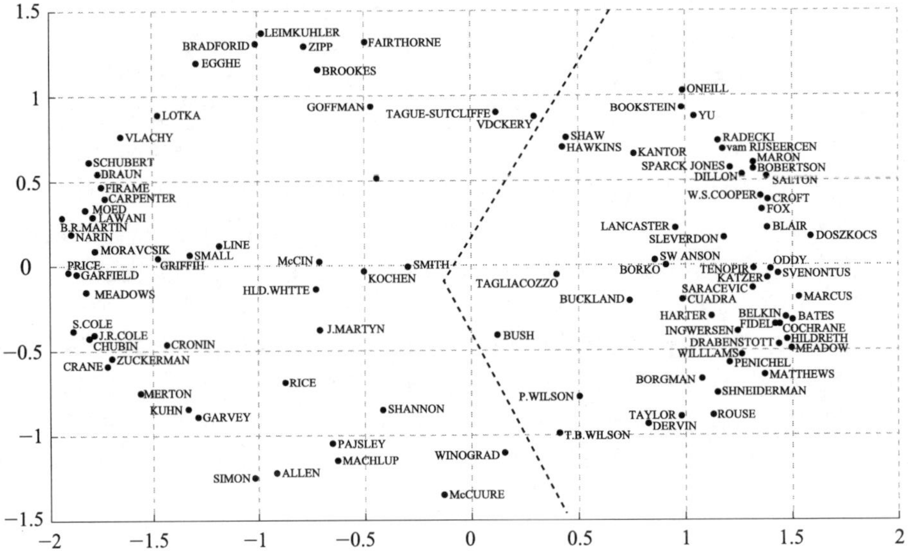

图 2-6　1988～1995 年图情学知识结构

资料来源：White H D, McCain K W. Visualizing a discipline：an author co-citation analysis of information science, 1972—1995 [J] . Journal of the American Society for Information Science and Technology, 1998, 49 (4): 327-355

2.3.3　作者学术贡献的评价

通过作者合作网络和引用网络的构建都可以衡量作者的学术贡献，并且随着社会网络的一些概念和方法的引入，对于作者学术贡献的研究更加多样且科学。

首先来看作者合作网络中，一个作者的度则代表一个作者的学术地位。如果一个作者的度较大，那么说明和他合作的人多，其学术辐射范围广，是某个方向比较有学术地位的学者。另外，我们引入社会网络中的中间中心性(betweenness centrality)来考察作者控制信息的能力。中间中心性①是指一个节点处于许多网络路径上，可以认为此点居于重要地位，因为该点具有控制其他两人之间的交往的能力，它测量的是行动者对资源控制的程度。结构洞（structural holes）的概念也基于此，指两个点以距离② 2 相连而不是以距离 1 相连，那么两点之间就存在一个结构洞③。其测度可以用“中间性比例”来衡量，具体

① 点的中心度还有点度中心度（相当于度数）、接近中心度等，这里主要介绍中间中心度

② 距离是指两点之间的测地线的长度

③ 成为结构洞可能性的测度指标为总约束系数（aggregate constraint index）

为：经过点 X 并且连接这两点的测地线①与这两点之间的测地线总数之比。一个点的中间中心度测量的是该点在多大程度上控制他人之间的交往，是一个很有用的指数。但是需要指出的是该指数只能用于二值数据。我们可以利用该指数测度作者研究方向的交叉性，如果一个作者处在两个研究方向群体的中间（或者说两个群体通过这个作者连接起来），那么该作者知识交流起着重要的“桥梁”作用。

引文网络则在评价学者学术贡献方面应用更广泛，也更受大家关注。首先，引文网络中一个作者的加权度数②就是一个作者的被引次数，而一般意义来讲，一个作者被引次数的高低往往代表着其学术的影响力。当然从引文网络中还可以按照年代来考察一个作者在高被引论文数、热门论文数、平均被引次数等指标方面的表现。值得特别关注的是，h 指数的提出无疑给作者学术贡献的评价带来了全新的理念和方法支撑，这也是近几年在作者评价方面的突破。而 h 指数的确定正是基于引文网络。h 指数是由美国加利福尼亚大学圣迭戈分校的物理学家赫希（J. H. Hirsch）教授于 2005 年年末提出③。h 指数的定义文字表述如下：一个学者的 h 指数就是指他发表的所有论文中，有 h 篇论文分别被引用了至少 h 次。h 的确定方法如下：按照论文被引次数降序排列，当 $TC_r < r$ 时，则 $h = r - 1$，其中 r 为按论文被引次数降序排列的论文序号，TC_r 为排名第 r 的论文的被引次数。这种方法非常简单，可操作性强。用赫希的话说，只需要“花 30 秒钟”。下面给出科学计量学界最高奖普赖斯奖获得者的 h 指数。由于武汉大学数据库订购时间从 1999 年开始，所以不能够反映这些学者真实的 h 指数。在此引用比利时科学计量学家 Egghe 的论文数据④，具体如表 2-5 所示。

表 2-5　普赖斯奖获得者的 h 指数（按 h 指数降序排列）

作者名	指数	作者名	指数
Garfield	27	Small	18
Narin	27	Martin	16
Braun	25	Egghe	13
van Raan	19	Ingwersen	13
Glänzel	18	Leydesdorff	13
Moed	18	Rousseau	13
Schubert	18	White	12

从表 2-5 可以一目了然地看出当前科学计量学界的精英都有谁，以及大致排

① 测地线是两点之间的长度最短的途径。途径是指没有重复点和线的线路

② 这里的加权度数是指引用强度之和，如 A 作者被 B 引用了 3 次，被 C 引用了 5 次，那么 A 的加权度数为 3+5=8。而如果不是加权度数，则只有 2

③ Hirsch J E. An index to quantify and individual's scientific research output [J]. PNAS, 102 (46): 16569-16572

④ Egghe L. Theory and practise of the g-index [J]. Scientometrics, 2006, 69 (1): 131-152

序是怎样一种情况。随着h指数的提出，很多学者都对其进行了改进，形成了庞大的h指数家族（如g指数、AR指数等）①。但是，h指数的影响力是广泛的，更为广泛地被人们接受，虽然它并不完美②。

最后还需要强调的是从作者引用关系来评价作者的学术影响力是一种比较客观的方法，但是其中仍然存在着一些问题，如作者之间的虚引甚至是故意自引等。然而，对于大数据样本来说，这些负面影响还是比较弱的。当然，在遴选核心作者或者特定研究对象时，在结合引用情况下，还要结合专家意见和自己对于该学科领域学者的了解等情况，只有这样方能较为全面地把握一个学科的核心作者群体。

从上面的分析来看，作者合作网络和引文网络可以评价作者在科学交流系统中的贡献，这在科研管理中有着重要的作用。需要强调的是，本书并没有就此以单独的章节展开研究，而是糅合在第五章和第六章这两章关于作者遴选方式中，作者评价是很多相关研究的基础。

2.4 研究涉及的方法与工具

2.4.1 研究方法

基于作者学术关系的科学交流研究需要坚实的方法支撑，没有科学的方法很难从庞大的数据中发现科学交流的模式和规律等。总结当前的学者们的研究方法，主要包括以下几种（在此不再详细说明每种方法的原理，详见相关章节）。

（1）多元统计方法：传统的研究方法，如聚类分析、因子分析等，详见5.1节。

（2）社会网络分析方法：此处包含了复杂网络的相关方法，还有一些基本的社会网络分析方法，如度、成分（component）等，详见第三章相关内容。

（3）信息可视化方法：主要是多维尺度分析（multidimensional scaling analysis，MDS）、路径搜寻方法等，当然还有本书提出的将聚类结果和路径搜寻方法相结合的可视化方法等，详见5.2节。

---

① 可参考下列论文：Egghe L. Theory and practise of the g-index [J]. Scientometrics，2006，69（1）：131-152；Jin B H，Liang L，Rousseau R，et al. the R- and AR-indices：complementing the h-index [J]. Chinese Science Bulletin，2007，52（6）：855-863

② 笔者曾就h指数进行了相关研究，并就h指数的优劣性和C. Baldock博士进行了辩论，详见Baldock C，Ma R M，Orton C G. The h-index is the best measure of a scientist's research productivity [J]. Medical Physics，2009，36（4）：1043-1045

2.4.2　数据来源

研究基于作者学术关系的科学交流模式与规律等需要数据的支撑，现在很多学者都利用各种数据源进行相关的分析与研究，如传统的文献索引数据库SCI、Scopus、CSSCI、CNKI 等，也有一些基于互联网的数据库，如 Google Scholar。本书的研究主要是基于 CSSCI，缘由如下。

(1) CSSCI 数据质量高。CSSCI 收录的期刊尤其是其来源期刊都是经过筛选的、数据质量较高的、社会评价较好的学术期刊，这可以节省数据抽样和样本筛选时间。

(2) CSSCI 提供专门的学科分类。CSSCI 将学科分为 22 个，并将论文按照其研究内容划分在相应的学科，这样的划分更加科学。比如，图情学的期刊不一定全部刊登和图情学相关的内容，其中很多是经济学或者计算机科学的论文。同时，其他学科的期刊也有可能刊登图情学的论文，如传播学的期刊。所以，按照论文逐篇划分是比较科学的。

(3) CSSCI 回溯时间长。CSSCI 数据库可回溯至 1998 年，到 2007 年（本书数据截至 2007 年）已经有 10 年的数据可供使用，大大满足了对历史数据的需求，以便进行规律研究和分时段变化演变情况的分析。

(4) CSSCI 数据著录格式较为规范，为本次研究的数据处理提供了方便。CSSCI 的来源库和引文库是相互分离的，但是其著录还是相对规范的，可以较好地将引文库和来源库的论文进行匹配并进行统计。当然，本书也对一些不规范的数据进行了人工整理，如全角和半角输入方式不同造成无法匹配、人名输入的明显错误等。但总的来说，CSSCI 的著录还是比较规范的，满足大样本数据的分析和挖掘。

2.4.3　研究对象

基于作者学术关系的科学交流的研究重点是通过数据来进行科学交流模式、规律和知识结构的研究，必须要有具体的研究对象。文献计量和科学社会学的相关研究往往是基于一个学科或者一个领域的，如洛特卡定律的研究是以物理学和化学中的学者发文情况为研究对象，克兰的无形学院研究是以乡村社会学和数学中的学者交流为研究对象。在借鉴这些研究的基础上，本书将图情学中作者之间的科学交流作为研究对象，理由如下。

(1) 图情学已经是一个公认的学科，其教育与科研体系已基本完善。据统计，本科开设图情学的有 30 所高校①；研究生教育开设图情学的有 53 所高校。

① 这里不包括信息管理与信息系统专业，主要是指图书馆学

这些高校图情学的教学工作当然离不开教学、科研人员，所以图情学研究人员队伍具有一定规模。

（2）该学科的研究已经逐步得到学术界的关注，研究地位逐步巩固。利用CSSCI分析我国图情学的研究状况，发现图情学论文发表的数量占到21个人文社科学科发文的5.5%左右，高于平均值①。该学科有自己的多种学术期刊，相关研究已经逐步成熟且日益壮大。据统计，图情学领域共有73种学术期刊②，图情学领域学术发表阵地已经形成。在全国社会科学基金评审学科分类中，图情学也被单独化为一个学科进行项目评审。所有这些都表明，图情学有着自己的基金来源，有着自己的发表阵地，并且已经在人文社科中占据了一定地位，有着一定的代表性。

（3）选择其作为研究对象最重要的原因是笔者对该学科熟悉。欲对某一事物进行详细分析和解释，就必须对该事物有较深入的了解，所以如果要对作者学术研究所产生的现象或者规律进行解释的话，就必须熟悉特定学科的研究背景、熟悉特定学科的作者尤其是关键作者，否则会误解一些现象甚至造成研究结论的歪曲。笔者在图情学领域的学习已有近十年的时间，所以有能力和条件对图情学进行整体的把握，从而可以很好地解释通过研究得出的各种结论。

2.4.4 研究工具

除了科学的方法、规范的数据和合适的学科支撑外，基于作者学术关系的科学交流研究还需要一些工具的支撑。当前已经有很多相关的软件可以帮助我们快速实现一些算法，大大提高了计算效率和节省研究时间成本。本书使用的研究工具除了自己开发的数据收集、整理与统计工具外，还应用了其他一些统计和可视化工具，下面对它们进行简单的介绍。

1. 自编软件

由于当前针对CSSCI数据库进行作者学术关系研究的软件并没有开发出来，所以需要开发专门的数据获取工具，笔者将该软件名定为Relationship。首先介绍它的数据组织结构。由于本书的研究既有发文又有被引，所以需要把发文和被引的信息全部提取，根据CSSCI的数据标识特点，将数据库表建成如表2-6

① 邱均平，马瑞敏．基于CSSCI的图书馆、情报与档案管理一级学科文献计量评价研究［J］．中国图书馆学报，2006，(1)：24-29

② 邱均平．中国学术期刊评价研究报告——权威期刊和核心期刊排行榜［M］．北京：科学出版社，2009

所示格式。

表 2-6　数据表格式

作者	第一作者	篇名	期刊	参考作者	参考文献	年份	标记	被引

具体说明如下："作者"是指这篇文章的所有作者，不区分作者顺序；"第一作者"是指这篇文章的第一作者，在此字段不包括其他作者；"期刊"即刊载该论文的期刊；"参考作者"即该论文中每篇参考文献涉及的作者，不管作者是否有重复（即参考一个作者的多篇文献）全部顺次出现在该字段，这样方便以后的作者加权处理；"参考文献"即论文的每篇参考文献；"年份"是论文的发表年代；"标记"是指论文的属性标的，1 为发文，0 为被引；"被引"是指这篇文献在研究年段（1998～2007 年）的累计被引次数。

笔者将所有数据（发文和被引）都放在一张表内，每篇文献（不管是发文和被引）都给予一个唯一的 ID，结构一目了然，方便被引次数的计算和作者的筛选。文献读入的原则是：一篇文献的唯一性由"作者、篇名和期刊"三个属性同时决定，因为笔者在实际操作中发现 CSSCI 中有不少重名的文献（如《论知识管理》就有三个不同的作者写过），所以通过三个字段的限定来唯一确定一篇文献。

软件实现的功能有三个：读入数据、计算被引次数和构建关系矩阵。下面结合软件的界面进行介绍（图 2-7）。

数据读入功能的实现：通过三个按钮实现，即通过"选择文件"选择数据所在的文件夹（按年代分类）；然后在"年份"中输入导入数据的年代，从 1998 年到 2007 年这 10 年分别输入；然后点击"导入"数据库，程序会自动将 CSSCI 中下载到本地的数据导入。

计算被引次数功能的实现：在数据全部读入的基础上，点击"被引"按钮，则将每篇发文的被引次数计算出来。

构建关系矩阵功能的实现：可以根据图示的按钮进行相应的关系矩阵的构建。需要强调的是，由于耦合关系和同被引关系的构建要考虑到加权的问题（具体有三种，后文将详述），所以对于这两种关系又分别设置了三个按钮，在图 2-7 中以"耦合传统""耦合最小值""耦合组合"表示。

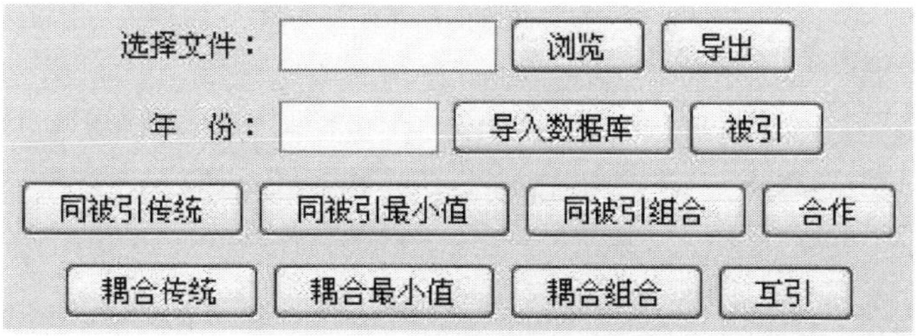

图 2-7　Relationship 软件界面

2. 常用统计和可视化工具

1）SPSS

SPSS 在本书中起着非常重要的作用，利用它进行因子分析、聚类分析和多维尺度分析。下面是对 SPSS 的简要介绍①②。

SPSS 是世界上著名的统计分析软件之一，其英文一开始是 Statistical Package for the Social Science（社科科学统计软件包），后来随着用户群的扩大及自身战略方向的调整等，将英文名改为 Statistical Product and Service Solutions（统计产品与服务解决方案）。20 世纪 60 年代末，美国斯坦福大学的三位研究生研制开发了最早的统计分析软件 SPSS，同时成立了 SPSS 公司，并于 1975 年在芝加哥组建了 SPSS 总部。20 世纪 80 年代以前，SPSS 主要应用于企事业单位。1984 年 SPSS 总部首先推出了世界第一个统计分析软件微机版本 SPSS/PC+，开创了 SPSS 微机系列产品的开发方向，从而确立了个人用户市场第一的地位。同时 SPSS 公司推行本土化策略，目前已推出 9 个语种版本。SPSS/PC+的推出，极大地扩充了它的应用范围，使其能很快地应用于自然科学、技术科学、社会科学的各个领域，世界上许多有影响的报纸杂志纷纷就 SPSS 的自动统计绘图、数据的深入分析、使用方便、功能齐全等方面给予了高度的评价与称赞。目前已经在国内逐渐流行起来。它使用 Windows 的窗口方式展示各种管理和分析数据方法的功能，使用对话框展示出各种功能选择项，只要掌握一定的 Windows 操作技能，粗通统计分析原理，就可以使用该软件为特定的科研工作服务。

SPSS 是一个组合式软件包，它集数据整理、分析功能于一身。用户可以根据实际需要和计算机的功能选择模块，以降低对系统硬盘容量的要求，有利于该软件的推广应用。SPSS 的基本功能包括数据管理、统计分析、图表分析、输出管理等。SPSS 统计分析过程包括描述性统计、均值比较、一般线性模型、相关分析、回归分析、对数线性模型、聚类分析、数据简化、生存分析、时间序列分析、多重响应等几大类，每类中又分好几个统计过程，如回归分析中又分线性回归分析、曲线估计、Logistic 回归、Probit 回归、加权估计、两阶段最小二乘法、非线性回归等多个统计过程，而且每个过程中又允许用户选择不同的方法及参数。SPSS 也有专门的绘图系统，可以根据数据绘制各种图形。

SPSS 的分析结果清晰、直观、易学易用，而且可以直接读取 Excel 及 DBF

---

① SPSS 基本介绍［EB/OL］. http：//202.199.159.230/shdc/shdc/readnews.asp? newsid = 297［2008-11-26］

② SPSS 简介［EB/OL］. http：//psychology.zjnu.net.cn/bbs/MINI/Default.asp? 12-4030-0-0-0-0-0-a-.htm［2008-11-26］

数据文件，现已推广到各种操作系统的计算机上，它和 SAS、BMDP（后被 SPSS 收购）并称为国际上最有影响的三大统计软件。和国际上几种统计分析软件相比，它的优越性更加突出。在众多用户对国际常用统计软件 SAS、BMDP、GLIM、GenStat、EPILOG、Minitab 的总体印象分的统计中，其诸项功能均获得最高分。在国际学术界有条不成文的规定，即在国际学术交流中，凡是用 SPSS 软件完成的计算和统计分析，可以不必说明算法，由此可见其影响之大和信誉之高。

2）Ucinet

Ucinet 在本书中主要是涉及社会网络分析各指标和模型的计算与展现，以下是对它的简单介绍[①②]。

Ucinet 的发明人是 S. P. Borgatti、M. G. Everett 和 L. C. Freeman，他们在社会学方面都有很高的建树。Ucinet 为菜单驱动的 Windows 程序，是当前最知名和最经常被使用的处理社会网络数据和其他相似性数据的综合性分析程序[③]。与 Ucinet 捆绑在一起的还有 Pajek、Mage 和 NetDraw 等三个软件。Ucinet 能够处理的原始数据为矩阵格式，提供了大量数据管理和转化工具。该程序本身不包含网络可视化的图形程序，但可将数据和处理结果输出至 NetDraw、Pajek、Mage 和 KrackPlot 等软件作图。Ucinet 包含大量包括探测凝聚子群（cliques，clans，plexes）和区域（components，cores）、中心性分析（centrality）、个人网络分析及结构洞分析在内的网络分析程序。Ucinet 还包含为数众多的基于过程的分析程序，如聚类分析、多维标度、二模标度（奇异值分解、因子分析和对应分析）、角色和地位分析（结构、角色和正则对等性）及拟合中心-边缘模型。

需要强调的一点是：Ucinet 和 Pajek 可以无缝连接，由于 Pajek 对于数据的格式有特殊的要求，并且构建起来比较复杂，通过 Ucinet 的转化则省力很多，方便快捷且能保证准确性。本书也是充分将 Ucinet 和 Pajek 相结合，大大提高了数据处理的效率。

3）Pajek

Pajek 在本书中主要是起着结果可视化呈现的作用，它有着非常强大的可视化功能，在知识图谱的构建中应用非常广泛，以下是对它的基本介绍[④]。

---

① Ucinet 简介［EB/OL］. http：//blog. sina. com. cn/s/blog_5092b8e901008tl6. html［2008-11-26］

② Borgatti S P，Everett M G，Freeman L C. Ucinet_Guide［EB/OL］. http：//www. analytictech. com/ucinet/Ucinet_Guide. doc［2008-11-26］

③ Ucinet 可以在如下网址下载（为试用版，但基本功能不受限）：http：//www. analytictech. com/。

④ Batagelj V，Marvar A. Pajek manual［EB/OL］. http：//vlado. fmf. uni-lj. si/pub/networks/pajek/doc/pajekman. pdf［2008-11-26］

Pajek 运行在 Windows 环境下，用于对包含上千乃至数百万个节点的大型网络进行分析和可视化操作。在斯洛文尼亚语中 Pajek 是“蜘蛛”的意思。Pajek用于科学研究是完全免费的[①]。Pajek 向以下网络提供分析和可视化操作工具：合著网、化学有机分子网、蛋白质受体交互网、家谱、互联网、引文网、传播网（AIDS，新闻，创新）、二模网等。通过 Pajek 可完成以下工作：在一个网络中搜索类（组成，重要节点的邻居，核等）；析取属于同一类的节点，并分别地显示出来，或者反映出节点的连接关系（更具体的局域视角）；在类内收缩节点，并显示类之间的关系（全局视角）。除普通网络（有向、无向、混合网络）外，Pajek 还支持多关系网络、二模网络等。

Pajek 有着自己定义数据的方式，是数据分析的基础（第五章提出的可视化方法正是基于此）。以下是对其数据格式的介绍，具体如图 2-8 所示。

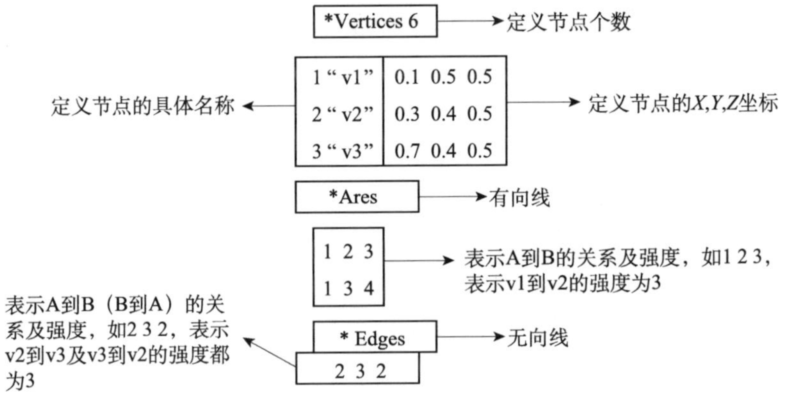

图 2-8　Pajek 数据格式样例及解释

Pajek 还可以对节点和连线进行颜色、大小、形状等的定义，非常灵活，具体参见 Pajek 手册。Pajek 除了社会网络分析的基本功能外，最主要的是在节点布局呈现上有着非常好的功效，它集成了 Kamada-Kawai 和 Fruchterman-Reingold 算法，可以让用户自行进行节点间能量调整，达到最佳的可视化效果。

4）NWB

NWB 是一个非常优秀的社会网络分析软件[②]，它集成了当前社会网络分析中最主要的各种算法，包括数据模型分析算法（如小世界模型、无尺度模型等）、数据处理算法（如 Pathfinder）、数据可视化算法（如最小树、Kamada-

① 在如下网址下载：http：//vlado. fmf. uni-lj. si/pub/networks/pajek/

② NWB 还在不断完善中，用于学术研究是免费的，可以在如下网址下载：http：//nwb. slis. indiana. edu/index. html

Kawai 和 Fruchterman-Reingold 等)。由此可见，其功能是非常强大的。研发小组[①]的目标是“为生物医学、社会科学和物理学研究提供一种对大规模网络进行分析、建模和可视化的工具”。

需要指出的是 NWB 和 Pajek 数据完全兼容，非常便利于本书的相关研究。本书主要是利用该软件进行路径搜寻的计算，非常方便快捷。笔者认为，NWB 以其高标准、高目标及高水准研发团队必将吸引更多社会网络分析的研究人员的使用。

2.5 本章小结

本章内容仍然是理论铺垫，核心目的是使作者学术关系和科学交流这两个研究内容有机结合而寻找理论依据。以下是本章的简要小结。

（1）作者学术关系包含作者合作、作者引用和作者链接三种基本关系，其中作者引用关系又有作者同被引关系和作者耦合关系这两种特殊的关系。

（2）作者学术关系与科学交流之间有着密切关系，是一个有机整体。

（3）作者学术关系在科学交流研究中的应用主要表现在科学交流模式与规律（宏观）、作者影响力评价（即交流效果，微观）、科学交流知识结构的发现及其演变分析（中观）这三个方面。

（4）基于作者学术关系的科学交流需要科学的方法支撑，需要有可靠的数据来源、明确的研究对象和便捷的研究工具，只有这样方可又快又好地展开深入研究。

① 该研发小组由不同学科背景的人组成，可喜的是其中有图书情报领域的专家，如项目组的 K. Börner、开发组的 T. Kelley 等。更可喜的是，其中活跃着几位华人学者，如开发人员 W. X. Huang、H. Zhang（二人的研究方向均为信息计量学）等。该软件也得到了中国科学院的重视，如金碧辉教授及她的诸位同事也出现在该软件官方网站的测试人员列表中

第三章

基于作者合作关系的科学交流模式与规律研究

早在20世纪60年代科学计量学之父普赖斯和著名科学计量学者D. Beaver就曾研究了无形学院中作者合作关系，他发现了高产作者在科学交流中的特殊作用：在群体内起领导作用，在群间起桥梁作用①。很明显，那个时候的合作还属于非正规交流，主要还是通过社会调查等方法进行相关研究。但从那以后，研究作者合作的论文便多起来，但是在科学计量学界主要集中在国家宏观层面和组织（单位）中观层面②，对于个人微观层面的分析不够深入（主要集中在合作度和合作率等的研究上）③。著名科学计量学家H. Kretshmer也在2004年明确呼吁：以后的研究应该多关注微观层面的作者合作关系。可以说，科学计量学界对于作者合作微观层面的研究在很长

---

① 转引自：黛安娜·克兰．无形学院——知识在科学共同体的扩散［M］．刘珺珺，顾昕，等译．北京：华夏出版社，1998：4

② 对于这方面的研究，科学计量学界有着丰硕成果，发表了许多论文，在此不再赘述，可参见W. Glanzel等学者的论文

③ Kretshmer H. Author productivity and geodesic distance in bibliographic co-authorship networks, and visibility on the Web［J］. Scientometrics，2004，60（3）：410

一段时间内并没有什么实质性突破，之所以没有较大突破是因为科学计量学方法的局限，传统的科学计量方法并不利于大规模地、深入地分析作者合作模式。但是最近几年社会网络分析和复杂网络分析方法的兴起给微观层面作者合作研究提供了契机，许多学者都投身到这一极具挑战的研究中。

需要强调的是，本书所指的作者合作主要是指作者之间合著论文这一形式。作者合作关系和科学交流有着密切关系，人们经常将合作和交流联系在一起，前文指出交流是合作的基础，而合作是交流的表现并且促进交流。作者合作网络的研究是科学社会学与科学计量学研究的重点和热点，尤其是当前对于复杂网络的深入研究更是为研究作者合作网络内在规律提供了新的思路和方法支撑。基于对国内外研究的分析（详见 3.1 节），本章主要解决的问题如下。

（1）从作者合作网络出发来考察科学交流模式有哪些。

（2）着重验证作者合作交流网络中的两大规律：小世界效应的统计规律与作者度的幂律分布规律。同时也验证作者合作子网分布是否符合幂律分布。

（3）幂律分布规律研究步骤与方法的重新梳理。

3.1 作者合作关系研究进展及存在的问题

国外学者主要在三个方面进行了深入研究：一是关于复杂网络下的作者合作关系的宏观计量分析。这方面的研究开端于 20 世纪末，首先是学者 Watts 和 Strogatz 研究了复杂网络的小世界效应①；紧接着是 Barabási 和 Albert 研究了复杂网络中的幂律分布规律（即无标度统计特征）②。他们的研究立即引起了学者

① Watts D J，Strogatz S H. Collective dynamics of “small-world” network ［J］. Nature，1998，393：440-442

② Barabási A L，Albert R. Statistical mechanics of complex networks ［J］. Science，1999，286：509-512

的广泛关注，产生了诸多相关研究成果，其中以物理学家 Newman 的研究成果极富有代表性[①②]。他于 2001 年开创性且详细系统地研究了复杂网络环境下作者的合作者数量及作者所写论文数量的分布，发现这些分布都符合幂律分布；同时发现作者合作网络符合小世界原理，即作者之间的路径短且集聚系数高；并且他也指出不同学科的作者合作分布的参数等是不一样的。还值得注意的是，他也明确指出："文献计量方法还没有构建出真正的作者合作关系。"这一探索性的研究掀起了研究科学合作网络的热潮，许多不同学科的学者都投身到该方面的研究中，他们研究了包括生物医药、高能物理和数学等学科领域的合作网络，发现 Newman 的结论在这些学科的验证中也有显著体现[③]。二是基于作者合作关系的社团发现算法的研究。要想知道作者合作的内在结构，则必然涉及作者合作网络分解这一问题。社区发现算法一直是当前研究的热点，主要集中在物理学、数学和计算机科学领域。早在 2002 年，M. Girvan 和 Newman[④] 便提出在社会网络中还有一个属性，即存在着社团结构，社团内部联系紧密而与其他社团联系疏松，并提出了社团发现算法，即现在广为流行的 GN 算法。后来，Newman 对这一算法进行了改进，提出了 Newman 快速算法，从而解决了 GN 算法运算速度过慢的缺陷[⑤]。很多学者沿着这一思路进行了研究，产生了丰硕成果。2005 年 Palla 等[⑥]提出了派系过滤算法（clique percolation method，CPM），解决了个人属于多个社团的重叠性问题，并研发了名称为 CFinder 的软件，大大方便了其他学者的研究。三是基于社会网络分析方法的作者关系研究。主要是应用社会网络中的度、中间中心性等方法进行作者合作关系的研究。E. Otte 和 R. Rousseau[⑦] 在 2002 年就曾呼吁将社会网络方法引入信息科学的研究，他们也研究了 133 位研究社会网络主题的作者之间的合作网络，用密度、接近

---

① Newman M E J. The structure of scientific collaboration networks [J]. PNAS, 2001, 98 (2): 404-409

② Newman 发表了多篇关于作者合作的文章，并且一些论文的被引次数在短短几年内达到了近 1000 次。在此不一一罗列，代表作除了下页脚注③外，还有 Newman M E J. Coauthorship networks and patterns of scientific collaboration [J]. PNAS, 2004, 98: 5200-5205，以及 2001 年在《物理评论 E》上发表的关于科学合作网络 I 和 II 的系列研究。

③ 转引自：刘则渊，尹丽春，徐大伟. 试论复杂网络分析方法在合作研究中的应用 [J]. 科技管理研究，2005，(12)：268

④ Girvan M, Newman M E J. Community structure in social and biological networks [J]. PNAS, 2002, 99 (12): 7821-7826

⑤ Newman M E J. Fast algorithm for detecting community structure in networks [J]. Phys. Rev. E, 2004, 69 (6): 066133

⑥ Palla G, Derenyi I, Farkas I, et al. Uncovering the overlapping community structure of complex networks in nature and society [J]. Science, 2005, 435 (7043): 814-818

⑦ Otte E, Rousseau R. Social network analysis: a powerful strategy, also for the information sciences [J]. Journal of Information Science, 2002, 28 (6): 441-453

中心性等方法测度了网络的整体属性及作者的个体表现。F. J. Adedo 等①研究了管理学作者合作关系（基于七种期刊），着重研究了作者合作的原因和作者合作网络结构。Kretshmer② 的研究（基于 385 位作者）则发现高产作者和低产作者在作者合作中地位的不同：高产作者一般都在大的类群中，而低产作者一般都在小的类群中；高产作者的平均距离较短，而低产作者的平均距离较长。H. Y. Hou 和 Kretshmer 等③利用社会网络研究了《科学计量学》杂志 1978～2004 年的作者合作关系，并分析了科学计量学当前的研究分支方向。

在我国，作者合作的研究并不少见，除了简单统计作者合作度、合作率之类的论文外，也出现了一些有深度的研究论文，并且最近几年利用社会网络分析和复杂网络进行相关研究的作者日益增多。党亚茹④早在 1996 年就用递阶结构方程研究了《情报学报》1990～1995 年的作者合著网络的内部结构。但是从那个时候一直到 2005 年，我国图情学界对作者合作的研究进入停滞期，没有产生特别吸引读者的文章。到了 2005 年后，相关研究才逐渐增多。以下是比较引人注目的：2005 年刘俊婉和梁立明⑤考察了 1989～1998 年 10 年间 14 953 对师生合著的 14 125 篇论文的时间分布，较深入地分析了师生合著这一普遍存在的合作模式的形成原因和演变过程；张秀梅和吴巍⑥则真正开创了我国基于复杂网络的作者合作研究的先河，他们的主要角度不是分析，而是对科研合著网络的可视化系统的构建，这是一个非常好的开端，但是遗憾的是迄今还没有看到基于系统的任何深入分析的论文发表；王福生和杨洪勇⑦则较全面地分析了《情报学报》2001～2006 年的作者合作网络，挖掘了子网，并发现非连通网络的统计参数也呈现出无尺度特性（幂律分布）和小世界特性；刘蓓等⑧利用社会网

① Adedo F J, Barroso C, Casanueva C, et al. Co-authorship in management and organizational studies: an empirical and network analysis [J]. Journal of Management Studies, 2006, 43 (5): 957-983

② Kretshmer H. Author productivity and geodesic distance in bibliographic co-authorship networks, and visibility on the Web [J]. Sciento metrics, 2004, 60 (3): 409-420

③ Hou H Y, Kretshmer H, Liu Z Y. The structure of scientific collaboration networks in *Scientometrics* [J]. Scientometrics, 2008, 75 (2): 189-202

④ 党亚茹. 合著网络系统及其递阶结构模型 [J]. 情报学报, 1996, 15 (3): 228-236

⑤ 刘俊婉, 梁立明. 师生合作发表科技论文时间分布的研究与思考 [J]. 情报学报, 2005, 24 (2): 169-180

⑥ 张秀梅, 吴巍. 科研合作网络的可视化及其在文献检索服务中的应用 [J]. 情报学报, 2006, 25 (1): 9-15

⑦ 王福生, 杨洪勇.《情报学报》作者科研合作网络及其分析 [J]. 情报学报, 2006, 26 (5): 659-663

⑧ 刘蓓, 袁毅, Eric B. 社会网络分析法在论文合作网中的应用研究 [J]. 情报学报, 2008, 27 (3): 407-417

络分析方法分析了2000～2006年情报学的合作网络的整体结构和随时间变化的动态结构，数据量较大，分析角度较全面；以北京邮电大学智能通信软件与多媒体北京市重点实验室吴斌为代表的合作团队在复杂网络的科研合作中无疑做出了较引人注目的贡献，他们在《情报学报》上①的文章和《数字图书馆论坛》上关于"复杂网络"的专题②深入分析了生命科学领域的作者合作网络，利用社团发现算法进行了内部结构挖掘和可视化。他们的研究主要是从复杂网络角度来考察，但是笔者认为忽略了一个基本问题，那就是一个学科的作者合作网络并不是全连通的，而是存在很多非连通的子网，社团发现算法要求很高并不适合处理非连通的子网，甚至不适合单一地分析作者合作网络，需要同其他方法紧密结合。

由此可见，国内外图情学关于作者合作的研究逐渐深入，社会网络分析已经在相关研究中应用，但是基于复杂网络的研究却比较缺乏，即使有一些研究也主要是移植其他学科的方法，但对方法的原理和步骤思考不透彻，并最终导致结论的偏差和不可靠。作者合作的研究在图情学研究中仍然有扩展的空间。

3.2 基于作者合作关系的科学交流模式研究

前文已经指出对于作者合作交流模式的研究已经有一些作者进行了积极的探索，其中汪冰③在我国较早研究了作者合作模式，该成果为我们提供了启迪和借鉴。他曾经对我国自然科学的9种重要期刊的作者合作情况进行了统计分析，并指出我国自然科学的作者合作的模式主要有"同一单位同事间""跨地区单位合作""国际间合作""师生合作""研究员与咨询机构、实验室合作"等五种合作模式。实质上，这样的分类是按照合作作者之间的社会关系划分的。对汪冰提出的模式进行进一步的归纳可以发现，实质上他给出的分类只有两种，即同事合作（包括一个单位内和多个单位内两种情况）和师生合作。还需要指出的是，汪冰的统计方式不是基于作者合作网络而是以每篇论文的作者合作模式进行统计。而前文已经指出作者之间的合作包含着显著的社会关系，这不仅表现在两两作者之间，而且表现在多个作者之间（即合作网络中），如一个师门的学生围绕导师展开广泛合作。所以，为了区别于传统的仅从两两作者合作关系来

① 吴斌，杜楠，裴欣，等．基于科技文献的科研组织网络分析方法研究［J］．情报学报，2008，27（4）：591-595

② 详见该杂志2008年第6期1～43页系列论文

③ 汪冰．我国自然科学期刊论文合著现象研究［J］．情报学刊，1990，11（5）：335-339

考察合作交流模式的情况，本章将从作者合作网络出发来探究作者合作交流模式的类型。而 2008 年，刘蓓、袁毅等①则利用社会网络分析法对论文合作网络进行了研究。很显然，他们从另一个角度来研究合作交流的模式，即网络拓扑结构。他们通过情报学作者合作网络的分析，发现作者合作的模式主要有双核型、流线型和核心型三种，而核心型又分为核心发散型和核心蛛网型。借鉴上面两篇论文的思路，本章将从社会关系视角和网络拓扑结构视角来进行合作交流模式的发现和分析。

为了更加形象地说明每种模式，本章选取 CSSCI 中图情学中 1998～2007 年所包含的所有作者构成的合作网络为示例样本。在这 10 年中，图情学中有 15 830位作者与他人合作过论文，共形成了 19 760 对合作关系，在这 19 760 对作者中合作强度为 1 的有 16 711 对，占所有合作对的 84.6%，这些合作对是不稳定的，在进行交流模式的研究中不予以考虑。这样我们的研究对象实质上为 3049 对作者。

3.2.1 网络拓扑结构视角的合作交流模式

正如 1.4.1 小节所述，计算机网络拓扑结构已经比较成熟，在很多相关的教科书上都可以找到相关内容。计算机网络拓扑结构虽然是应用在计算机网络化和通信方面，但是这种结构对于研究基于作者学术关系网络的科学交流模式有着积极的借鉴意义。这里需要强调的是，计算机网络和实际中的合作网络结构还是有一定区别的。首先有必要认识计算机网络的拓扑结构的主要类型。一般来讲，网络的拓扑结构主要由以下几种方式构成，分别是：总线型、星型、环型、树型、网状型和混合型，具体如图 3-1 所示。如果我们把图 3-1 中的每个节点看成是作者，连线看成是作者之间的合作关系，那么就可以看成一个科学交流的网络，并且这些结构在科学交流网络中又有了其独特的意义。下面将对每种类型进行详细的介绍，并且结合图情学的具体实例进行分析。

（1）星型。这种模式很简单，即许多作者和一个作者进行合作。这一模式充分体现了科研合作中的马太效应。这种模式在师生合作模式中是普遍存在的。这种模式完全依赖于一个人，很不稳定，但是这种模式将长期存在（师生合作是一种长久的合作模式）。图 3-2 便是典型的星型网络。图 3-2（a）、图 3-2（b）分别围绕侯汉清和毕强展开研究，他们两人的度（在图 3-2 中用节点大小表示）要比其他子网内的作者大许多。

① 刘蓓，袁毅，Eric B. 社会网络分析法在论文合作网中的应用研究［J］. 情报学报，2008，27（3）：407-417

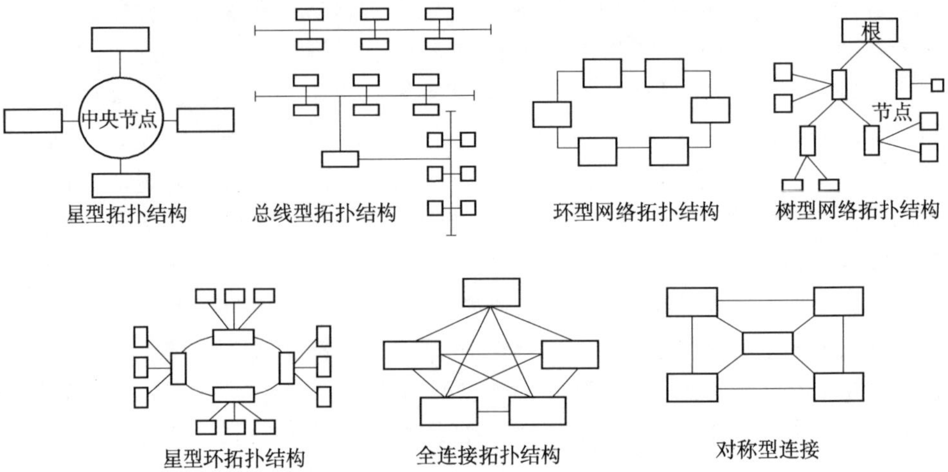

图 3-1　计算机网络的拓扑结构图示

资料来源：http：//course. cug. edu. cn/netinfo/Chapter01/1. 2. 3. htm

混合型就是将上述结构中的两种或者多种进行组合得到的网络

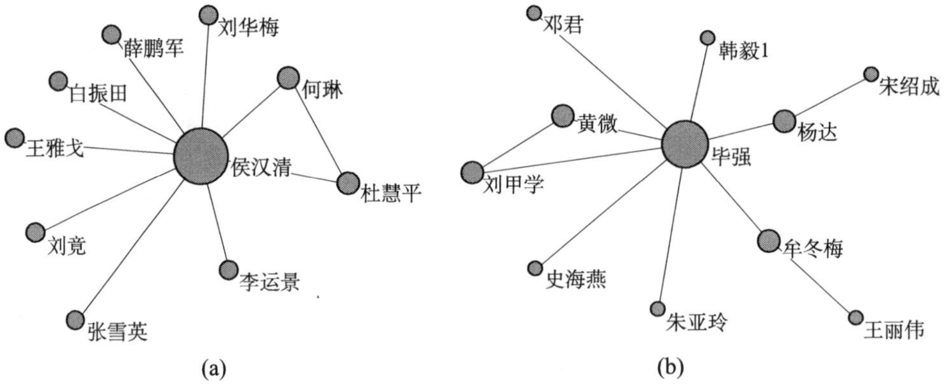

图 3-2　星型合作交流模式示例

（2）总线型。这种类型的作者合作模式也很简单，即 A 和 B 合作，B 又和 C 合作，循环下去但是不闭合。这种模式由于过于简单，在现实中反而不易存在，这是因为 B 和 A、和 C 合作的同时，往往和其他人还要合作，完全意义的总线型合作模式是比较少见的。如果对总线型进行一定的修正，即允许 B 与除了 A 和 C 以外的作者进行合作，但是不构成闭合环形，那么这更加符合现实中的合作交流模式。还需要强调的是，这种总线型的结构中，往往存在“桥梁”作者，如果将这个作者去掉，那么整个网络即划分为两个子网。比如，图 3-3 就是一个现实中的总线型模式。在图 3-3（a）和图 3-3（b）中，有一些作者在主干道上，另外一些人围绕他们进行合作交流，但是这些作者之间并不构成闭合环。图 3-3（b）

中的罗贤春明显具有桥梁作用，如果去掉他，那么图就分为胡昌平为代表的子网和谢阳群为代表的子网。桥梁型人物的特殊作用需要引起关注。

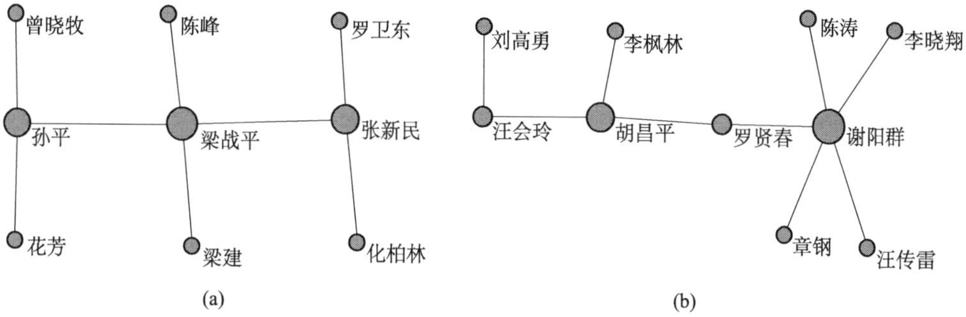

图 3-3　修正的总线型合作交流模式示例

（3）环型。这种模式和总线型相似，只是构成了一个闭环，即起点和终点是一致的。对于这样的交流方式，在合作中也是少见的，是完全计算机网络意义的一种模式，不适用于合作模式。这是因为每个作者合作的人不仅仅包括这种模式中的两个人（每个作者的度数都为 2）。

（4）星型环。这是环型的拓展，更加符合现实中的合作模式。但是还是具有浓厚的计算机网络拓扑结构的色彩，因为它要求环内的作者不交流，这点要求也是苛刻的。我们对其进行一定的修正便可得到一种现实中的合作模式，即允许环内的作者进行交流。图 3-4 就是这样模式的一种典型案例。从图 3-4 中可以看出，王曰芬、丁晟春、岑咏华和甘利人构成了一个闭合环，并且他们之间也有一些交流（王曰芬与甘利人），其他作者围绕环上的作者进行合作研究。

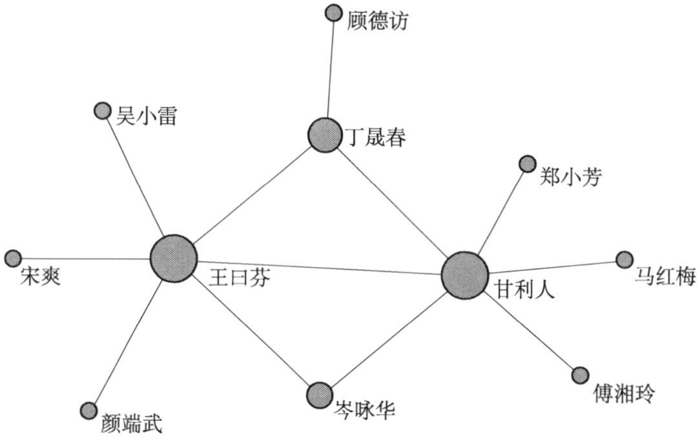

图 3-4　修正的星型环合作交流模式示例

（5）树型。这种结构和家谱相似，在计算机网络中有着严格的等级关系。

即最高点是“始祖”，后面是它的“子子孙孙”，辈分划分非常明显。在合作网络中，虽然这样的辈分也存在，但是划分得没有那么明显，即第三级节点也可以和第一级节点进行合作。所以，我们不能从树型这一计算机网络拓扑结构来解释作者合作的模式。这种拓扑结构在合作模式中可以进行如下解释：导师带领学生，学生有了自己的合作圈子（不包括同师门的合作），这样的关系传递下去就形成了树型结构。但是，这样的条件似乎也很苛刻，因为它要求同一级的作者不进行合作。如果把这一条件去掉，那么树型结构则不复存在（形成更大、更复杂的网络），可以分解为其他类型的拓扑结构。

（6）全连接。这是合作模式的理想模式，作者之间的合作最充分，环内的作者之间都进行了合作交流，是一个交流充分的学术团队。但是这样的模式要求也很严格，如果降低要求，即一个团队中的作者至少和其他几个作者联系即可。这在社会网络中称为“*k*-核”（*k*-core），即指一个网络中的作者至少和网络中的 *k* 个作者有联系。很明显，全连接是 *k*-核的一种特殊模式。如果一个子网由 5 人组成，每个人和其他 4 个人都有合作，那么就和图 3-1 中给出的模式是完全一致的。此外，下面还给出一个 3-核的例子（图 3-5）。在图 3-5 中，每个作者和网络中的其他至少 3 位作者有合作，交流相对充分，是一个紧密合作的团队。

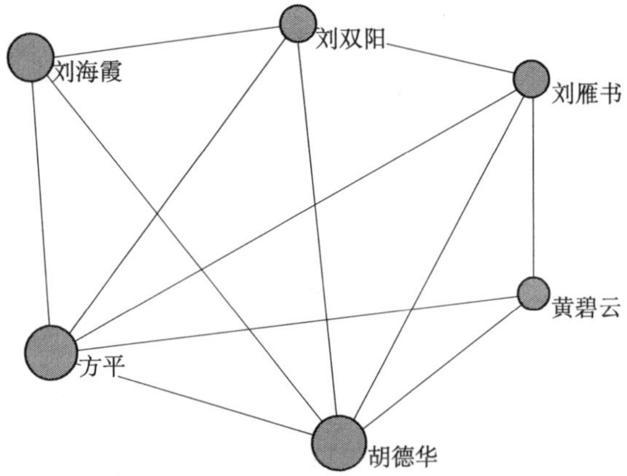

图 3-5　*k*-核型（修正的全连接型）合作交流模式示例

（7）对称型。这一模式是指一些作者围绕一个作者进行合作，而他们之间也有着一定的合作（呈现闭合环形）。在这个网络中有着一个权威作者（中间节点），在现实中可能充当着导师的作用，在团队中具有权威地位。但是在现实生活中，并不完全是对称的，非中间节点之间的交流也不一定呈现环形的合作交流方式。这种模式是不稳定的，也是不常见的。如果放宽条件，如非核心节点的连线并不要求为闭合环，那么这种模式则转化为特殊的 *k*-核模式。

从上面的分析来看，计算机网络拓扑结构对于我们研究作者合作网络有着较强的借鉴作用，但是它们毕竟是不同属性的网络。前者只是物理介质的分布，而后者则是人的某种社会属性的分布。总结上面的分析，从网络拓扑结构出发并结合作者合作交流网络的特殊性，作者合作交流模式主要有以下五种最基本的模式（对于过小规模的合作模式不予以考虑，如三人以下）。

（1）星型。和总线型相比，星型只有一个明星。这样的合作模式属于高度不稳定但是却普遍存在的网络（图 3-2）。在这样的网络中，明星节点起着至关重要的作用。如果明星节点退出科研领域，那么整个网络就分裂着多个孤点。对于这样类型的网络，个人能力和学术职称及地位等起到了决定性作用。这样的网络要加强明星节点的管理，明星要协调好自己团队的建设，争取吸收更多的人加入团队并要努力让他们也进行必要的交流合作，结束他们科研单打独斗的局面，这样才能形成更加具有凝聚力的团队。

（2）星型-总线型。如图 3-3 所示。这种性质的网络由几位作者首先串联成一个网络（形成一个不闭合的合作圈），然后每个作者又和其他一些作者合作，从而形成了一个较大规模的合作团队。但是，这样的网络由于存在桥梁型作者，不是很稳定。一个作者的合作意愿和创作数量等都会直接影响整个网络的稳定性。可以说这是由几个关键性人物构成的网络，要想保持整个网络的稳定，必须保持这些关键性人物之间的沟通和合作，否则网络会分裂。这就是说，在实际科研工作中，研究方向一致的高影响力作者之间的长期合作非常重要，通过合作交流思想，然后将这些思想再扩散到自己的团队。

（3）k-核型。这种模式和星型一样，比较封闭，和外界的其他作者没有任何联系（图 3-5）。但是比星型有所改进，团队内部的交流比较充分，这样的团队在科研中思想沟通已经比较充分和活跃。在现实中，受到地域、通信方式或者习惯的影响，可能存在着很多这样的比较封闭的科研小团体。这样类型的团队在科研中应该多加关注，可以在项目审批和资金拨付等时适当地倾斜。但是，需要注意的是，由于合作网络构建时一篇文章的所有作者都算，如 4 个人就会有一个全连接网络，这样“挂名问题”就会干扰到团队的判断。所以 k-核型团队的判断要对这些作者的学术地位进行判别，如果每个人都以第一作者发了不少高质量的论文，那么这个团队是一个还不错的团队。而如果只是很多作者挂名在后面，则这样的团队和星型的本质区别不大。这点需要格外注意。

（4）k-核-总线型。这种合作模式是指高影响力作者并不一定广泛合作，呈现线性，而每个高影响力作者又有自己的合作群体，并且各自的合作群体内作者也有着较为广泛的合作（图 3-6）。需要指出的是，其中有可能有一个或者多个中间作者充当“桥梁”。对于这样的模式，首先是总线上作者的合作要保持，否则这种模式会分解成其他模式（如星型）。这样模式的合作团队外部稳定性还是比较差的，尤其是桥梁型人物（如图 3-6 中的文燕平）出现合作对象的转移时，整个网络就会断裂。所以这种模式虽然存在，但是在科研管理中，需要慎重对待，要详细考察总线上的合作者的学术水平等因素。

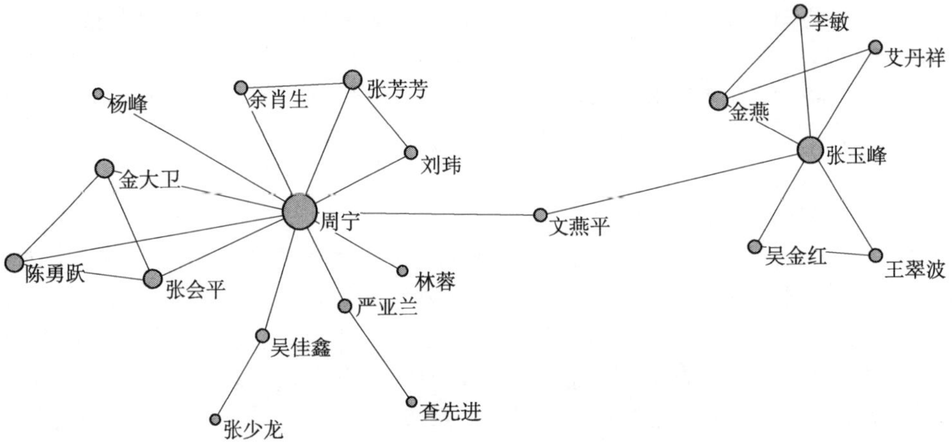

图 3-6　*k*-核-总线型合作交流模式示例

(5) 星型-*k*-核型。这种模式是星型和 *k*-核型的拓展与有机组合，比星型和 *k*-核型更加开放。具体如图 3-6 左边周宁为代表的合作团队。在这样的合作模式中，一些影响力大的作者相互合作，形成了合作网络（不管是否全连接），然后各自又有一些作者合作，形成以这些高影响力作者为明星的星型网络。这样的网络比总线型网络更加强大，高影响力作者之间的交流比较充分，相互合作频繁，促进思想向不同团队流动，给整个网络带来了新思想，有利于产生重要成果。这样类型的团队在科研项目审批时可以多加支持，团队力量比较强，有利于多出成果、出好成果。

在借鉴计算机网络拓扑结构，并且结合社会网络分析中的相关概念，本节将作者合作的模式归结为星型、星型-总线型、*k*-核型、*k* 核-总线型和星型-*k*-核型这五种模式。同时，详细指出每种模式的具体情况、如何加强交流、在科研管理中应该注意的问题等。虽然拓扑结构是网络物理结构的表现，但是从合作交流的角度来分析则又赋予其新的意义。从上面的分析来看，*k*-核型和星型-*k*-核型这两种模式交流比较充分，在科研活动中能够更好地集思广益，推动相关研究向更高层次迈进。在平时科研管理中，要对这样的团队多关注并给予政策和资金等方面的倾斜与资助。

3.2.2　社会关系视角的合作交流模式

在传统的合作关系中，师生之间的合作是最频繁的，在合作模式中占据了绝对的统治地位。随着科研项目的复杂化、精细化和交叉化，越来越需要新鲜思想的注入，也越来越需要不同学科背景的人员联合攻关。那么，仅仅靠师生合作是不够的，因为一个师门的知识结构基本是一致的，所掌握的基本知识也是局限在某个方向内的。在这种大背景下，就需要跳出师门去合作，合作的模式也就多样化起来。本章从作者合作网络出发来研究社会关系视角下的合作模式，而不是像汪冰的论文那样按照每篇论文来统计。

前文总结汪冰提出的模式实质是由两种基本社会关系构成，即同事关系和师生关系，而实际中，单纯的同事合作很少见，而是与师生合作关系混合存在，形成同事-师生关系这样一种混合形式。所以在实际中，一般只有师生合作模式和师生-同事合作模式。下面我们结合图情学来研究这两种模式的特点。

1. 师生合作模式

在图情学领域，最大规模的师生合作群体是以邱均平为首的师生合作网络，具体如图 3-7 所示，其中点的大小表示作者的度的大小，线的粗细表示合作次数的多少。其中邱均平的度数达到了 23，并且这 23 人都为他的学生，是典型的较大规模的师生合作模式。除了邱均平和马费成外，度数还比较大的有文庭孝（度数为 7）、马海群（度数为 5）和张洋（度数为 5）。他们几位在整个合作网络中也有着重要的作用，文庭孝不仅和本师门的合作，而且和其所在湘潭大学的学生合作，这说明其作为邱均平学生时广泛和本师门的同学合作，并且已经慢慢成长起来，开始指导自己的学生。马海群则已经完全成长起来，自己有了自己的合作圈子，主要是和自己的学生合作。张洋则是师门内紧密合作的代表，说明他这 10 年间和师门的同学进行广泛合作。我们从这三人可以看出师生模式内部的一些“规律性”的现象：学生在求学中主要和导师及同师门的合作，走上工作岗位以后则慢慢形成自己的合作圈子，尤其是在成为导师后，又形成了自己的师生合作模式。从师生合作图谱可以在一定程度看出一个人的学术成长过程。

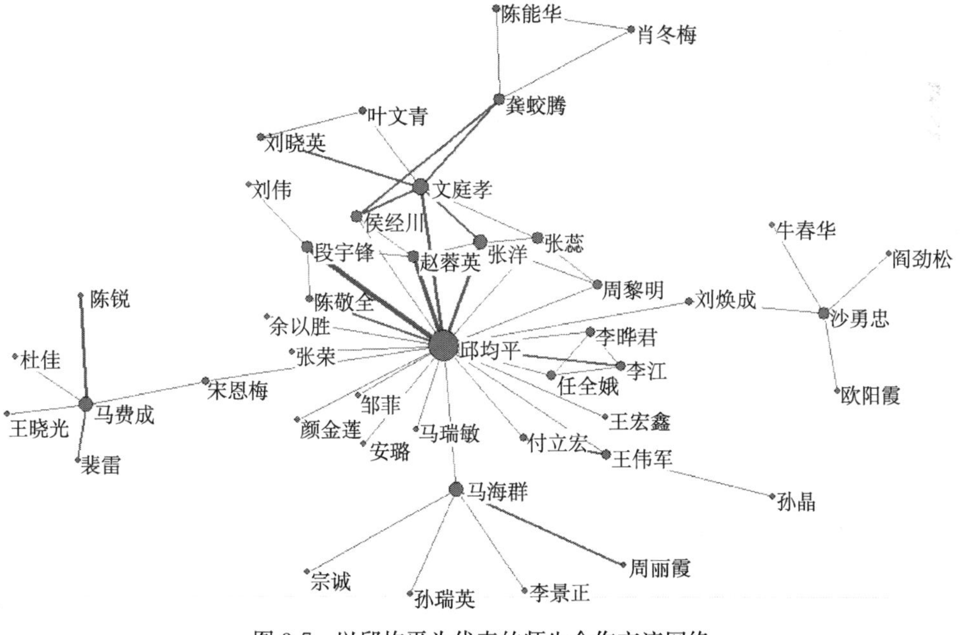

图 3-7　以邱均平为代表的师生合作交流网络

以上是从作者度的角度（即作者影响力的角度）进行分析，下面从网络拓扑结构来看师生合作网络。以邱均平为首的合作网络主要是呈现星型模式，即几乎完全是围绕邱均平展开合作研究。但也存在星型-总线型的合作模式，如邱均平-宋恩梅-马费成、邱均平-刘焕成-沙勇忠，其中宋恩梅和刘焕成充当桥梁的作用。还存在 *k*-核模式，如邱均平-文庭孝-张蕊-张洋-周黎明就形成一个 3-核型模式的合作网络，他们在内容分析和大学评价等方面有着较为广泛的交流和合作，这种模式的还有邱均平-李晔君-李江-任全娥，形成一个 2-核型模式的合作网络，在网络信息计量方面有着较多的交流合作。更难能可贵的是，还有一个星型-*k*-核网络，即侯经川-文庭孝-龚蛟腾及其各自形成的星型网络，他们在公共信息资源管理方面有着较多的交流。

从拓扑结构来看师生合作关系，我们可以看到一个规模较大的师生合作网络的拓扑结构是混合式的，而正是这种混合模式的存在才导致了合作规模的逐步扩大，并且这种多样化的合作模式促进了思想的交流和扩散。由此可见，一个师生合作网络中，如果仅为星型结构，则显得过于集中，不利于知识的扩散，而多种拓扑模式，尤其是 *k*-核型网络的存在则促进了思想的交流和知识的共享，使得团队的科研战斗力进一步提升。这点给我们的启示就是，导师要努力培养学生，促进自己学生之间的合作，帮助他们迅速成长，早日成长为一个有所建树的学者，这样才能保证整个师门根深叶茂、欣欣向荣。

除了邱均平为首的较大规模师生合作团队，成员构成在 10 人以上的师生合作子网还有如下几个，下面对它们进行简要的分析，分析的思路是按照师生合作子网的拓扑结构相似性进行分类介绍与分析。

1） 星型模式

这里涉及两个团队（图 3-8），即以毕强为代表的“信息检索、集成与服务”师生合作网络、以侯汉清为代表的“信息标引与检索”师生合作网络。

2） 星型-*k*-核型模式

这种模式的且规模较大的师生合作网络只有一个，是以董慧为代表的“信息检索与信息系统”研究团队，具体如图 3-9 所示。在图 3-9 中，可以看到董慧-杨宁-余传明-徐国虎-姜赢形成了一个 3-核的较为紧密的合作团队，然后他们中的一些人又有自己的合作群体。这种较为充分的师生合作模式是比较少见的，值得关注。

2. 师生-同事合作模式

在图情学中存在着一个规模较大的师生-同事合作模式，它是由中国科学院科研人员为主构成的一个较大的合作网络，具体如图 3-10 所示。在图 3-10

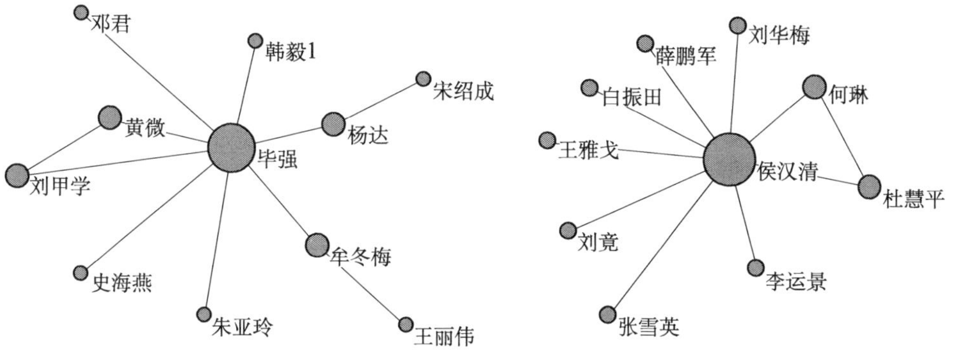

(a) 以毕强为代表的星型师生合作交流网络 (b) 以侯汉清为代表的星型师生合作交流网络

图 3-8 星型师生合作交流网络

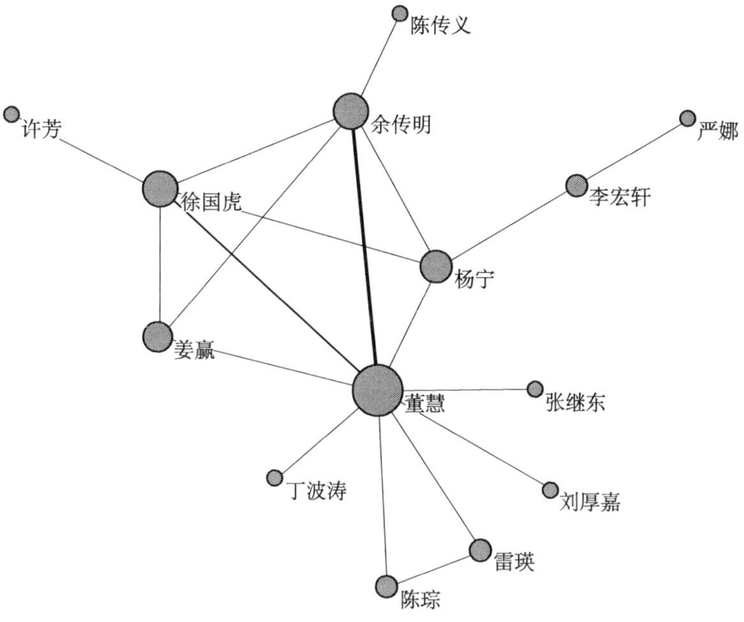

图 3-9 以董慧为代表的星型-k-核型师生合作网络

中，节点度数比较大的为张晓林（度数为 15）、张志雄（度数为 8）、李广建（度数为 7）、初景利（度数为 7），他们在该网络中的影响力较大，他们都已经是博士生导师，在圈子内有着较大影响力，是典型的同事合作关系。这个网络的拓扑结构模式大体上是 k-核-总线型。首先沿着“张志雄-李广建-张晓林-宛玲-初景利-盛小平-徐引篪-霍国庆”这一条链条将整个网络连接起来，而各自又有自己较为紧密合作的团队。我们可以看到，这里的合作还不仅仅局限在中国科学院内，还与上海科学技术情报研究所（刘炜）、美国肯特大学（曾蕾）等跨机构的同事合作。

然而，该网络也不是很稳定，存在着几个桥梁型作者，如周宁丽、宛玲、徐引篪，如果把几位作者去掉则整个网络会分解为四大块，所以这一网络固有的拓扑结构决定了其不稳定性。但是张志雄-李广建-张晓林构成的合作交流网络中作者之间的交流是比较充分的，其中还包含着几个 k-核网络，如毛军-李广建-刘炜-曾蕾-张晓林构成了一个 4-核网络，这是非常难能可贵的。

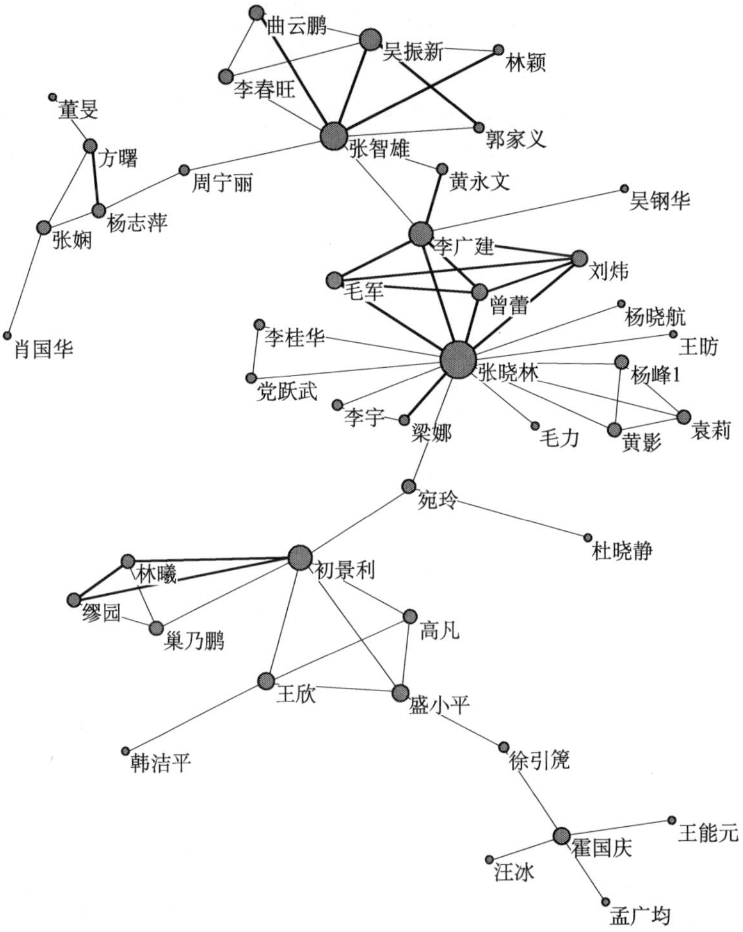

图 3-10　中国科学院为主的学者构成的师生-同事合作交流网络

除了图 3-10 构成的师生-同事合作交流网络外，还有其他几个典型案例有必要进行介绍，以期对这种模式有更详尽的了解。仿照 3.1.1 小节，仍然对它们按照合作网络的拓扑结构进行分类介绍。

1）星型-总线型模式

这里涉及三个团队，即以王知津-张学福-冷伏海为代表的“信息组织、竞争情报和企业信息管理等”师生合作网络（图 3-11），以袁培国-苏新宁-邓三鸿为代表的“CSSCI 研究和信息检索”师生合作网络（图 3-12）；以胡昌平-罗春贤-谢阳群为代表的“信息服务与企业信息管理”师生合作网络［图 3-3（b）］。实质上这样的模式还可以继续细分，如图 3-11 中，因为张学福仅起桥梁作用，王知津团队中的其他人未和冷伏海团队进行过任何合作，所以整个合作网络又可以分为以王知津为首和以冷伏海为首的两个独立的师生合作网，每个分解后的子网又呈现明显的星型模式。

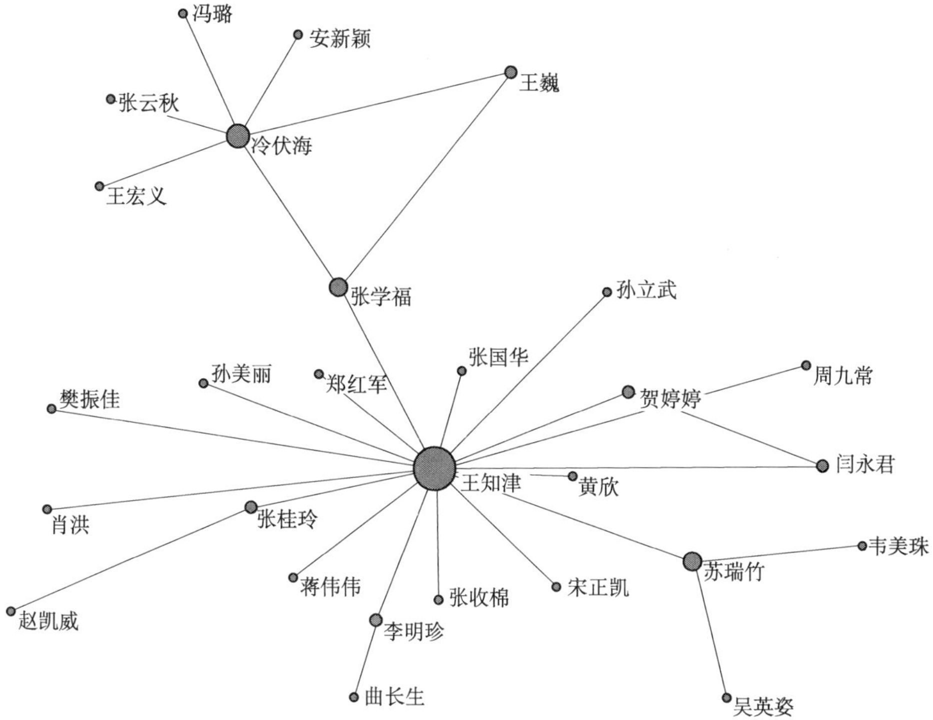

图 3-11　以王知津等为代表的星型-总线型师生-同事合作交流网络

2）星型-*k*-核型模式

由黄奇-朱庆华-袁勤俭-邵波-倪波构成的“CERNet 信息资源建设和数字鸿沟等”研究团队，如图 3-13（a）所示；王曰芬-丁晟春-岑咏华-甘利人构成的南京理工大学师生-同事合作团队，如图 3-13（b）所示。在这两个团队中，有几位影响力较大的作者相互合作，并且各自带学生进行科研，相较星型-总线型要稳定许多，也有利于新思想的交流，是值得推广的一种合作模式。

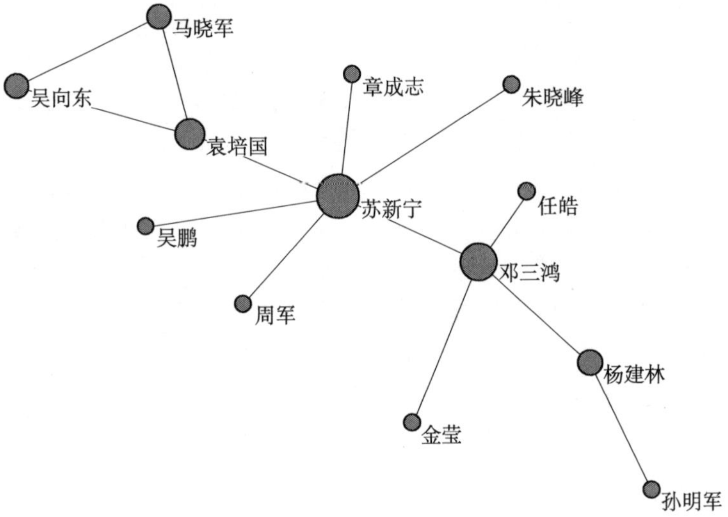

图 3-12　以苏新宁等为代表的星型-总线型师生-同事合作交流网络

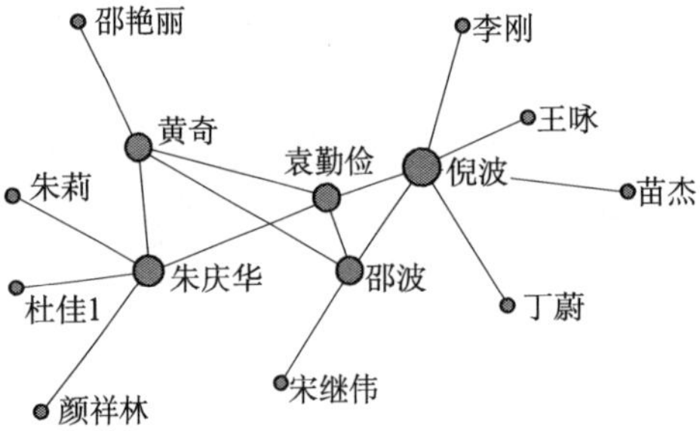

(a)以倪波等为代表的星型-*k*-核型师生-同事合作交流网络

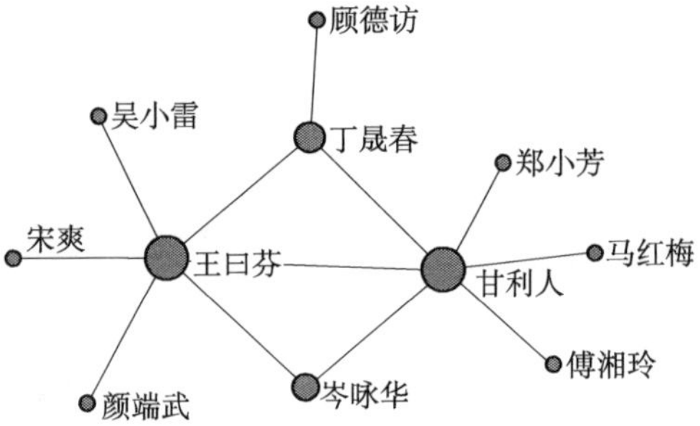

(b)以甘利人等为代表的星型-*k*-核型师生-同事合作交流网络

图 3-13　星型-*k*-核型师生-同事合作交流网络

3）*k*-核型模式

k-核型是典型的小团体，内部成员交流比较充分。虽然图 3-14 给出的还不是完全意义上的 *k*-核型，但是其相较其他合作交流网络已经具有了许多 *k*-核型网络的特征。我们可以看到该团队内的作者交流是非常充分的，他们构成了湘雅医学院的合作团队，主要研究信息检索与开放存取等。在这个网络中，有两个紧密合作的小集团，都是围绕胡德华和方平展开，一是方国辉-夏旭-方平-胡德华，二是方平-胡德华-刘海霞-刘双阳-刘雁书-黄碧云，前四人小集团完全互通，后六人也是基本互通，形成了一个 3-核子网，这是非常难能可贵的。但是，正如前文所述，*k*-核型比较封闭，如果能够扩大和外界的交流，将进一步扩大研究团队的影响力。

从上面对师生-同事合作模式的分析来看，同事之间的合作使得合作网络扩大，形成更大的学术交流圈，有利于学术在更大范围流动。但是，也需要注意的是，同事之间的合作要经得起时间的考验，否则合作网络会遭到破坏。这种模式只要合理引导，给予资助，那么他们就可以发挥“集团作战”优势，创作出多且精的学术成果。

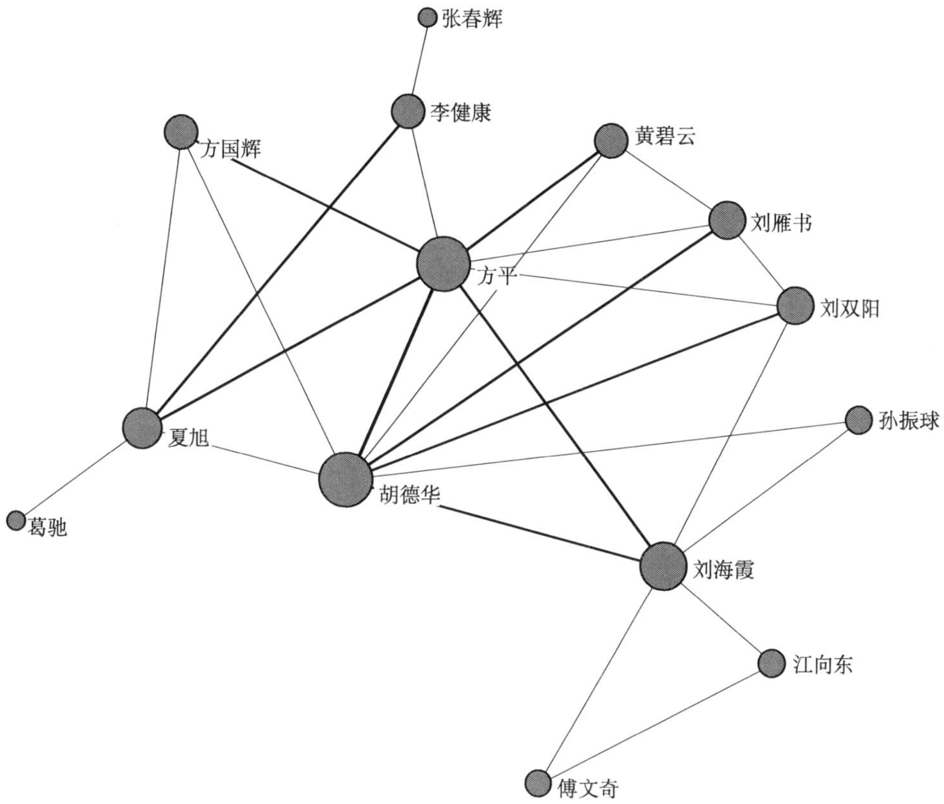

图 3-14　以方平等为代表的 *k*-核型师生-同事合作交流网络

3.3　基于作者合作关系的科学交流规律研究

现在很多研究尤其是国外的研究已经证明了作者合作网络是一种复杂网络，而复杂网络中则有两个基本规律：一是小世界效应；二是幂律分布（无标度特征）。本节将结合我国图情学作者合作网络来继续深入研究这两大规律，借鉴和糅合洛特卡定律的研究步骤与复杂网络学者的相关研究来对幂律分布的研究步骤进行重新梳理，使得复杂网络的研究更富有信息计量学的特色。

3.3.1 小世界效应的统计规律研究

前文已经提及，小世界效应的统计特征即指网络中作者之间有着较大的集聚系数，却有着较短的平均距离，具有这两个统计特征的网络即可称为小世界网络。

这里选定的研究对象仍然为图情学的作者，只是不再设定合作强度。在实际科研网络中，并不是所有作者都可以通过一定的连接而组成一个庞大的互通网络，而是由不同规模的子网组成，子网之间并无任何联系。在社会网络分析中，连通的子网被称为成分，成分的概念为：如果一个图可以分为几个部分，每个部分内部成员之间存在关联（直接或者间接，即两点之间都是可达的），但是各个部分之间没有任何关联，我们就把这些部分称为成分。由此可见，成分的概念和连通子网的概念是等同的。为了更好地研究合作网络的小世界效应，将图情学的合作网络分为 1998～2007 年、1998～2001 年、2002～2004 年和 2005～2007 年这四个时段进行较为详细的分析，在对每个时段的分析中，只选取最大成分（即最大连通子图）进行分析。这是因为对过小的网络进行小世界效应研究的必要性不大，如 5 个人的成分，必然有着较强的小世界效应。另外，对不连通子网进行研究时，平均最短路径是无法计算的，因为两个不连通的作者之间的距离为无穷大。所以选择最大成分进行研究是比较科学和可行的。

1）1998～2007 年

这 10 年中最大的成分包括了 7233 位作者，占合作网络中所有作者的 45.7%，是一个比较大的连通子网。其次是 57 人组成的一个成分，该成分的规模较最大规模要小很多。所以在此仅选择最大成分进行分析。

7233 位作者的合作子网的平均最短路径为 8.6，直径为 21，这说明在这个合作网络中每个作者平均经过 7.6 个人即可进行合作，最远需要 20 个人就可以认识对方。对于该子网，其集聚系数为 0.423，即合作伙伴之间进行合作的概率为 0.423，这一概率还是比较高的。

2）1998～2001 年

这 4 年中最大的成分包括了 257 位作者，而整个合作网络（不论是否连通）总共包括 5651 位作者，由此可见最大成分所包含的作者占整个合作网络作者的 4.5%，由此可见，在这 4 年间图情学的作者合作的规模不是很大，深度不是很深。

对于这 257 位作者组成的合作子网，其平均最短路径为 11.4，直径为 27，这说明这个合作网络中每个作者平均经过 10.4 个人即可进行合作，最远需要 26 人可以认识网络中的任何人。对于该子网，其集聚系数为 0.425，即该子网中合作伙伴之间进行合作的概率为 0.425，这一概率也是比较高的。

3）2002～2004 年

这 3 年中最大的成分包含了 884 位作者，而整个合作网络总共包括 5740 位作者，最大成分所占比例为 15.4%，该比例较 1998～2001 年有所提升。这在一定程度说明图情学作者合作的规模随着时间的增长而有所扩大。

这 884 位作者组成的合作子网，其平均最短路径也为 11.4，直径为 30。与 1998～2001 年相比，平均最短路径完全一样，而直径有所增加，这说明随着网络规模的增大，在较短周期内（如 3 年），直径有所增大，但是在平均最短路径较小的情况下，作者之间的合作还是增强很多。对于该子网，其集聚系数为 0.472，仍然保持了较大的集聚系数。

4）2005～2007 年

这 3 年中最大的成分包含了 2429 位作者，整个合作网络包括 7949 位作者，最大成分所占比例为 30.6%，较前两个 3 年时间段，比例又有所增加。结合前两个时间段的情况，可以说明图情学合作规模在这 10 年间是不断扩大的。

这 2429 位作者构成的合作子网，其平均最短路径为 10.3，直径为 24。相较前两个 3 年，平均最短路径和直径都缩小，这说明其小世界效应更加明显。对于该子网，其集聚系数为 0.452，该值也是比较大的。

从上面的分时段分析来看，我们可以看到，图情学的合作网络有着较为明显的小世界效应。但是为了比较与其他学科的差异，我们选取 Newman 的论文中分析的生物学（1995～1999 年，数据来自 Medline）、物理学（1995～1999 年，数据来自 Physics E-print Archive）和数学（1940～2003 年，数据来自 Mathematical Reviews）进行比较①。

从表 3-1 可以看出，我国图情学的合作网络的确有着较为明显的小世界效应。尤其是 1998～2007 年这 10 年间和 2005～2007 年这 3 年，其小世界效应更加明显。另外还可以看到，这两个时间段的平均距离都比较小，基本为 10 人，而集聚系数却比较大，在 0.45 左右，具有明显的小世界效应。但是图情学的最大连通网络还是比较小的，这和学科的特点、历史和规模有较大关系。

① Newman M E J. Coauthorship networks and patterns of scientific collaboration [J]. PNAS, 101: 5201

表 3-1 不同学科之间的小世界效应的比较

学科	图情学				生物学	物理学	数学
	1998～2007 年	1998～2001 年	2002～2004 年	2005～2007 年			
最大成分所占比例/%	45.7	4.5	15.4	30.6	92	85	82
平均最短距离	8.6	11.4	11.4	10.3	4.6	5.9	7.6
集聚系数	0.423	0.425	0.472	0.452	0.066	0.43	0.15

由此可见，结合本章的研究及国外作者的相关研究，我们可以发现，作者合作网络几乎都有着小世界效应这一规律性的现象，即作者之间经过很短的中间作者就可以相互认识，合作伙伴之间合作的可能性也比较大。那么，合作网络中普遍存在的小世界效应对于我们的科研活动和管理有何具体指导意义呢?这也是我们需要关心的问题。

(1) 把握科学交流的内在规律，促进作者之间的科学交流。从上面的分析可以看出，小世界效应越强的学科，作者和作者之间认识对方的概率将大大增强。这样，作者之间的相互关注度也会增强，相互之间也更加了解对方的研究动态，这将大大加强作者之间的交流与合作，进而使得整个学科呈现欣欣向荣的景象。

(2) 有利于专家检索。信息检索现在越来越趋于个性化和科学化，那么小世界效应则给我们带来这样一个启示：如果某个学科的作者之间平均距离为 N，那么我们在专家检索时检索的深度就可以设置为 N，这样大大提高了检索效率，并且过滤掉非主要合作作者，重点突出。

(3) 为科研管理与决策提供参考。一个学科作者合作的广度和深度在很大程度上反映这个学科当前的活跃度和创造力。对于合作少的学科（小世界效应必然不是很明显），不适宜承担较大的攻关性项目，在项目审批时可以对一个学科合作交流的整体情况进行必要的调研和评估。这也给我们一个启示：当前一个学科要鼓励学者进行多方位、多层次的合作研究，集思广益，形成较大的合作圈子，这样可以产出更多高品质的成果，扩大学科影响力。

3.3.2 作者度分布与合作子网分布规律的验证

在前文已经介绍，作者合作网络的幂律分布规律主要是指作者度的分布符合幂指数规律，但也有一些研究发现作者合作子网的分布也符合幂律分布。本节首先分析与研究信息计量学的经典定律——洛特卡定律和幂律分布的关系，并从逐步成熟的洛特卡定律研究中得到幂律分布的研究步骤，通过引入国外的研究，以期纠正国内相关研究的不科学和不成熟之处。本节不仅要验证度的分布是否符合幂律分布，而且验证子网分布是否也符合幂律分布。

1. 复杂网络中的幂律分布与洛特卡定律比较

复杂网络中的幂律分布一般是指度的数量分布，它是规模-频数（size-frequency）分布，而洛特卡也正是规模-频数分布在文献计量学中的典型代表。而齐普夫定律则是等级-频数（rank-frequency）分布的典型代表，所以利用洛特卡定律来和幂律分布进行比较研究更加合适①。当然如果我们把等级也看成是规模，那么洛特卡定律和齐普夫定律则基本等价。洛特卡定律经过80多年的发展其理论已经比较成熟，应用也比较广泛，是我们进行幂律分布研究的重要指导。所以，我们可以通过借鉴洛特卡定律的相关研究步骤来进行复杂网络的幂律分布研究。

在我国甚至国外许多国家学者都受到Pao② 的一篇题为 *An empirical examination of Lotka's law* 论文的影响，广泛（尤其是教科书）采用如下的步骤进行洛特卡定律的拟合。

（1）数据的收集和整理：包括发文数为 N 的作者的分布，包括绝对数量和所占比例（累积百分比）的统计。

（2）对 α 值的拟合，所用方法为最小二乘法（least squares estimate）。在此过程，可能要删除一些高产作者，以便使得拟合效果更加理想。

（3）对 C 的估计。

（4）拟合效果检验，使用方法为Kolmogorov-Smirnov（K-S）检验。

但是，这一模式化的方法所受争议很大，现在得到大家比较公认的方法是R. 鲁索等提出的方法③④。他们提出的方法最重要的一个修正是对 α 值进行拟合的方法使用的不是最小二乘法，而是最大似然估计（maximum likelihood estimate），他们通过较为严密的数学推理，认为最大似然估计更加适用于洛特卡定律，即更适用于频次-规模分布，并且他们认为利用最大似然估计方法不需要对高产作者进行删除⑤。同时，他们还指出 α 值分布在1.26～3.49。在我国，有几位学者也指出最小二乘法的弊端，尤其是张贤澳进行了一系列的相关研究，明

---

① 在很多复杂网络研究中，该领域的学者（物理学和计算机科学领域）把幂律分布和齐普夫定律联系在一起，这可能是由他们对文献计量学领域的三大定律不是特别了解所致

② Pao M L. An empirical examination of Lotka's law［J］. Journal of the American Society for Information Science，1996，37（1）：26-33

③ 埃格希 L，鲁索 R. 情报计量学引论［M］. 田苍林，葛赵青译. 北京：科学技术文献出版社，1992

④ Rousseau R. A table for estimating the exponent in Lotka's law［J］. Journal of Documentation，1993，49：409-412

⑤ Rousseau B，Rousseau R. Lotka：a program to fit a power law distribution to observed frequency data［J］. Cybermetrics，2000，4（1）：1-6

确指出“最小二乘法确定洛特卡定律参数的方法应该终结”[①]。综合上面的分析，当前洛特卡定律的拟合可以采取最大似然估计来进行参数拟合，并且应该利用K-S进行检验。

而最近几年兴起的对于复杂网络中幂律分布规律的研究也有许多。但是，很多学者仍然用最小二乘法来拟合 α 值，并且使用拟合优度来进行检验，这种方法有着很大的缺陷，一些学者已经指出了其存在的问题，并提出了相应的解决方法。比如，M. L. Goldstein、S. A. Morris 等认为最大似然估计比最小二乘法更加稳健，K-S 也非常适用于幂律分布的检验[②]，这点和 R. 鲁索等的观点是完全一致的。而 A. Clauset、C. R. Shalizi 和 Newman 也指出最小二乘法和 K-S 结合可以很好地进行幂律分布研究[③]。同样的结论在 H. Bauke 的论文中也有证实[④]。Clauset 等在自己的研究和借鉴信息计量学学者研究的基础上[⑤]，通过严格的数学推理给出了更加普遍的参数估算的公式，这为以后的研究提供了有利的理论和方法支撑[⑥]。他们提出的方法得出的具体参数估计公式如下。

对于参数 α 的估计公式如式（3-1）所示[⑦]：

$$\alpha = 1 + n\left[\sum_{i=1}^{n} \ln \frac{x_i}{x_{\min} - \frac{1}{2}}\right]^{-1} \tag{3-1}$$

而 C 值可以根据 Hurwitz Zeta 函数直接求得，即

$$C = \frac{1}{\zeta(\alpha, x_{\min})} \tag{3-2}$$

由于 K-S 中要用到累积概率分布函数［cumulative distribution function，CDF，用 $P(x)$ 表示］，我们还可以得到离散型随机变量的幂律分布的 $P(x)$，如式（3-3）所示。

$$P(x) = \frac{\zeta(\alpha, x)}{\zeta(\alpha, x_{\min})} \tag{3-3}$$

---

① 张贤澳．最小二乘法确定洛特卡定律参数的方法应当终结［J］．情报学刊，1992，(6)：415-419，448

② Goldstein M L，Morris S A，Yen G G. Problems with fitting to the power-law distribution［J］. The European Physical Journal B，2004，41：255-258

③ Clauset A，Shalizi C R，Newman M E J. Power-law distributions in empirical data［EB/OL］. http：//arxiv. org/abs/0706. 1062［2009-05-03］

④ Bauke H. Parameter estimation for power-law distributions by maximum likelihood methods［EB/OL］. http：//arxiv. org/abs/0704. 1867［2009-05-04］

⑤ 在他们的文章中，引用了齐普夫定律，并且 Newman 曾经对 R. Rousseau 的论文进行过评议，详见 Rousseau B，Rousseau R. Lotka：a program to fit a power law distribution to observed frequency data［J］. Cybermetrics，2000，4：1-6

⑥ 具体数学含义和推理可参见他们的文章，或者参见相关的统计参考书籍，在此不进行详细介绍。另外，现在很多统计工具可以对 Zeta 进行计算

⑦ 对于幂律分布的原始公式见式（1-3）

从上面的分析可以看出，幂律分布的研究从信息计量学经典定律尤其是洛特卡定律的研究中可以汲取很多有益经验，并且随着复杂网络研究的深入，研究方法已经比较科学，有了一套规范化的步骤，在此进行一定的总结。

第一步：收集数据并进行初步整理和计算，主要包括度数（或者是子网容量）、频数、相对频数（即所占比率）及累积相对频数［用 $S(x)$ 表示］这四个方面的计算。

第二步：利用式（3-1）求出 α 。

第三步：利用式（3-2）求出 C。

第四步：利用式（3-3）求出累积概率分布。

第五步：利用 K-S 检验来检验分布的合理性［即第四步和第一步累积相对频数的比较，即 $D_{\max}=\max\limits_{x\geqslant x_{\min}}|S(x)-P(x)|$］，得出结论。

2. 作者度分布与合作子网分布规律的具体验证

这里研究的样本仍然选自图情学的合作网络，仍然分为 1998～2007 年、1998～2001 年、2002～2004 年和 2005～2007 年这四个时段进行研究，对于每个时段，不仅研究作者度的分布规律，而且研究子网个数分布规律。另外，在总的时段 1998～2007 年的研究中还进行了最小二乘法（即图像直接拟合的方法）和最大似然估计结果的比较，以期对幂律分布有一个更加全面的印象。

1）1998～2007 年：作者度分布

首先对作者度的分布进行分析，其具体分布如表 3-2 所示，图 3-15 给出的是表 3-2 的散点分布图。

表 3-2　1998～2007 年图情学作者合作网络中作者的分布表

度数	人数	度数	人数	度数	人数	度数	人数
51	1	27	5	18	11	9	90
46	1	26	3	17	11	8	166
44	1	25	5	16	21	7	211
43	1	24	3	15	22	6	300
34	1	23	6	14	32	5	737
33	2	22	4	13	43	4	988
31	3	21	6	12	50	3	1860
29	3	20	7	11	67	2	3978
28	4	19	13	10	71	1	7102

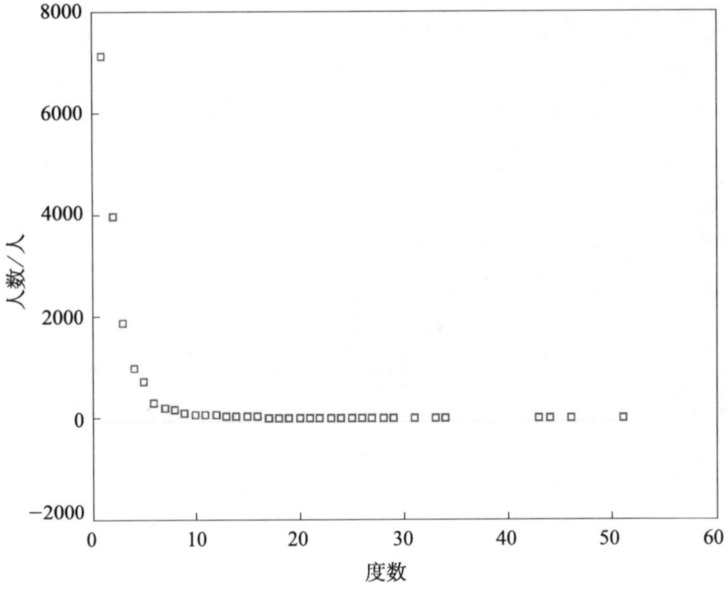

图 3-15　1998～2007 年图情学作者合作网络中作者度分布散点图

从图 3-15 来看，该散点图拖着长长的尾巴，非常符合长尾分布即幂律分布的特点。我们对坐标进行对数转化（未删除任何点），并且首先利用最小二乘法直接进行图像拟合，得到图 3-16 的结果。

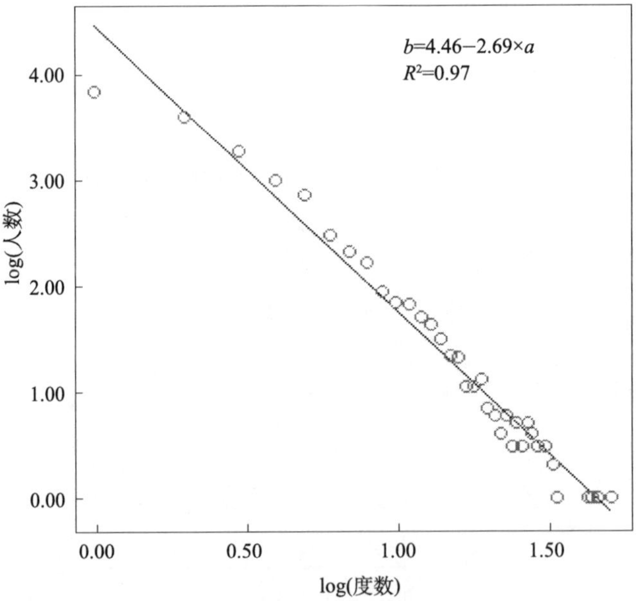

图 3-16　双对数情况下最小二乘法拟合效果图

从图 3-16 来看，$\alpha=-2.69$，$C=1.6969$，拟合优度达到了 0.97，具有明显的统计学特征。由此可见，通过图形得到的合作网络中作者度的分布完全符合幂律分布。那么，这个分布到底是否完全符合实际情况呢？下面对其拟合效果进行再次检验，检验方法是根据图 3-16 给出的预测公式对 1998～2007 年的数据进行预测，具体如表 3-3 所示。

表 3-3 最小二乘法拟合效果表

度数	作者数/人	预测作者数/人	残差/人	度数	作者数/人	预测作者数/人	残差/人
27	5	4.33	0.67	13	43	30.02	12.98
26	3	4.78	1.78	12	50	37.11	12.89
25	5	5.31	0.31	11	67	46.73	20.27
24	3	5.91	2.91	10	71	60.15	10.85
23	6	6.62	0.62	9	90	79.52	10.48
22	4	7.45	3.45	8	166	108.64	57.36
21	6	8.42	2.42	7	211	154.75	56.25
20	7	9.59	2.59	6	300	232.80	67.20
19	13	10.98	2.02	5	737	377.37	359.63
18	11	12.67	1.67	4	988	681.59	306.41
17	11	14.75	3.75	3	1860	1 460.61	399.39
16	21	17.32	3.68	2	3978	4 276.34	298.34
15	22	20.54	1.46	1	7102	26 830.00	19 728.00
14	32	24.66	7.34				

在表 3-3 中，我们可以看到后面几个数值的残差非常大，这说明用看似完美的最小二乘法得到的结果并不完美，尤其是对于度数为 1 的值拟合的效果最差。当然我们从重尾分布来看，这些度数较小的值可以看成是奇异点，在进行拟合时不予以考虑，这在利用最大似然估计时进行了充分考虑。所以，图 3-15 给出的拟合分布非常具有“迷惑性”，并导致我们对于它的结果的误解。下面将利用最大似然估计进行相关参数的计算。

在进行最大似然估计时，通过实验，我们取 $x_{\min}=6$①，通过最大似然估计得到的 $\alpha=3.21$，$C=95.5228$，$D_{\max}=0.04763$，而在 0.01 检验信度下，参考 D 值为 $1.63/\sqrt{n}=0.04812$，由此可见 $D_{\max}<D$，通过 K-S 检验。由此可见，在 x（即度数）>5 时，度数的分布符合幂律分布。根据最大似然估计拟合结果进行预测检验，如表 3-4 所示。

① 虽然已经有学者进行了 $x_{\min}$ 的估计，但是还没有一个准确的定论，主要还是通过观察和实验得到。在此特别声明

表 3-4 最大似然和最小二乘估计结果的比较

度数	作者数/人	预测作者数/人（最大似然）	残差/人（最大似然）	预测作者数/人（最小二乘）	残差/人（最小二乘）
27	5	2.83	2.17	3.24	1.76
26	3	3.20	0.20	3.65	0.65
25	5	3.62	1.38	4.13	0.87
24	3	4.13	1.13	4.70	1.70
23	6	4.73	1.27	5.38	0.62
22	4	5.46	1.46	6.19	2.19
21	6	6.34	0.34	7.17	1.17
20	7	7.41	0.41	8.36	1.36
19	13	8.73	4.27	9.83	3.17
18	11	10.39	0.61	11.66	0.66
17	11	12.47	1.47	13.97	2.97
16	21	15.15	5.85	16.92	4.08
15	22	18.63	3.37	20.75	1.25
14	32	23.24	8.76	25.80	6.20
13	43	29.47	13.53	32.61	10.39
12	50	38.09	11.91	41.99	8.01
11	67	50.35	16.65	55.28	11.72
10	71	68.33	2.67	74.71	3.71
9	90	95.78	5.78	104.22	14.22
8	166	139.71	26.29	151.22	14.78
7	211	214.34	3.34	230.59	19.59
6	300	351.29	51.29	375.30	75.30
残差和			164.12		186.38

从表 3-4 可以看出，预测和实际值基本相符，没有出现很大的残差值，效果较好。另外，还对 $x>5$ 时的数据利用最小二乘法进行了拟合［表 3-4 也给出了具体拟合结果，拟合方程为 $P(x)=94.11x^{-3.1598}$］，可以明显地发现利用最大似然估计得到的预测结果的残差和与利用最小二乘法得到的残差和要小，效果更好。另外也可以看到指数 α 在 3 左右，这在两种方法中得到的结果比较接近。

2）1998～2007 年：子网分布

表 3-5 给出的是这 10 年间图情学作者合作网络中子网分布具体情况，图 3-17给出的是表 3-5 中数据的散点分布图。

表 3-5 1998～2007 年图情学作者合作网络中子网分布表

子网人数/人	2	3	4	5	6	7	9	8	11	10	12
子网个数/个	1878	592	222	112	63	38	21	15	11	5	5
子网人数/人	13	20	16	17	18	19	21	29	14	57	7233
子网个数/个	4	3	2	2	2	2	2	2	1	1	1

在子网个数分布中，可以看到有一个非常明显的极值在里面，即有一个子网包含的人数为 7233 人的团体，将该点删除掉，得到分布图（图 3-17）。

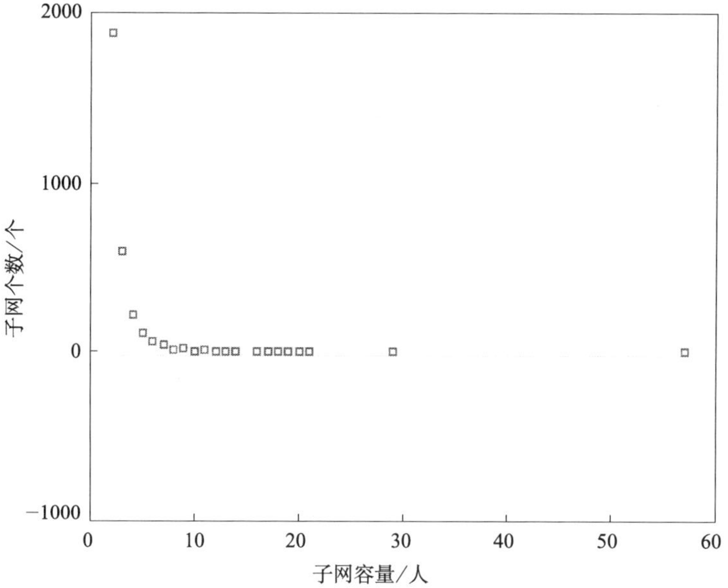

图 3-17　1998～2007 年图情学作者合作网络中子网分布散点图

从图 3-17 可以看出，子网分布仍然有较为明显的长尾特征，即从图形观察来看，它符合幂律分布的特征。利用最大似然估计可以得到如下的拟合结果。拟合时我们取 x（即子网包含人数）>2，得到 $\alpha=3.201$，$C=17.2831$，$D_{max}=0.02258$，而在 0.01 检验信度下，参考 D 值为 $1.63/\sqrt{n}=0.04004$，由此可见 $D_{max}<D$，通过 K-S 检验。由此可见，在 $x>2$ 时，子网容量的分布符合幂律分布。表 3-6 给出了根据最大似然估计拟合结果的残差检验情况。

表 3-6　子网分布拟合效果检验情况表

子网容量	子网数	预测子网数	残差	子网容量	子网数	预测子网数	残差
57	1	0.05	0.95	12	5	6.70	1.70
29	2	0.40	1.60	11	11	8.86	2.14
21	2	1.12	0.88	10	5	12.02	7.02
20	3	1.31	1.69	9	21	16.84	4.16
19	2	1.54	0.46	8	15	24.55	9.55
18	2	1.83	0.17	7	38	37.64	0.36
17	2	2.20	0.20	6	63	61.65	1.35
16	2	2.67	0.67	5	112	110.52	1.48
14	1	4.09	3.09	4	222	225.77	3.77
13	4	5.19	1.19	3	592	567.05	24.95

从表 3-6 来看，预测结果非常好，即使是对于 3 人组成的小型子网也能得到很好的拟合，每组数据得到的残差都很小。由此可见，合作子网的容量也符合幂律分布。

3）1998～2001 年、2002～2004 年、2005～2007 年三个时间段的分析

下面不再像上文那么详细地给出每个时间段的步骤和比较，只是给出各自的分布图和根据最大似然估计得到的相关参数，并给出相应的最小值和 K-S 检验值。

A. 作者度的幂律分布检验

首先给出这三个阶段作者度的分布图（图 3-18～图 3-20），这样可以对它们的分布状态有一个清晰的认识。

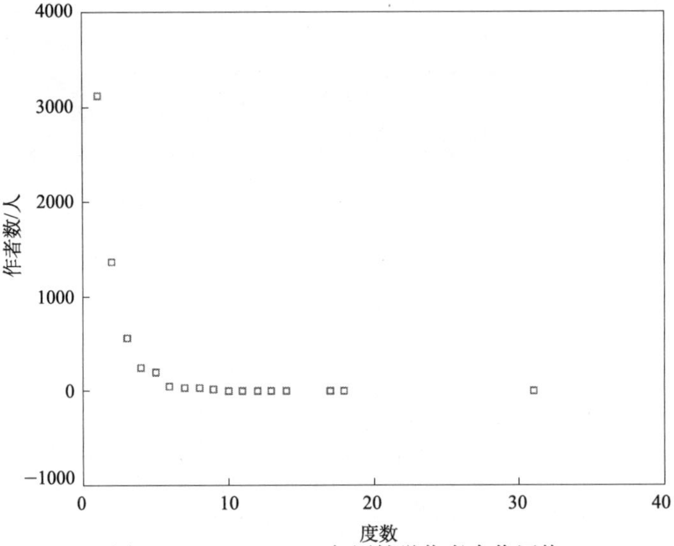

图 3-18　1998～2001 年图情学作者合作网络

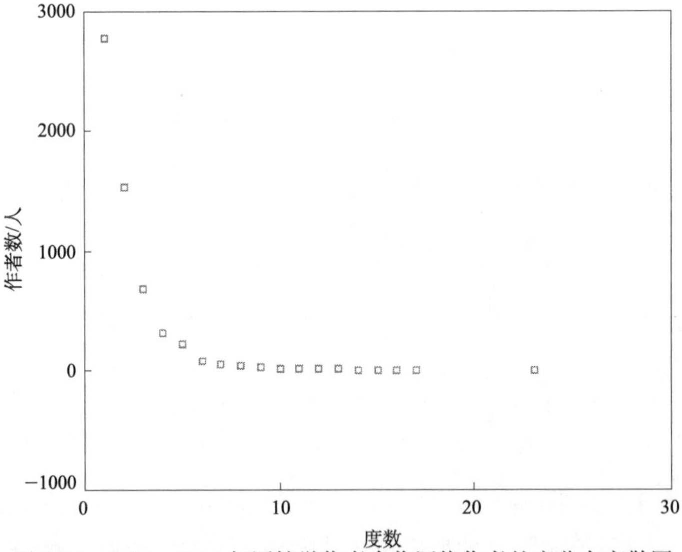

图 3-19　2002～2004 年图情学作者合作网络作者的度分布离散图

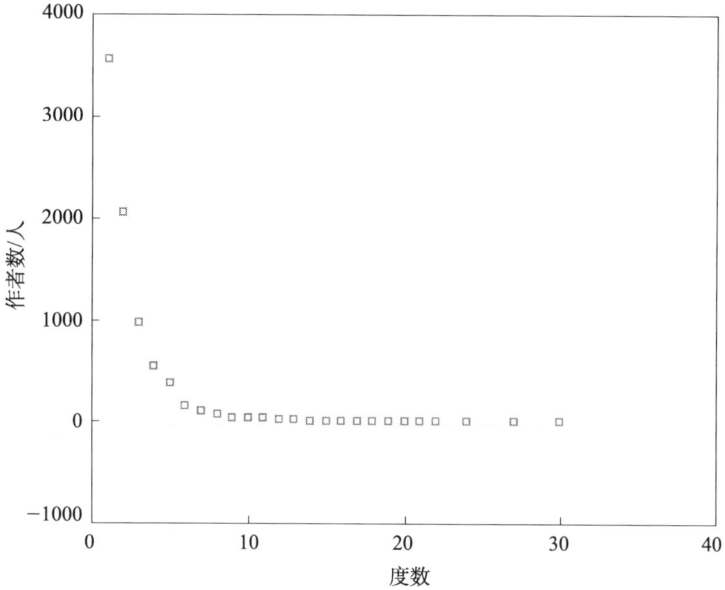

图 3-20　2004～2007 年图情学作者合作网络作者的度分布离散图

从图 3-18～图 3-20 来看，它们的分布都有明显的重尾分布特征，即符合幂律分布的基本特征。下面将对它们进行拟合。表 3-7 给出的是这三个时间段作者度的幂律分布情况。在表 3-7 中，共给出五个参数，这五个参数也是幂律分布最关键的参数。通过这五个参数就可以对每个时间段作者度的幂律分布状况有一个清晰的了解。

表 3-7　三个时间段作者合作网中作者度的幂律分布情况

参数 时间段	x_{min}	α	C	D_{max}	D
1998～2001 年	3	3.18	16.84	0.0460	0.0477
2002～2004 年	3	3.10	14.98	0.0370	0.0431
2005～2007 年	4	3.30	43.39	0.0418	0.0439

我们从以上分析可以看出，α 在 3.1 左右，在一定阈值条件下（即 x_{min} 取一定值时），作者合作网络中作者的度数分布符合幂律分布，这不仅在图形上可以较为直观地观察出，并且经过严格的数学推导可以证实这三个时间段的作者度分布符合幂律分布。

B. 子网容量幂律分布检验

这里也是首先给出每个时间段子网容量的分布图，如图 3-21～图 3-23 所示。

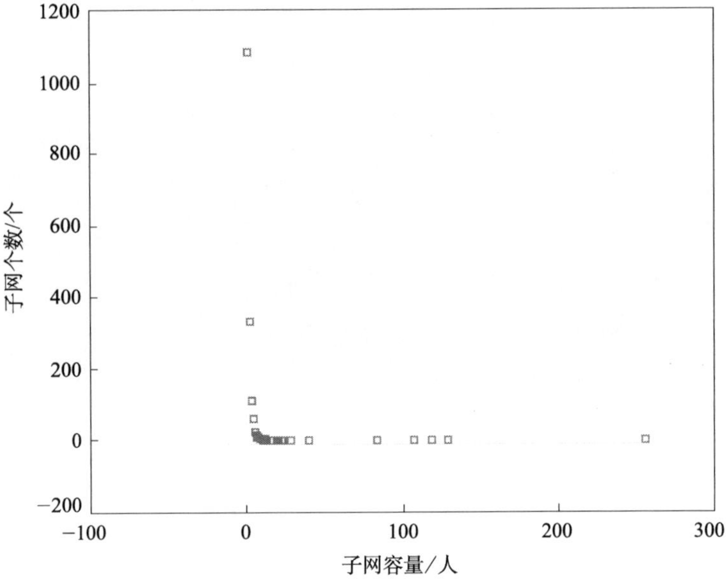

图 3-21　1998～2001 年图情学作者合作网络子网分布离散图

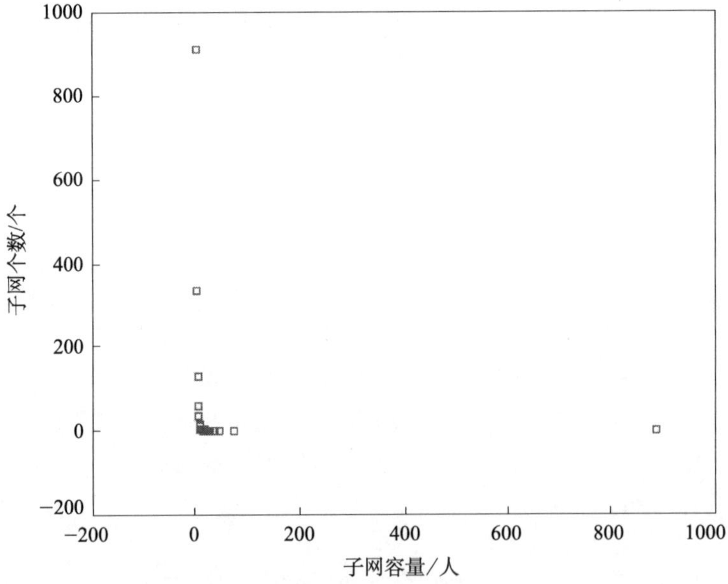

图 3-22　2002～2004 年图情学作者合作网络子网分布离散图

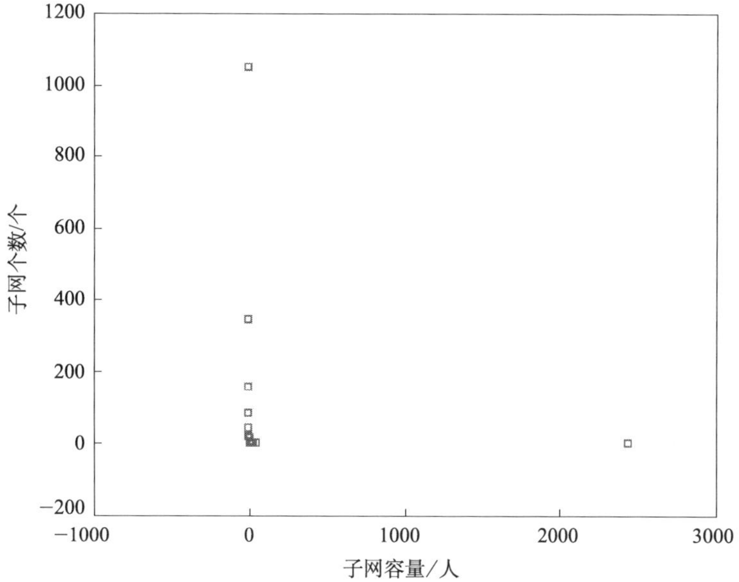

图 3-23 2004～2007 年图情学作者合作网络子网分布离散图

从上面图 3-21～图 3-23 来看，相较作者度的分布图，这三个图有明显的异常点，并且很明显这个点是 $x=2$ 或者 $x=3$ 这样容量较小的子网的个数分布，尤其是$x=2$ 的点更是属于异常点，将这样的点去掉，并进行拟合，得到表 3-8 的相关结果。

表 3-8 三个时间段作者合作网中子网容量的幂律分布情况

参数 时间段	x_{min}	α	C	D_{max}	D
1998～2001 年	3	2.99	12.70	0.0600	0.0657
2002～2004 年	3	3.03	13.51	0.0429	0.0644
2005～2007 年	3	2.96	12.40	0.0408	0.0609

从表 3-8 可以看出，子网容量的概率分布也符合幂律分布，并且 α 也保持在 3 左右，这和度分布的 α 值相差不多，但也许这只是一种巧合，需要进一步的观察和验证。

通过上面对于作者合作网络幂律分布的验证，可见作者合作网络中度和子网容量都符合幂律分布。并结合其他一些学者对于国内外多个学科的研究，可以说幂律分布是广泛存在于科研合作网络中的一种规律。那么利用这一规律能具体做些什么也是需要我们关心的，具体有以下两点。

(1) 宏观层面把握学科研究状况。从幂律分布来看，作者的度和子网容量都是有规律可循的。子网容量考察的是较为广泛的但并非一定直接联系的合作网络规模，如果一个学科中最大子网容量越大，尤其是比例越大，那么说明该学科的研究较为活跃和广泛；如果最大子网较小，那么说明该学科合作不广泛，也侧面反映该学科承担项目和科学研究较为独立且规模较小。度考察的是作者直接联系的合作群体规模。一个学科大度数作者比较多，那么说明这个学科“群星璀璨”，整个学科合作广泛，并且反映出该学科规模较大且研究活跃；而如果一个学科大度数的作者很少，那么说明这个学科研究规模较小，需要有所突破，应该有学科的危机感。

（2）掌握核心作者和核心子网分布，合理进行科研管理。从幂律分布来看，处于核心区域的作者和子网都是很少数的，甚至是凤毛麟角的。那么通过幂律分布的估计，就可以估算出整个学科的核心作者和核心子网有多少［如度数大于 20 的作者为核心作者，通过幂律分布的累积分布公式［$P(x\geqslant 20)$］，可以很快估算出一个学科核心作者的数量］，从而对于这些核心作者和核心科研团队进行重点管理，在项目审批、科研奖励等方面都可以有所倾斜，这将促进他们的研究水平的提升，使得合作更深入和更广泛。

3.4 本章小结

本章实质上核心解决的问题就是作者合作网络中包含着的科学交流模式与规律，但是模式与规律的分析又需要坚实的方法支撑，如果方法不正确，那么研究结果是站不住脚的，所以本章在方法方面尤其是幂律分布研究方法方面进行了系统的思考、借鉴和研究。总结本章内容，主要有以下四个方面的结论。

（1）作者合作交流模式可以从网络拓扑结构和社会关系两个视角来考察，不同的视角可以总结提炼出各自的合作模式。从网络拓扑结构来看，作者合作模式有星型、星型-总线型、k-核型、k-核-总线型和星型-k-核型这五种模式；从社会关系来看，主要有师生合作模式和师生-同事合作模式这两种模式。另外，师生合作和师生-同事合作模式还可以结合网络拓扑结构进行更加详细的划分。

（2）作者合作网络是典型的复杂网络，具有显著的小世界效应和幂律分布的特征与规律。尤其需要注意的是，不仅作者度的分布符合幂律分布，合作子网容量的分布也符合幂律分布，这再次证明了科学交流系统的等级性。

（3）社会网络分析方法在作者合作交流模式分析中有着独特的作用。本章正是将其与计算机拓扑结构相结合来分析作者合作交流模式，我们可以从新的视角来探讨这一问题。

（4）洛特卡定律、齐普夫定律这些传统的信息计量学研究方法对幂律分布的研究有着积极的借鉴作用，幂律分布的研究应该科学化和模式化，并且应该从以前的研究误区早日跳出来。

第四章

基于作者引用关系的科学交流模式与规律研究

作者引用关系是作者学术关系的另一种重要组成形式，作者引用关系相对作者合作关系，比较“隐蔽”且有时具有“间接性”。学者们对于作者引用的研究相对较少，而对论文引用的研究则很多。也就是说，当前非常流行的引文分析的单元主要是“文献”（如引文分布的统计特征、网页分布的统计特征），即使是分析作者，也主要是单个作者，从作者之间的相互引用来进行研究的论文是非常少的（需要强调的是，这里只讲作者，对于Web 2.0下的博客主的分析不进行单独的讨论，但是当前对于博客等的研究也是非常有必要和重要的），当前只发现两篇相关文献：一是White等①在2003年中研究了Globenet组织中（共16个成员）各成员之间的引用②，并且进行了可视化，他们发现发生互引的作者比没有发

① White H D, Wellman B, Nazer N. Does citation reflect social structure? [J]. Journal of the American Society for Information Science and Technology, 2004, 55 (2): 111-126

② 虽然White称为互引，但是实质上是引用，因为并不是每对作者都相互引用，有一些作者对是单方向引用，甚至有的作者之间没有任何关系

生互引的作者在现实中交流更多。很显然，他们使用的是文献计量与实际访谈相结合的方法，具有科学社会学研究的显著特点。二是刘蓓等①尝试构建作者之间的互引关系网，但是并没有深入分析内部结构。

Borgman在《科学交流与文献计量》一书中写道“从作者之间的引用关系出发，可以研究作者在科学交流系统中的贡献和表现，并可以研究一个学科或者领域的科学交流的结构”②。但从上文的分析来看，在国内外对其进行深入的相关研究的成果几乎没有，所以仍然属于探索性研究。作者引用关系所构成的网络是有向的，表示的是作者之间知识的传播（被引用）和吸收（引用）情况。引用是科学交流的重要表现形式，作者之间的引用代表着知识的交流，传播方向则代表知识交流的方向。本章正是要通过对作者引用关系的研究来揭示科学交流的模式和内在规律，着重解决问题如下。

(1) 借鉴社会网络分析和网络计量学相关知识具体分析作者引用交流模式有哪些?

(2) 作者引用交流网络是否具有小世界效应的统计规律?

(3) 作者度的分布是否符合幂律分布（从入度和出度两个方面展开)?

(4) 联系第三章的作者合作研究，作者引用关系与作者合作关系这两种学术关系之间有何关系?

4.1 基于作者引用关系的科学交流模式研究

对于作者引用关系中包含的科学交流模式的研究，本章将从科学交流的最

① 刘蓓，袁毅，Eric B. 社会网络分析法在论文合作网中的应用研究［J］. 情报学报，2008，27 (3)：407-417

② Borgman C L. Scholarly Communication and Bibliometrics［M］. Newbury Park：SAGE Publications，1990

基本模式——“两人交流”、多人科学交流基本模式——“三人交流”和“多人交流网络”三方面展开。这三个方面逐层递进（即参与交流的人的网络越来越大），可以较为全面地反映作者引用关系中所包含的科学交流模式。

4.1.1　两人引用交流模式研究

两人交流模式是最简单、最基本的交流模式，它分为双向交流和单向交流两种（图 4-1）。双向交流是指知识在两人之间双向流动，彼此之间既充当知识传递者又充当知识接收者的角色。而单向交流是指知识从一方传递给另一方，作者在其中充当知识传递者或者知识接收者的角色，两种角色只能选择其一。双向交流表明作者之间在交流系统中相互吸引，并且得到对方的认可（即双方都有交流的意愿）。而单向交流中两位作者的地位是不同的，发送者往往是一些权威或者引人关注的学者，这些作者在交流中有着“发号施令”的特权，这种特权的形成也是对其学术地位的肯定。

图 4-1　两人交流模式图

这里选择图情学 1998～2007 年这 10 年间的 16 676 位作者进行研究。需要说明的是，这些作者中包括了少量的国外作者，还有部分团体作者（以单位或者协会为作者署名），这里并未将他们剔除。这 16 676 位作者共形成了 90 317 对引用关系，其中自引关系有 2622 人，在此排除在外①。这样，实际上总共有 84 635 对作者之间有引用关系。图 4-2 给出了一个更加详细的统计结果。

从图 4-2 可以很容易地看出，单向引用占据了绝大部分的比例，高达 99%（86 161 代表的是绝对数量的作者对数）。结合马太效应（1.6.2 小节），说明在科学交流系统中，知识的流向往往是有方向的，即沿着“从高往低”这样的途径流动。这也在一定程度说明科学交流体系中作者的地位是不平等的，有着严格的等级。在科学交流中，双向交流是最理想的交流模式。这种交流模式充分体现了作者之间的互动，并且说明作者之间得到了相互的关注和认可，这为以后更加深入的交流（如项目合作、合作出书或者撰写论文）奠定了良好基础。

从两人引用模式来看，在科学交流系统，双向引用的确非常匮乏，这说明科学交流系统仍然不是想象中那样的完美，作者之间的交流还是有限的、单一的、被动的。如何促进双向交流是摆在我们面前需要思考的问题。双向交流的

① 这里不研究自引情况，自引是自己与自己的交流、自我知识的完善，和完全意义的科学交流有着一定差别。在绝大多数科学交流研究中，都不对自引进行单独的特殊研究

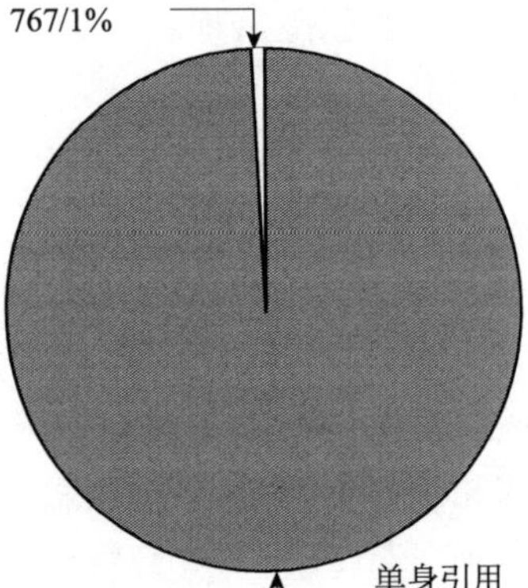

图 4-2 两人引用情况图示

基础是双方对对方的研究成果感兴趣，而对对方的认可是一种心理催化剂，这两者缺一不可。所以，在科学交流系统中，只有那些地位对等并且相互认可的作者才有可能进行深入且良性的交流[①]。一个作者如果要想和学术成就比自己强的作者进行互动交流，要不断提高自己的学术水平，让权威关注并认可你，这样才能有一定的资格去和权威交流。

从上面的分析来看，似乎在很大程度会打击作者交流的热情，但是这正是科学交流系统的等级性的显著体现，不承认这种等级性就不能理性面对科学研究。所以，两人互引模式给我们的最大启示就是：知识流动有着较强的方向性，这种有方向的知识流动导致了科学交流系统中作者学术地位的等级性。

4.1.2 三人引用交流模式研究

在研究作者引用时，我们并不单单研究两个作者之间的知识流动性，而且需要研究知识在多人（人数大于 2）之间流动的情况。而多人交流的基础是三人交流，即任何多人引用关系可以分解为若干个三人引用关系。三人关系的研究在社会网络分析中已经有较多的研究，并有专门的名称，被称为三方组。三方组虽然植根于社会关系，但是对于作者引用关系的基本模式研究有着积极的借鉴意义。三方组共有 16 种可能性，详见图 4-3。其中，“-”前是每个三方组的序号，“-”后为三方组的类型，第一个数字表示三方组中互惠对（互引）的个数；第二个数字表示不对称对（单方向引用）的个数；第三个数字表示虚无对（无任何关系）的个数；C 代表循环（cycle）关系，即知识流动构成一个有序闭环；

① 这里不涉及相互批评之类的负面引用

T 代表传递（transitivity）关系；U 表示向上（up）关系；D 表示向下（down）关系。除去存在孤点的 003、012 和 102 外（这三种研究意义不是很大，003 表示作者之间完全没有交流，012 和 102 实质上是两人交流模式），还有 13 种情况。

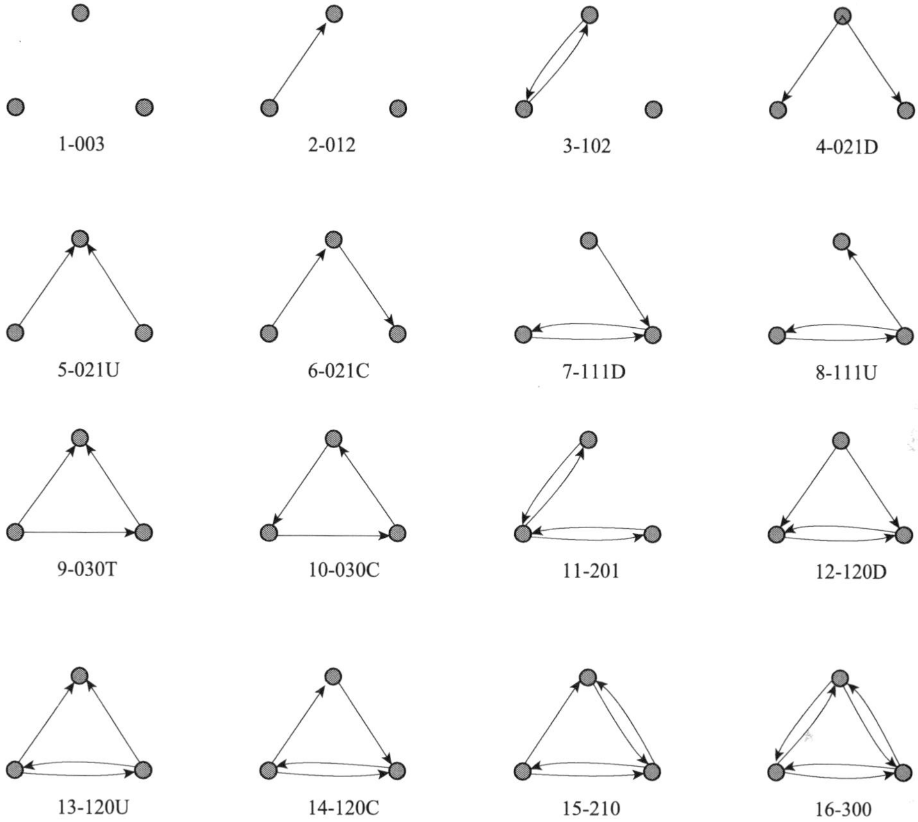

图 4-3　三方组的类型

资料来源：http：//www. stats. ox. ac. uk/～snijders/Trans _ Triads _ ha. pdf

下面将对这些三方组在科学交流中的意义进行说明，其中三角形的顶点命名为 A，左侧点命名为 B，右侧点命名为 C；箭头表示知识的流向，比如 A→B 表示 A 的知识流向 B。

（1）4-021D。这种模式是指一个作者作为知识的发送者（A），而其他两个作者（B 和 C）作为知识的接收者，并且 B 和 C 不进行任何交流。这种模式是典型的“权威-追随者”模式。很明显，这种模式的作者之间交流并不充分，知识单向传递，由权威流向其追随者。

（2）5-021U。这种模式和 021D 正好相反，是指一个作者（A）同时吸收两个作者（B 和 C）的知识，而 B 和 C 之间也不进行任何交流。这种模式在现实中可以解释为学习型模式，即一个“学徒”向多个“师傅”进行学习。这种模式是被动的，也是不充分的。

(3) 6-021C。这种模式是一种知识传递模式。即 A 的知识传给 B，然后 B 的知识传给 C。当然，这里传递的知识并不一定是同一个知识，比如，A 传给 B 某一方面的知识，而 B 却传给 C 另一方面的知识。这里，如果我们把这种情况忽略掉，那么这种模式是典型的“知识单向流动”模式。

(4) 7-111D。这种模式是指 B 和 C 有互动，同时 C 也吸收外部知识不断扩充自己。这种模式中，特征最明显的是 C，他在该交流模式中既充当知识的传递者，也充当知识的吸收着，研究较为活跃，并且得到了一定的关注。

(5) 8-111U。这种模式是指 B 和 C 有互动，而 C 将知识传递给别人。在这模式中，B 和 C 有着同样重要的地位，而 C 则担当“学习者”的角色。这种模式也是“权威-追随者”模式，只不过这里的权威相对 021D 不止一个。

(6) 9-030T。这种模式是一种闭环模式，虽然知识的流动不规则。B 和 C 的知识流向 A，并且 B 的知识还流向了 C。在这种模式中，B 的地位是最高的，是环形模式中的权威。这样，该模式就形成“权威-次级权威-学生”这样的模式，和族谱很类似。

(7) 10-030C。这种模式的知识流动构成一个循环闭环。知识从 B 出发，途径 C 和 A 又流向了自己。可以说，B 的知识在传送中又得到了一定的升华。这一模式和布鲁克斯提出的知识结构基本方程式 $K[S]+\Delta I=K[S+\Delta I]$ 非常吻合。在该模式中，每个作者都既充当了知识的生产者又充当了知识的传递者的角色，可见他们的地位是基本平等的，是一个典型的科学交流的小团体。

(8) 11-201。这种模式是指 A 和 B、C 之间都有互动交流，而 B 和 C 之间则不进行任何交流。这种交流模式看起来比较“奇怪”，因为一般来讲“一个人的朋友之间也应该是朋友”[①]，而在这里这一假设却并不成立。不过，现实中这种模式也是可能存在的，我们需要引导 B 和 C 进行交流，为他们的交流提供一定的机会，从而促进交流小团体的形成。

(9) 12-120D。这种模式是指 A 的知识流向 B 和 C，而 B 和 C 之间有着互动。这种模式可能更加适合于“前辈-晚辈”这样的情况，A 作为前辈将知识传递下去，而 B 和 C 则是 A 的知识的继承者，并且两人交流甚广。这种模式在现实中也比较常见。

(10) 13-120U。这种模式是指 B 和 C 的知识流向了 A，而 B 和 C 之间有着互动。这也是较为典型的“权威-追随者”，这里的权威有两个，并且这两人之间相互认可并进行充分交流。这种模式在科学交流中有着独特的作用，即一个研究方向有着两个充分交流的权威，很容易带动该研究方向的发展，也有利于激

① 这是社会学中的一个假设，称为“禁现三方组”。即 A 和 C 有强关系，B 和 C 也有强关系，那么 A 和 B 不存在关系的情况不会发生。

发新人的创作，非常值得关注。

(11) 14-120C。这和 030C 基本相似，但是 B 和 C 之间有了互动。在该模式中并不能明确指出谁的学术地位要高一些，只能说明这一小团体内部交流相对充分一些。这种模式包含了知识的传递，也包含了知识的共享，当然主要是知识传递的作用在其中。

(12) 15-210。这种模式基本接近完美，虽然 A 和 B 之间的互动比较差一些。

(13) 16-300。这种模式是一种理想的模式，每个作者之间的交流都非常充分，完全实现了知识的共享。在这一模式中，作者地位是平等的，可以说是"畅所欲言"。这种模式也是科学交流中力求达到的一种模式。

上文只是对图 4-3 中每个模式的科学交流含义进行简单的且是宏观上的介绍和评述，还需要从更加微观的方面关心这些模式在现实中哪个出现的频率最高、带给我们哪些启示等一些问题。下文仍然以 1999～2007 年图情学作者引用交流网络为例进行实证分析。

表 4-1 给出的是每种三方组交流模式出现的个数分布，图 4-4 给出的是这些三方组个数的饼图分布。

表 4-1　图情学作者引用网络中存在的三方组个数分布（按个数降序排列）

三方组模式	个数/个	三方组模式	个数/个
021D	2 814 595	201	4 250
021C	1 515 443	120D	2 819
021U	845 611	120C	2 360
111U	172 233	030C	1 851
111D	62 862	210	1 227
030T	52 206	300	133
120U	6 168		

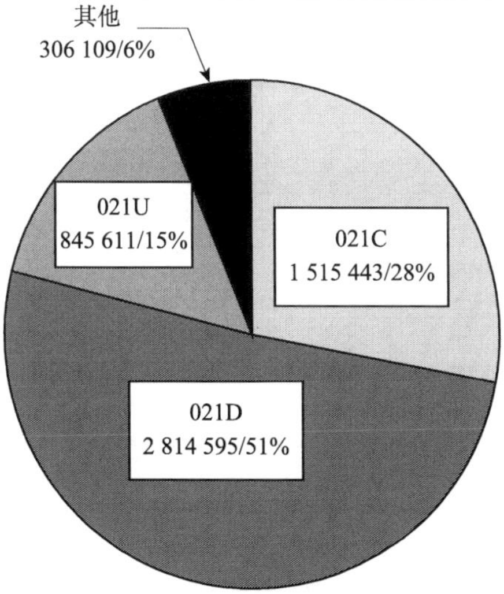

图 4-4　1998～2007 年图情学作者引用网络中不同三方组交流模式分布图

我们结合表 4-1 和图 4-4 来看，021D 模式占据了半壁江山，即典型的“权威—追随者”模式。这种模式的广泛存在，说明图情学整个交流体系主要是发散状的交流模式，“权威”在科学交流中起着重要的作用，是知识的生产者和传播者。接着是 021C，占了 28%的比例，这一比例也是比较高的。是一种典型的“知识传递”模式，知识“从高到低”流动。这种模式也是不闭合的，说明知识的传播还是发散的，交流也是不充分的。再次是 021U，占了 15%的比例，是典型的学习型模式，即一个“徒弟”向两个“师傅”学习的模式，这种模式仍然是不闭合的。以上的三种模式占据了所有模式的 94%，居于统治地位。结合马太效应，这些现象都说明科学交流体系的等级性，知识在三人之间总是按照作者的学术地位“自然且有规则”地流动。这种流动使得我们必须重视交流中的“权威”，他们是知识的“把关人”，控制着信息的流动。

相对以上的三种模式，其他所有模式加起来才占到 6%的比例。绝对数量最少的是 300 和 210，正如前文所述，这两种模式是最理想或者接近最理想的模式，作者交流最充分，是典型的科学交流小团体。但是这样理想的模式是最少的，这说明要想充分交流并不是一件易事，作者之间不仅要是同行还要对对方认可，两者缺一不可。前文提到值得关注的 120U 模式处于中游水平，但是绝对数量也是比较少的，这说明权威之间的交流也是比较少的，如何提高权威之间的交流也是需要以后关注的问题。

4.1.3 多人引用交流模式研究

多人引用交流模式是试图研究整个网络中作者引用交流模式的宏观模式，这里主要借鉴网络信息计量学中的两个模型进行该方面的研究，即蝴蝶结型模式和日冕型模式（corona model）。

蝴蝶结型最初应用在网页之间的互引的研究中，由 A. Broder 等于 2000 年提出[①]。该模型是一种宏观描述整个互联网网络之间网页互引的直观模式，由于其外形看起来和蝴蝶结（bow tie，也译为领结）非常相似，所以被直接命名为蝴蝶结型模式。图 4-5 给出的是 Broder 等论文中的蝴蝶结型模式图。在图 4-5 中，最关键的是 SCC 这一概念，SCC 是指最大连通成分，全称为 strongly connected component。它实质上是社会网络分析中的一个概念，是指任何两点之间都可以到达的最大有向网络，整个蝴蝶结模型以 SCC 为核心而组成。SCC 是非常重要的一个概念，也是以后交流规律分析的主要出发点。当前对于小世

① Broder A, Kumar R, Maghoul F, et al. Graph structure in the web [J] . Computer Networks, 2000, 33 (1/2/3/4/5/6): 309-320

界效应和无标度特征的研究都是基于 SCC（如合作网络中的相关研究也是以最大合作子网为基础）。IN 是指指向 SCC 的网页，但是 SCC 中的网页却不指向它们。OUT 是指 SCC 中的网页指向它们，而它们不指向 SCC 中的网页。Tube 是指 IN 和 OUT 之间的网页。Tendril 是指 IN 流到除 SCC 和 OUT 之外的网页的那些网页，或者是只指向 OUT 的那些网页。Disconnected 是指和其他几个部分都不相关的网页。他们的研究指出，互联网中① SCC 占了 28%的比例，IN 成分占据了 21%，OUT 也占据了 21%的比例，Tendrils 和 Tube 占据了 22%的比例，Disconnected 成分占据了 8%。

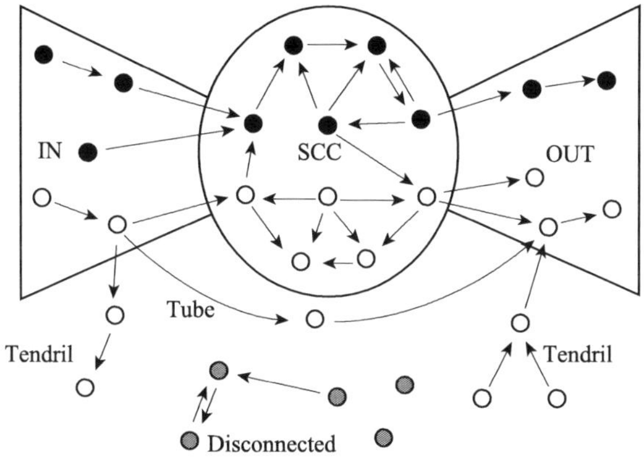

图 4-5　互联网中网页相互引用的蝴蝶结型模式

但是，我们可以发现，该蝴蝶结模型中有一点考虑不周的地方，即 IN 直接和 OUT 的连线，而这种情况在现实中也是存在的。为了修正这种缺陷，L. Björneborn 提出了日冕型模式②，如图 4-6 所示。

综合上面两种模型，下文最终将以日冕型模式作为研究作者引用交流模式的参考模式进行研究。需要注意的是，作者引用和网页引用的原理是完全一致的，但是它们两者与论文引用是有区别的。比如，在作者引用和网页引用中会出现 A→B→C→A 这样的情况，而在论文引用中是绝对不会出现这样的情况，论文引用都是严格按照时间顺序进行的。所以，日冕模型完全可以被借鉴用来研究作者引用交流模型，但是要排除自引的情况。下面就日冕型模式的各组成部分的科学交流意义进行简要介绍。

（1）SCC：这里是一个学科科学交流系统的核心部分，大部分主流作者都应该在这一成分（子网）内。其中的作者都可以通过一定的路径传送自己的知识

---

① 实验数据是 1999 年通过 Altavista 爬虫得到的数据，包括 2 亿个网页和 15 亿个链接

② Björneborn L. Small-world link structures across an academic web space: a library and information science approach [D]. Denmark: Royal School of Library and Information Science, 2004

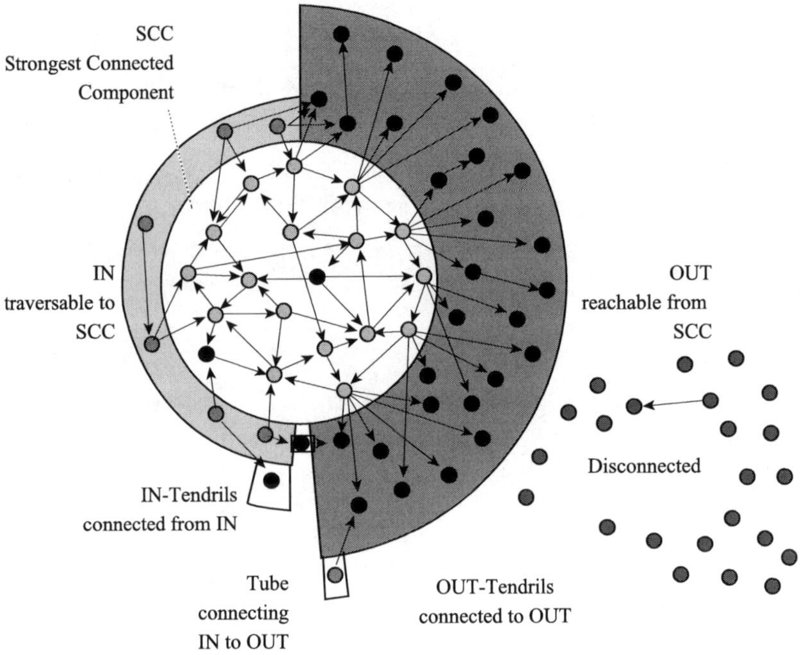

图 4-6　互联网中网页相互引用的日冕型模式

到达网络中的任意其他一个节点，也可以通过一定的路径接受从其他任何一点传递来的知识。一般来讲，对于科学交流小团体的分析、交流规律等的研究也主要集中在该部分。

（2）IN：这部分作者是很特殊的一部分作者，这部分作者为 SCC 输入知识，即是知识的生产者，处于整个交流系统知识创造的最顶端。这些作者中可能有距离现在比较久远的前辈，也可能有其他学科有重要影响力的作者。对于它的把握也是非常必要的，一方面可能了解“经典人物”，追踪他们研究的踪迹；另一方面可以较好地把握和移植其他学科领域的理论与方法，并研究该学科与其他学科的关系。

（3）OUT：这部分作者是主流作者知识的接收者，可能是这个领域的新进入者，也可能是本学科的知识对其他学科作者有了一定的辐射作用，通过研究这部分作者，可能能够发现本学科和其他学科的关系，尤其是发现本学科对于其他学科的辐射作用。

（4）Disconnected：这部分作者很可能是整个交流系统的边缘作者，他们和主流群体完全脱节，离散分布在 SCC 周围，这些作者的重要性不是很大，不是重点研究的对象。

（5）IN-Tendrils：这些作者也不是交流系统的核心，他们是那些高端知识生产者辐射到的作者，即引用这些高端作者的其他边缘作者。

（6）OUT-Tendrils：这些作者是对新人和外学科作者有知识传递的作者，这些作者也不在 SCC 中，但是它们可能也是其他学科的一些重要作者，这些作者对 OUT-Tendrils 中的作者有着一定的影响，可以给予一定程度的关注。

（7）Tube：这些作者正如 Tube 的含义（管）一样，充当了知识的传递和转接的作用，这些作者将那些高端作者的知识传递给新人或者是其他学科的作者。他们充当的是知识交流的“接力棒”角色，也值得关注。

这里仍然以图情学为例进行相应的实证研究，日冕型模式中每种组成部分的具体分布如表 4-2 所示。

表 4-2　图情学日冕型模式组成部分分布表

组成部分	作者数/人	所占比例/%
SCC	8002	50.55
IN	4800	30.32
OUT	1513	9.56
IN-Tendrils	201	1.27
OUT-Tendrils	270	1.71
Tube	218	1.38
Disconnected	826	5.22

从上面的分析来看，SCC 占据绝对优势，是整个交流系统的核心，其次是 IN，这部分作者比例也比较大，这在一定程度说明图情学借鉴了很多学科外研究人员的成果，是一个交叉性比较强的学科。其他各个部分所占的比例都比较小，是整个交流体系比较边缘的组成部分。

4.2　基于作者引用关系的科学交流规律研究

4.2.1　小世界效应的统计规律研究

在前言中已经提及，关于作者引用网络中的小世界效应的研究至今还是一项空白。但是对于论文引用和网页引用的研究却已经取得了较多的成果。比如，Björneborn 在其博士论文中就对网页引用的小世界原理进行了分析，他发现网页之间的引用关系构成的网络是一个小世界网络，具有小世界网络的分布特征。在对论文引用和网页引用进行小世界原理分析时，当前研究一般都取最大连通成分进行研究①②。本章也遵循这样的方式进行作者引用关系的小世界效应分布特征

① Broder A, Kumar R, Maghoul F, et al. Graph structure in the web [J]. Computer Networks, 2000, 33: 142-180

② Björenborn L. “Mini small worlds” of shortest link paths crossing domain boundaries in an academic web space [J]. Scientometrics, 2006, 68 (3): 315-414

（具体内容请参见 3.2.1 小节）的研究。下文仍然以图情学为例进行研究。将这些数据分为 3 个时段进行研究，即一个总时段（1998～2007 年）、两个分时段（1998～2002 年、2003～2007 年）①。但是需要注意的一个问题是，对集聚系数的分析中对网络的要求须是无向网络，并不适用于有向网络。如果想对有向网络进行集聚系数的研究，必须将其转化为无向网络，但是这种转化已经使得作者之间的实际关系发生了改变（单向交流和双向交流必然差距很大），所以在大多数网页或者论文引用关系研究中并不进行集聚系数的研究，下文关于小世界效应的研究，主要是对最短路径这一统计特征的研究。

1. 1998～2007 年

在这 10 年间，作者引用关系网络形成的最大连通成分由 8002 位作者构成，占所有作者（共 16 676 位）的 48%，该成分是比较大的，满足研究的需要。

对于这 8002 位作者构成的网络，其平均最短路径为 4.649，这一距离是比较小的，这说明知识在任何两个作者之间流动只需要平均经过 3.649 个作者即可。直径（最长路径）为 18，即表明在整个连通成分中，知识最多通过 17 个人就可以传递到对方。从以上的分析来看，作者引用关系网络是一个小世界网络。从这一小世界网络出发，我们可以探究两个作者的交流渠道，从而为加强作者间交流提供参考。所以，这一规律不仅有宏观意义，而且有很强的微观意义②。下面以毛奕和丁蔚之间的最短路径为例来展现它的微观意义。图 4-7 和图 4-8 中给出了他们之间存在的最短路径（因为有向，所以毛奕→丁蔚与丁蔚→毛奕的最短路径是不一样的）。

从图 4-7 来看，丁蔚到毛奕的最短路径为 3，即丁蔚的知识要传递给毛奕必须经过 2 个作者转接。而从图 4-8 来看，毛奕到丁蔚的最短路径也为 3，也需要经过 2 个作者转接。并且从上面两个图来看，丁蔚的知识传给毛奕的概率要大于毛奕的知识传给丁蔚，这是因为丁蔚→毛奕存在着 8 条最短路径，而毛奕→丁蔚只存在 2 条最短路径。两个图中都出现的是邱均平这一作者，由此可见邱均平在他们之间的交流中起着重要的桥梁作用，值得关注。通过最短路径的研究，我们可以找到两个作者之间知识流动的最“省力”途径，从而引导他们之间的交流，并且最终为进一步缩短“交流距离”提供参考。

① 作者引用需要较长时间的跨度，所以在此设置了 5 年为一个时间段，而不像合作那样设置 3 年为分割时间段

② 在合作中并没有强调其微观的意义，这是因为合作的社会关系意味很浓，两个作者是否合作需要很多条件才能实现

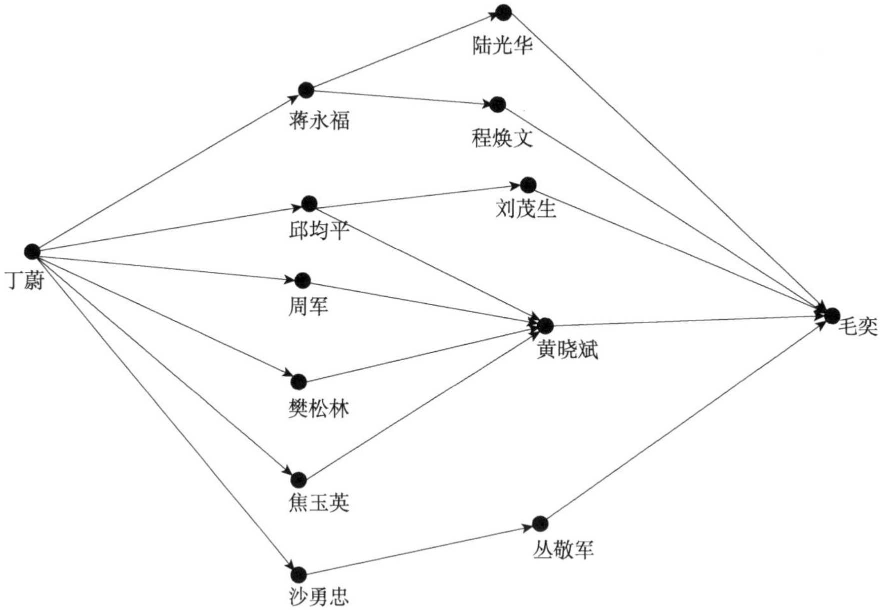

图 4-7　从丁蔚到毛奕的知识传递最短路径

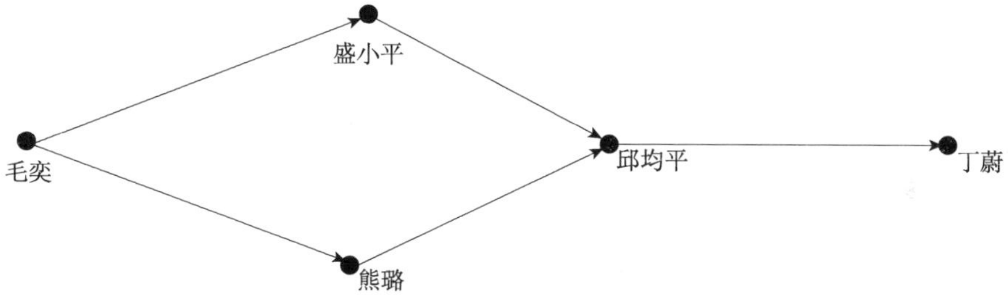

图 4-8　从毛奕到丁蔚的知识传递最短路径

2. 1998～2002 年

在这 5 年中，图情学共涉及 10 401 位作者，这些作者之间形成了 28 405 对引用关系。其中，最大连通成分包括 2325 位作者，占所有作者的 22.35%，也是比较大的一个成分。但是，相较 1998～2007 年，该成分还不是很大，形成的作者引用关系不是很多，这说明在这 5 年中作者研究的活跃性并不是很强。

在这 2325 位作者构成的成分中，平均最短路径为 5.397，直径为 18。这说明在这 5 年中，作者之间平均通过 4.397 个作者就可以相互交流，最大则需要通过 17 位作者进行交流。这也具有明显的小世界效应的统计特征，这 5 年的引用网络是一个小世界网络。

3. 2003～2007 年

在这 5 年中，图情学共涉及作者 12 947 位，这些作者之间形成了 53 808 对引用关系。其中，最大连通成分包括 4954 位作者，占所有作者的 38.26%，该成分相对较大。从以上总体情况的统计来看，相较前 5 年，图情学的引用更加频繁，形成的交流群体更大，这说明这 5 年比前 5 年的研究要更加活跃。

在这 4954 位作者构成的引用子网中，平均最短路径为 4.891，直径为 18。这说明在这 5 年中，作者之间平均通过 3.891 个作者就可以相互交流，最大则需要通过 17 位作者进行交流。这说明这 5 年的引用网络也是一个小世界网络。

从上面的分析来看，我们会发现作者引用网络的平均最短路径基本保持在 5 左右。而更加“巧合”的是，网络的直径在 3 个时间段都保持在 18，这是一个巧合还是一定的规律现象仍然需要以后的进一步研究和验证。

4.2.2 作者度分布规律的探索

在引文分析中已经证实论文的入度是符合幂律分布的，但是对于作者引用网络中作者的度的分布研究仍然是一个空白。本节的研究主要集中在度的分布方面，对于子网分布并未涉及①。对于幂律分布的探索从出度（考察作者的影响力）和入度（考察作者知识的吸收能力）两个角度展开，并且设定了 1998～2007 年、1998～2002 年和 2003～2007 年 3 个维度进行分析与验证。

1. 1998～2007 年

首先给出这 10 年间作者出度的分布表，如表 4-3 所示。图 4-9 给出的是出度分布的散点图。

从图 4-9 来看，整个图形上的点拖着长长的尾巴，非常符合长尾分布特征，也即符合幂律分布的特征。从表 4-3 来看，作者的出度的分布是比较离散的，情况也是多样的，这和合作的度数相比，分布更加复杂。这里我们仍然用 Newman 等提出的方法（详见 3.2.2 小节）进行拟合和检验。

通过拟合，$x_{\min}=11$ 时（即去掉表 4-3 中涂灰的那部分数据），整个曲线可以很好地拟合为幂律分布。其中，$\alpha=2.30$，$C=27.4207$，$D_{\max}=0.0333$，而在 0.01 检验信度下，参考 D 值为 $1.63/\sqrt{n}=0.0382$，由此可见 $D_{\max}<D$，通过 K-S检验。

① 主要原因是有向网络中的子网很难有效识别

表 4-3　1998～2007 年作者引用网络中作者出度分布（按出度的降序排列）

出度	作者数/人	出度	作者数/人	出度	作者数/人	出度	作者数/人	出度	作者数/人	出度	作者数/人	出度	作者数/人	出度	作者数/人
621	1	211	1	145	1	110	1	83	2	60	6	40	14	20	56
620	1	209	1	144	1	108	1	82	1	59	9	39	12	19	54
569	1	208	1	143	1	106	1	80	3	58	1	38	11	18	70
561	1	203	1	140	1	105	1	79	3	57	3	37	12	17	71
504	1	199	1	139	3	104	1	77	2	56	7	36	11	16	87
477	1	198	1	135	1	102	1	76	1	55	6	35	17	15	112
375	1	197	1	133	2	101	3	75	2	54	8	34	20	14	94
330	1	196	1	132	1	100	3	74	4	53	4	33	20	13	122
329	1	195	1	133	1	98	4	73	3	52	5	32	11	12	161
313	1	192	1	129	1	97	4	72	1	51	7	31	16	11	184
300	1	191	1	123	1	96	1	71	6	50	4	30	25	10	209
293	2	188	1	121	2	95	2	70	2	49	7	29	17	9	239
283	2	178	1	120	1	94	4	69	2	48	8	28	28	8	292
279	1	172	2	119	1	93	3	68	1	47	6	27	30	7	417
277	1	170	1	116	2	92	2	67	4	46	7	26	32	6	495
271	1	158	1	115	3	91	3	66	5	45	5	25	40	5	628
257	1	157	1	114	2	89	1	64	6	44	8	24	27	4	814
249	1	153	1	113	3	86	4	63	7	43	16	23	56	3	1183
247	1	150	1	112	1	85	2	62	4	42	6	22	45	2	1735
218	1	147	1	111	1	84	3	61	3	41	9	21	52	1	2861

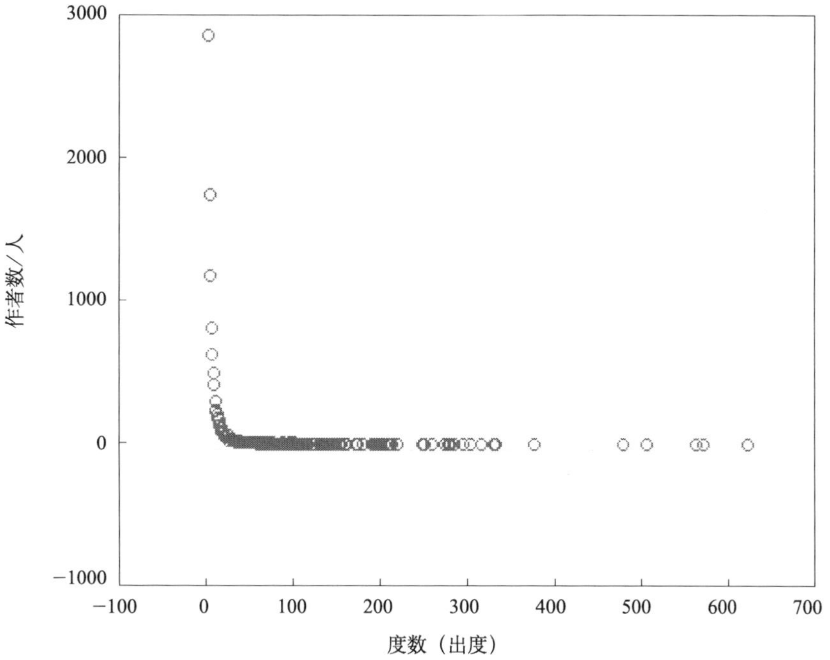

图 4-9　1998～2007 年作者引用网络中作者出度散点分布图

从图 4-10 来看，这 10 年间作者的入度（即作者吸收知识的能力）也具有长尾特征，可见其分布也很有可能是幂律分布。

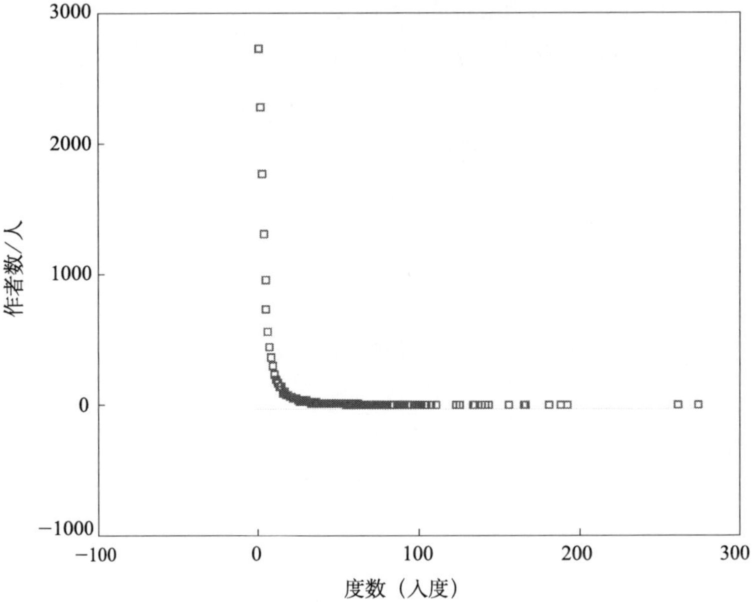

图 4-10　1998～2007 年作者引用网络中作者入度散点分布图

对表 4-4 的数据进行拟合。在 $x_{min}=14$ 时（即去掉表 4-4 中涂灰的那部分数据），得到较好的拟合效果。其中，$\alpha=2.77$，$C=175.633$，$D_{max}=0.0413$，而在 0.01 检验信度下，参考 D 值为 $1.63/\sqrt{n}=0.0429$，由此可见 $D_{max}<D$，通过K-S检验。

表 4-4　1998～2007 年作者引用网络中作者入度分布（按入度的降序排列）

出度	作者数/人	出度	作者数/人	出度	作者数/人	出度	作者数/人	出度	作者数/人
274	1	93	1	61	4	38	15	15	145
261	1	91	1	60	3	37	18	14	146
192	1	90	3	59	1	36	12	13	164
188	1	89	2	58	6	35	15	12	197
181	1	88	1	57	5	34	13	11	239
166	1	85	1	56	2	33	22	10	296
165	1	84	1	55	5	32	17	9	367
156	1	83	1	54	6	31	31	8	448
143	1	79	1	53	5	30	24	7	556
141	1	78	1	52	9	29	25	6	727
139	1	77	1	51	5	28	24	5	952
135	1	76	1	50	7	27	37	4	1303
134	1	75	1	49	6	26	29	3	1761
126	1	74	1	48	10	25	31	2	2273
124	1	71	1	47	5	24	53	1	2720
111	1	70	3	46	6	23	52		
108	2	69	3	45	10	22	46		
105	1	68	3	44	12	21	60		
102	2	67	1	43	16	20	62		
100	1	65	3	42	11	19	71		
99	1	64	1	41	6	18	78		
98	1	63	5	40	12	17	105		
95	2	62	3	39	10	16	88		

通过以上的曲线拟合，我们可以得出1998～2007年这10年间作者引用网络中作者入度也符合幂律分布。

2.1998～2002年

图4-11给出的是这5年间作者出度分布的散点图（由于数据过多，在此不再附原始数据）。

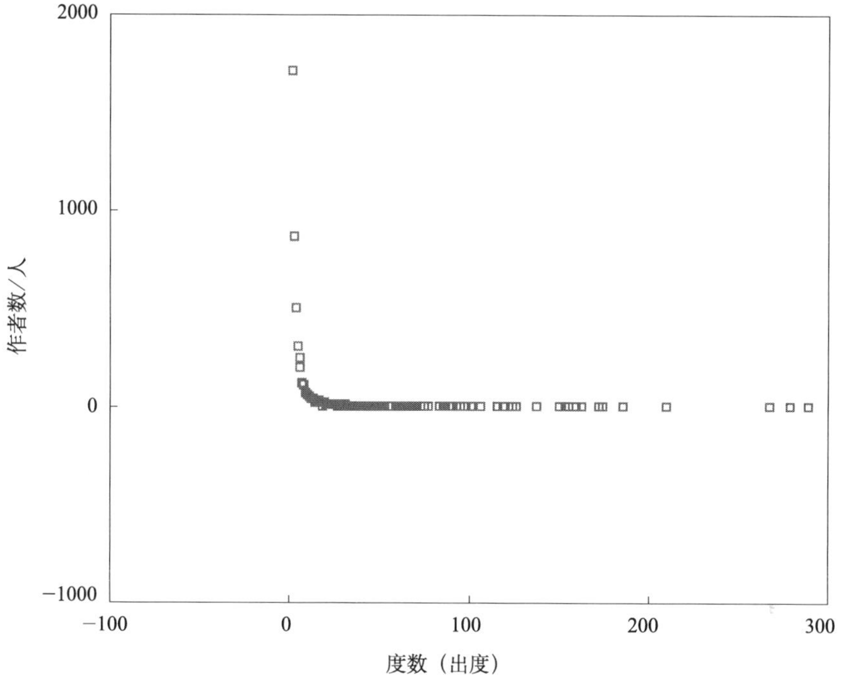

图4-11　1998～2002年作者引用网络中作者出度散点分布图

从图4-11可以看出，这5年间作者的出度分布也呈现明显幂律分布特征。对这5年的数据进行拟合，在 $x_{min}=5$ 时，得到较好的拟合效果。其中，$\alpha=2.18$，$C=6.952$，$D_{max}=0.0264$，而在0.01检验信度下，参考 D 值为 $1.63/\sqrt{n}=0.0444$，由此可见 $D_{max}<D$，通过K-S检验。

通过以上的曲线拟合，我们可以得出1998～2002年这5年间作者引用网络中作者出度符合幂律分布。

图4-12给出的是这5年间作者引用网络中作者入度分布的散点图。

从图4-12可以看出，这5年间作者的入度分布也呈现明显的长尾分布特征，即满足幂律分布特征。下面对这5年的数据进行拟合。在 $x_{min}=8$ 时，得到较好的拟合效果。其中，$\alpha=2.87$，$C=82.301$，$D_{max}=0.0368$，而在0.01检验信度下，参考 D 值为 $1.63/\sqrt{n}=0.0548$，由此可见 $D_{max}<D$，通过K-S检验。

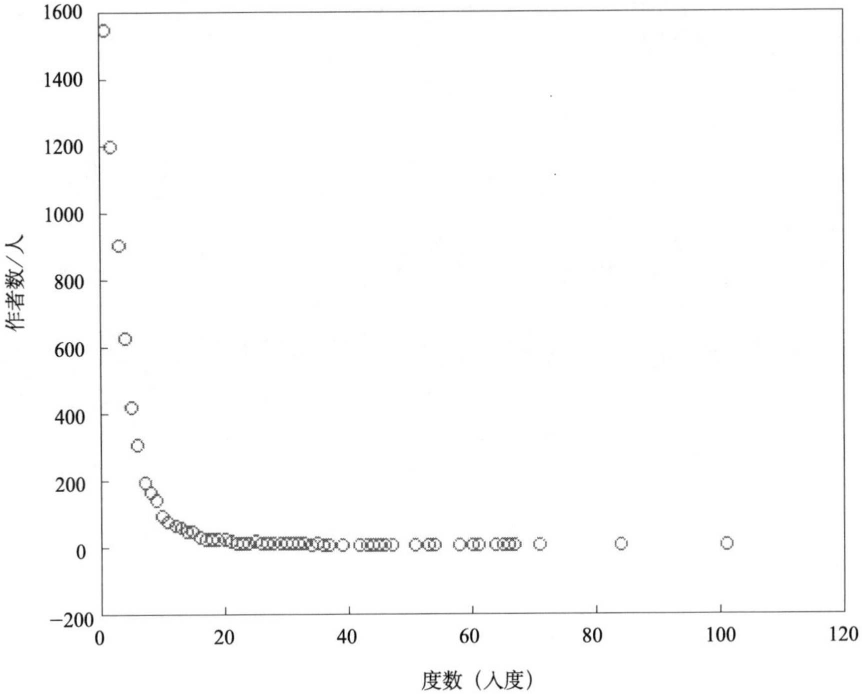

图 4-12　1998～2002 年作者引用网络中作者入度散点分布图

通过以上的曲线拟合，我们可以得出 1998～2002 年这 5 年间作者引用网络中作者入度符合幂律分布。

3. 2003～2007 年

图 4-13 给出的是这 5 年中作者引用网络中作者出度的分布散点图。

从图 4-13 可以看出，这 5 年间作者的出度分布呈现明显的长尾分布特征，即满足幂律分布特征。下面对这 5 年的数据进行拟合。在 $x_{min}=11$ 时，得到较好的拟合效果。其中，$\alpha=2.36$，$C=33.7034$，$D_{max}=0.0485$，而在 0.01 检验信度下，参考 D 值为 $1.63/\sqrt{n}=0.0495$，由此可见 $D_{max}<D$，通过 K-S 检验。

通过以上的曲线拟合，我们可以得出 2003～2007 年这 5 年间作者引用网络中作者出度也符合幂律分布。

图 4-14 给出的是这 5 年中作者引用网络中作者入度的分布散点图。

从图 4-14 可以看出，这 5 年间作者的出度的散点图分布也有着较为明显的幂律分布特征。下面对这 5 年的数据进行拟合。在 $x_{min}=8$ 时，得到较好的拟合效果。其中，$\alpha=2.64$，$C=45.0861$，$D_{max}=0.0350$，而在 0.01 检验信度下，参考 D 值为 $1.63/\sqrt{n}=0.0383$，由此可见 $D_{max}<D$，通过 K-S 检验。

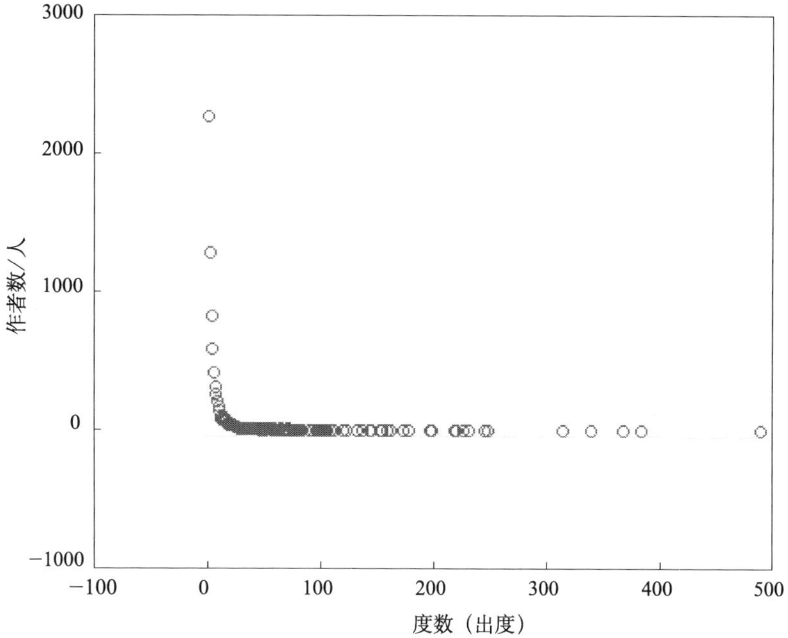

图 4-13　2003～2007 年作者引用网络中作者出度散点分布图

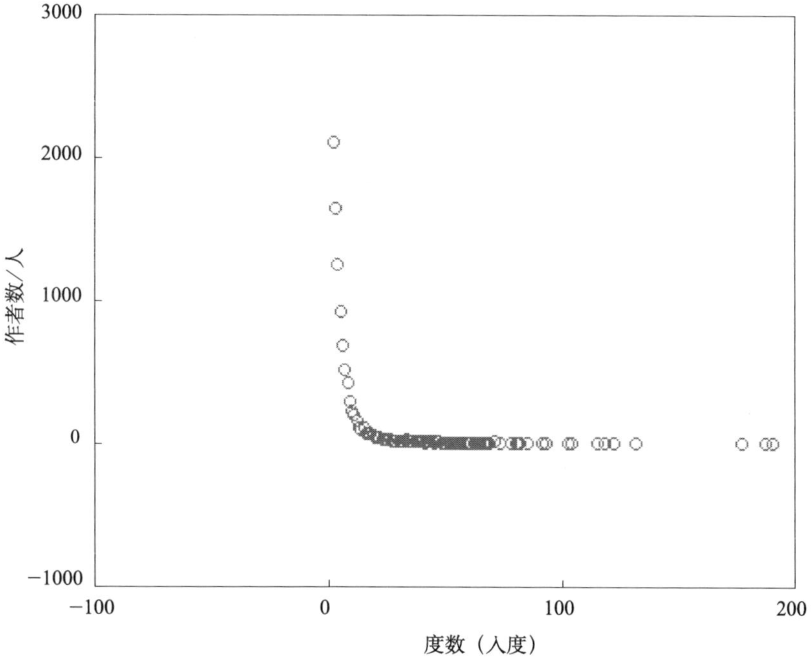

图 4-14　2003～2007 年作者引用网络中作者入度散点分布图

通过以上的曲线拟合，我们可以得出 2003～2007 年这 5 年间作者引用网络中作者入度符合幂律分布。

从上面的分析可以看出，不论是 1998～2007 年这 10 年跨度，还是 1998～2002 年和 2003～2007 年这两个 5 年分时段，作者引用网络中作者的出度和入度的分布都符合幂律分布。这给我们带来如下几点启示。

(1) 作者影响力的分布是高度偏斜的，呈现明显的等级状态。这点可以从作者的出度得到体现和验证。作者的出度即作者在引用网络中的被不同作者引用的次数，出度越大，说明一个作者受不同作者关注的程度越大，影响力越大。而在上文中已经证实，作者的出度符合幂律分布，即具有显著的长尾特征。这说明大部分人的影响力是很小的，而只有很小一部分人的影响力较大。在实际的科研管理中，要对这些高被引作者多关注并多给予支持，他们已经在某个研究方向取得了较为突出的成绩，影响着较多人的研究，是该方向的领军性人物。

(2) 作者吸收知识的能力的分布也是高度偏斜的，也呈现明显的等级状态。这点在以前的研究中可能关注得不够。通过上文的研究，可以发现一个作者吸收知识的能力是不同的，一个作者从很多作者身上吸取知识则说明该作者研究视野比较宽阔，阅读文献比较广泛，并在一定程度上说明其研究比较活跃。这部分作者要不就是有着丰富的研究经验的专家，要不就是思想活跃的科研新秀，但无论是对于哪种人群，都需要关注。若是专家，则表明其仍然广泛关注该领域同行的研究，说明其仍然能够很好地把握热点，引领研究方向，这些作者要重点支持。而若是新秀，则要对其多加关注，给他们良好的科研条件，促进他们的成长。

如果我们把入度和出度的分布情况进行一些更加细致的分析，找出高影响力作者（仅从出度出发）、新秀（仅从入度出发）和活跃的高影响力作者（出度和入度相结合），对于我们的科研管理则具有重要的意义。当然，对幂律分布研究的意义，还包括在信息检索方面，这点在作者合作中也进行了分析。即如果要寻找一个研究方向的作者，那么只需要寻找那么几个关键作者即可，通过阅读他们的文献即可从整体上把握当前研究的动态，这样获取信息可以更加省时省力，节约信息搜寻的成本。

4.3 作者引用与作者合作之间关系研究

作者合作和作者引用（包括作者同被引和作者耦合）之间并不是完全脱节

的，它们之间可能存在着某种关联，那么如何测定关系之间的关系就是摆在我们面前的一个亟待解决的问题。关于关系之间的关系的研究始于社会网络分析，并且这种方法被称为二次分配程序（quadratic assignment procedure，QAP）。关于关系之间的关系的研究始于社会网络研究，最近几年在情报学中也得到了应用，比如，White 等[①]于 2004 年用 QAP 检验了 Globenet 组织中 16 个作者间合著、共引、互引关系之间的关系；Zuccala[②] 则在研究了可以使用 QAP 来检验奇点理论领域作者间共引与合著关系，但是她并没有加以实证。J. W. Schneider 等[③]则介绍了两种矩阵相关算法（Mantel test[④] 和 Procrustes analysis）在图情学中的应用，从方法论的角度为以后的研究铺垫了基础。在国内图情学的研究中，关于关系之间关系的研究还没有出现，只有 2007 年刘军[⑤]在《社会》上发表的《QAP：测量"关系"之间关系的一种方法》中介绍了社会网络分析中 QAP 方法如何使用并举例进行了实证分析，这一论文对我们以后的研究有着重要的借鉴作用。从以上的介绍可以看出，当前关系之间的关系的研究还刚刚起步，并且对于检验矩阵相关的方法理解得还不够充分和深入，这些都是下文需要着重解决的问题。

4.3.1　基本假设

作者合作关系和作者引用关系是作者学术关系中最基本的两种形式。在前文中已经提及，作者合作带有浓厚的社会关系色彩，即一个作者和一个作者合作写论文受到社会关系的严格限制。从社会关系来看，作者合作基本限定在师生合作和师生-同事合作这两种基本类型中。而作者引用似乎并没有如此严格的条件限制，但是一个作者引用另一个作者也不是随意发生的，也有一定的条件，其中非常重要的一点是作者要对引用作者及其学术观点认可，这里面似乎又隐藏着一定的社会关系在其中。那么，摆在我们面前就有这样一个问题，如果两个作者频繁合作，那么他们之间是否也频繁引用呢？这正是本节着重要解决的问题。下面给出它们两者关系的一个基本假设。

---

① White H D，Wellman B，Nazer N. Does citation reflect social structure? [J]. Journal of the American Society for Information Science and Technology，2004，55（2）：111-126

② Zuccala A. Modeling the invisible college [J]. Journal of the American Society for Information Science and Technology，2006，57（2）：152-168

③ Schneider J W，Borlund P. Matrix comparison，Part 2：measuring the resemblance between proximity measures or ordination results by use of the Mantel and procrustes statistics [J]. Journal of the American Society for Information Science and Technology，2007，58（11）：1596-1609

④ Mantle test 和 QAP 有着很大的相似性，但是要优于 QAP，是 QAP 的改进，具体在第四章中进行详述

⑤ 刘军. QAP：测量"关系"之间关系的一种方法 [J]. 社会，2007，27（4）：164-174，209

H0：作者合作关系与作者引用关系不相关。

H1：作者合作关系与作者引用关系相关。

4.3.2 研究样本与假设检验

1. 研究样本

首先，数据来源是 CSSCI 中 1998～2007 年这 10 年间图情学的所有论文。要研究作者合作和作者引用关系之间的关系，那么必然要分别构建作者合作网络和作者引用网络，前文已经反复提及，作者合作发生的概率比较低，如果我们广泛选取作者的话，构成的作者合作矩阵中必然存在很多的 0 模块，这必然降低检验结果的可信度（因为我们已经预知他们之间的相关性可能比较高），所以研究样本要选取这 10 年间的较大合作群体。最终，选择了包含 20 人以上规模的 4 个作者合作群体进行研究（这 4 个合作群体的简单情况统计如表 4-5 所示），并同时构建他们之间的引用网络进行相关性分析（即假设检验）。

表 4-5 4 个研究群体基本情况说明表 单位：人

群体	作者数	群体	作者数
张晓林	44	王知津	28
邱均平	44	周宁	20

注：群体名称以一个度数最大的作者为代表

2. 关系检验方法

对于关系之间的关系检验，在社会网络中用专门的方法，即二次分配程序。该方法在二元数据分析中有着重要的作用，非常适合于矩阵相关的计算，其研究对象是关系数据①。

1）QAP 的优越性

在线性回归中，我们通常使用普通最小二乘法（ordinary least square，OLS）来进行相关系数的计算。但是回归分析中有两个重要的前提假设，这使得回归分析的进行受到严格的限制。这两个前提假设具体如下②。

（1）正态性假设：回归分析中所有观察值的因变量是一个正态分布，响应变量来自的母体样本呈正态分布。

① Simpson W. QAP：the quadratic assignment procedure [EB/OL]. http：//www. bc. edu/ RePEc/ nasug2001/ simpson. pdf [2008-09-11]

② 吴明隆. SPSS 统计应用实务——问卷分析与应用统计 [M]. 北京：科学出版社，2003：141-142

(2) 多元共线性假设：自变量若不止一个，若自变量间彼此有很高的相关，不但变量间的概念区分模糊、难以解释，在数学上会因为自变量间共变过高，造成自变量与因变量共变分析上的不合理现象。

由假设1我们可知，线性回归对于实验数据的总体分布是有严格要求的，但是在现实中，有许多数据不是来自所假定分布的总体，或者，数据根本不是来自一个总体，还有可能数据由于某种原因被严重污染，这样在假定分布的情况下进行推断的做法就有可能产生错误的结论。所以人们希望对一个总体形状不必作限制。于是在应用统计学中，产生了一种针对性的方法，即非参数检验(nonparametric tests)，它不是针对总体参数，而是针对总体的某些一般性假设的统计分析方法[①]。而QAP方法则对参数的分布没有任何要求，这也被视为QAP方法最大的优点之一[②]，从而也摆脱OLS的某些限制。

从假设2我们可知，OLS深受共线性问题的困扰。由于共线性问题，研究者将无法获得有效的参数估计值或者即使得到也是无效的值，这样会降低统计检验力，得不到显著的结果。而研究“关系的关系”时候，关系矩阵本身就是研究对象之间的联系，这和假设2是直接矛盾的。QAP算法对于关系之间的关系（或者说是矩阵之间的关系）的检验有着独特之处[③]。

由此可见，QAP受到的统计学假设前提约束少，更加普遍和广泛地应用在关系之间的系数计算和检验，它的应用突破了QLS的许多局限，在社会网络研究中得到了非常多的关注和应用。

2）QAP算法的计算步骤

QAP的计算原理如下：对两个方阵中各个元素的相似性进行比较，给出两个矩阵之间的相关性系数，同时对系数进行非参数检验，并且计算随机置换后的相关系数大于实际相关系数的概率。具体而言，有如下几步[④⑤]。

(1) 计算已知的两个矩阵之间的相关系数，即把矩阵转换为长向量，计算两者之间的相关系数。

(2) 对其中的一个矩阵的行和相应的列同时进行随机的置换（而不是仅仅置换行或者列，否则破坏原始数据），然后计算置换后的矩阵与另一个矩阵

---

① 余建英，何旭宏．数据统计分析与SPSS应用［M］．北京：人民邮电出版社，2003：312

② Dekker D, Krackhardt D, Snijders T. Multicollinearity robust QAP for multiple-regression［EB/OL］. http://www.casos.cs.cmu.edu/publications/papers/dekker_2003_multicollinearity.pdf［2008-09-11］

③ Park H W, Thewall M. Link analysis: hyperlink patterns and social structure on politicians' Web sites in South Korea［J］. Quality and Quantity, 2008, 42 (5): 694

④ 刘军．社会网络分析导论［M］．北京：社会科学文献出版社，2004：74-76

⑤ 刘军．QAP：测量“关系”之间关系的一种方法［J］．社会，2007，27 (4)：164-174

之间的相关系数，保存计算的结果；重复这种计算过程几百次甚至几千次，将得到一个相关系数的分布，从中可以看到这种随机置换后计算出来的几百或几千个相关系数大于或等于在第一步中计算出来的观察到的相关系数的比例。

(3) 比较在第一步中计算出来的观察到的相关系数与根据随机重排计算出来的相关系数的分布，看观察到的相关系数是落入拒绝域还是接受域，进而做出判断。也就说，如果上述比例低于 0.05（假设研究者确定的显著性水平为 0.05），就在统计意义上表明所研究的两个矩阵之间存在强关系，或者说两者之间出现强相关系数不太可能是随机带来的。另外，既然 QAP 只对某个矩阵的行和列同时进行置换，然后计算置换后的矩阵与另一个矩阵之间的相关系数，这就保证了自变量矩阵和因变量矩阵在行和列上都相互依赖。最后计算出显著性及相关系数大于或者小于实际系数的概率。

在计算的过程中，我们需要格外注意相关系数的计算方法。QAP 的首创者 Nathan Mantel 在 1967 年的论文中提出的原始算法是 $\sum_{i<j}\sum X_{ij}Y_{ij}$ ，并且他指出在不限定 i 和 j 的大小关系时，即 $Z=\sum\sum X_{ij}Y_{ij}$ ，对于研究对象多（即 n 较大）的数据来说，Z 近似服从正态分布①。但是 E. J. Dietz 指出 Z 为非标准化的皮尔逊积差相关系数（Pearson product-moment correlation coefficient），虽然 Mantel 也对此进行了标准化处理（即标准化的皮尔逊相关系数②），但是 Z 在绝大多数情况下并不符合正态分布③。继而，Dietz 比较了皮尔逊相关系数、斯皮尔曼等级相关系数（Spearman's rho）④ 和肯特尔等级相关系数（Kelldall's tau，其又由 T_c和 T_u两部分组成）⑤ 在计算矩阵相关系数方面的有效性。他指出：由于斯皮尔曼等级相关系数和肯特尔等级相关系数检验并不受样本分布的限制，为非参数检验，它们使用面更广。T_c和斯皮尔曼等级相关系数有着同样的有效性，T_c比斯皮尔曼等级相关系数更容易解释，但是它的计算速度比较慢。基于

---

① Mantel N. The detection of disease clustering and a generalized regression approach [J]. Cancer Research, 1967, 27: 209-220

② 其计算公式为：$r_{XY}=\frac{S_{XY}}{S_X\times S_Y}$，其中，$S_{XY}$为两变量的协方差；$S_X$ 为变量 X 的标准差；S_Y 为变量 Y 的标准差。

③ Dietz E J. Permutation tests for association between two distance matrices [J]. Systematic Zoology, 32 (1): 21-26

④ $R=1-[6\sum D_i^2/n(n^2-1)]$，其中$\sum_{i=1}^{n}D_i^2=\sum_{i=1}^{n}(U_i-V_i)^2$，$U_i$、$V_i$ 分别为两变量排序后的秩

⑤ $T=1-[4V/n(n-1)]$，V 是利用变量的秩数据计算而得的非一致对数据，即转位的总和。$T=T_c+T_u$。具体可参见：杨遵庆．等级相关系数方法的应用 [J]．北京工商大学学报（社会科学版），1985，(2)：31-39

以上的分析，Schneider 和 P. Borlund 认为对于信息科学的数据来说，建议使用斯皮尔曼等级相关系数[①]。在最常用的社会网络分析软件 Ucinet 中默认的是皮尔逊相关系数，所以并不能满足我们的要求。在 XLSTAT 软件中[②]，提供了皮尔逊相关系数、斯皮尔曼等级相关系数、肯特尔等级相关系数三种算法，这将更好满足我们的应用需求。

3）示例

基于以上介绍，下文将举一个简单的例子来具体展示其计算过程和结果。该例子引自 Schneider 和 Borlund 的论文（详见本页脚注③，1599～1600 页）。

引入两个 5×5 的上三角对称矩阵 X 和 Y：

$$
\begin{array}{cc}
 & \begin{array}{ccccc} \mathrm{A} & \mathrm{B} & \mathrm{C} & \mathrm{D} & \mathrm{E} \end{array} \\
X = \begin{array}{c} \mathrm{A} \\ \mathrm{B} \\ \mathrm{C} \\ \mathrm{D} \\ \mathrm{E} \end{array} & \begin{bmatrix} 1.00 & 0.25 & 0.43 & 0.57 & 0.25 \\ & 1.00 & 0.25 & 0.22 & 0.43 \\ & & 1.00 & 0.57 & 0.25 \\ & & & 1.00 & 0.57 \\ & & & & 1.00 \end{bmatrix}
\end{array}
$$

$$
\begin{array}{cc}
 & \begin{array}{ccccc} \mathrm{A} & \mathrm{B} & \mathrm{C} & \mathrm{D} & \mathrm{E} \end{array} \\
Y = \begin{array}{c} \mathrm{A} \\ \mathrm{B} \\ \mathrm{C} \\ \mathrm{D} \\ \mathrm{E} \end{array} & \begin{bmatrix} 1.00 & 0.40 & 0.60 & 0.73 & 0.40 \\ & 1.00 & 0.40 & 0.36 & 0.60 \\ & & 1.00 & 0.73 & 0.40 \\ & & & 1.00 & 0.73 \\ & & & & 1.00 \end{bmatrix}
\end{array}
$$

首先假设检验为

H0：矩阵 X 和 Y 之间不相关；H1：矩阵 X 和 Y 相关

将矩阵 X 和 Y 展开并去掉对角线的值，得到新矩阵 X' 和 Y'：

$X' =$（0.25 0.43 0.57 0.25 0.25 0.22 0.43 0.57 0.25 0.57）

$Y' =$（0.40 0.60 0.73 0.40 0.40 0.36 0.60 0.73 0.40 0.73）

这样，计算 X' 和 Y' 之间的斯皮尔曼相关系数 $r=1$。然后置换矩阵 Y 并保持矩阵 X 不变，反复计算置换后矩阵 Y 与 X 的斯皮尔曼相关系数，共进行 120 次（5！＝120）。这 120 次随机置换得到的相关系数结果如表 4-6 所示。

① Schneider J W，Borlund P. Matrix comparison，Part 2：measuring the resemblance between proximity measures or ordination results by use of the mantel and procrustes statistics [J]. Journal of the American Society for Information Science and Technology，2007，58（11）：1596-1609

② 本书使用的是该软件的试用版本，其下载地址为 http：//www. xlstat. com/en/home

表 4-6　120 次置换得到的斯皮尔曼相关系数

−0.093	0.430	0.430	0.110	−0.277	0.110	−0.157	−0.157	−0.093	−0.010	0.110	0.310
−0.093	−0.277	−0.277	0.310	0.110	−0.277	−0.597	0.310	0.147	0.430	0.147	−0.010
−0.093	−0.277	−0.330	0.110	−0.010	−0.010	−0.157	0.310	−0.093	−0.010	0.760	−0.157
−0.093	0.110	−0.210	0.310	0.310	0.760	−0.597	−0.477	−0.597	0.430	−0.093	−0.010
1.000	−0.277	0.310	−0.010	−0.010	0.147	−0.010	0.310	−0.010	−0.597	0.760	−0.157
0.430	0.110	0.310	−0.277	0.310	−0.093	−0.157	−0.477	0.430	0.110	−0.093	−0.597
−0.330	−0.277	0.310	−0.277	0.110	0.147	0.310	0.310	−0.010	−0.010	0.147	−0.157
−0.277	−0.330	0.310	−0.477	−0.010	−0.093	−0.010	−0.093	0.430	−0.277	−0.157	−0.597
−0.330	0.430	−0.210	−0.277	0.110	0.760	0.310	−0.093	−0.597	−0.010	0.310	−0.010
−0.277	−0.277	−0.010	−0.477	−0.277	−0.010	−0.010	0.147	−0.597	−0.277	−0.010	1.000

从表 4-6 可以看出，大于或者等于 $r=1$ 的个数只有 2 个（表中用灰色涂出）。这样我们可以得出 P 为 2/120＝0.017。当我们在显著性水平 $\alpha=0.05$ 条件下，$P=0.017<0.05$，这样我们可以拒绝其零假设，即认为这两个矩阵是相关的，并且这种相关是显著的。

3. 假设检验与特例分析

下面利用 QAP 对这四组数据中的合作关系和引用关系进行检验，得到如表 4-7 的结果。

表 4-7　四组数据检验结果表

群体	相关系数	检验系数	显著性水平
张晓林	0.273	0.000	0.05
邱均平	0.327	0.000	
王知津	0.355	0.000	
周宁	0.377	0.000	

从表 4-7 可以看出，作者合作与作者引用之间有一定的关联性（即 H0 不成立），并且都具有显著的统计学意义。但是从相关系数来看，基本都在 0.3 左右，这一系数还是比较低的。综合以上分析，作者合作关系与作者引用关系之间有着较弱的相关性。另外，我们从合作模式来看，张晓林为代表的是师生-同事合作模型，而这种模式中作者合作和作者引用关系的相关性相对另一种模式（其他三个群组都是典型的师生合作模型）要低一些，由此可见，师生合作模式中的作者之间相对来说更加倾向于相互引用。

QAP 检验是从整体来分析作者关系之间的关系，下面通过一些特例再继续深入分析这两种关系之间的关系。这里的特例是指合作强度都比较高的作者。表 4-8 给出了合作频次比较高的作者（共 31 对，涉及作者 53 人）之间合作和引用频次（相互引用）基本情况。需要注意的是，这里的箭头方向代表的是引用，A→B 表示的是 A 引用 B，这点和前面分析作者引用关系时代表的知识流动方向是相反的。

表 4-8　所选样本作者对合作和互引基本情况表

作者对	合作频次	作者对	引用频次	作者对	引用频次
邵波—袁勤俭	18	邵波→袁勤俭	0	邵波←袁勤俭	0
段宇锋—邱均平	16	段宇锋→邱均平	5	段宇锋←邱均平	7
杜小勇—马文峰	15	杜小勇→马文峰	1	杜小勇←马文峰	4
陈雅—郑建明	14	陈雅→郑建明	0	陈雅←郑建明	1
方平—胡德华	14	方平→胡德华	1	方平←胡德华	3
成颖—孙建军	13	成颖→孙建军	0	成颖←孙建军	0
邱均平—赵蓉英	13	邱均平→赵蓉英	2	邱均平←赵蓉英	8
窦永香—赵捧未	13	窦永香→赵捧未	1	窦永香←赵捧未	1
黄奇—朱庆华	13	黄奇→朱庆华	0	黄奇←朱庆华	1
张会平—周宁	11	张会平→周宁	2	张会平←周宁	0
万里鹏—郑建明	11	万里鹏→郑建明	2	万里鹏←郑建明	1
邱均平—张洋	11	邱均平→张洋	4	邱均平←张洋	15
彭靖里—杨斯迈	11	彭靖里→杨斯迈	0	彭靖里←杨斯迈	0
倪波—袁勤俭	11	倪波→袁勤俭	0	倪波←袁勤俭	1
莫梅琦—徐一新	10	莫梅琦→徐一新	0	莫梅琦←徐一新	0
黄国彬—孙坦	10	黄国彬→孙坦	2	黄国彬←孙坦	0
李国秋—吕斌	10	李国秋→吕斌	3	李国秋←吕斌	2
吴晓伟—徐福缘	10	吴晓伟→徐福缘	0	吴晓伟←徐福缘	0
汪传雷—谢阳群	10	汪传雷→谢阳群	5	汪传雷←谢阳群	1
金燕—张玉峰	10	金燕→张玉峰	2	金燕←张玉峰	0
柴晓娟—严彬	10	柴晓娟→严彬	5	柴晓娟←严彬	1
毕强—刘甲学	10	毕强→刘甲学	0	毕强←刘甲学	1
黄奇—袁勤俭	10	黄奇→袁勤俭	1	黄奇←袁勤俭	2
杨宗英—郑巧英	10	杨宗英→郑巧英	1	杨宗英←郑巧英	0
吴蓓珠—赵美娣	10	吴蓓珠→赵美娣	0	吴蓓珠←赵美娣	0
邱均平—文庭孝	9	邱均平→文庭孝	1	邱均平←文庭孝	26
董慧—余传明	9	董慧→余传明	0	董慧←余传明	0
李文兰—杨祖国	9	李文兰→杨祖国	5	李文兰←杨祖国	0
梁娜—张晓林	9	梁娜→张晓林	4	梁娜←张晓林	2
陈锐—马费成	9	陈锐→马费成	0	陈锐←马费成	0
倪波—邵波	9	倪波→邵波	0	倪波←邵波	0

首先给出这些合作强度大的作者之间相互引用的基本情况分布图，具体如图 4-15 所示。

从图 4-15 来看，这些高合作的作者之间相互引用的比例是比较大的，达到了 42%，这说明一般来讲，高频合作的作者之间有着较为紧密的社会关系，相互认可的程度也比较高，从这点可以看出作者合作和引用有关。另外，在图 4-15 中，单向引用的作者对数也占到了 29%的比例。这在一定程度上说明在合作中存在着由地位的差异（如“老师和学生”地位的差异）而导致引用“一边倒”的情况。如果将互引和单引的比例加起来将达到 71%，这一比例还是比较高的。这说明频繁合作的作者之间引用行为（不论是双向还是单向）发生的概率还是很高的，这比假设检验得到的相关系数要高得多。

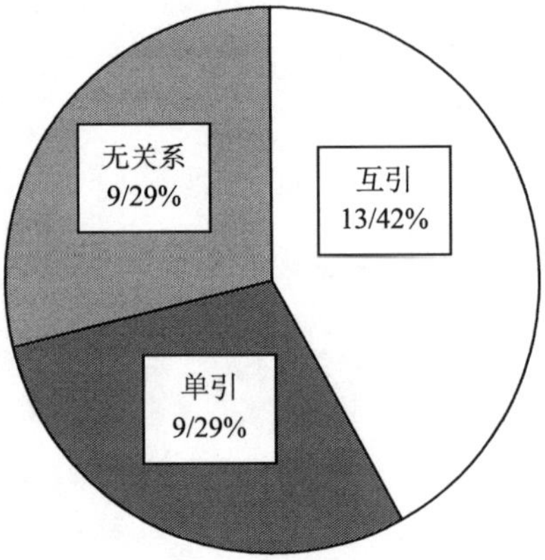

图 4-15　所选样本引用情况比例分布图

上面的分析是一种比例，即概率性事件。一般来讲，合作必然是研究兴趣高度一致的作者，但是他们之间的认可度却不一定高，同事合作的认可度要比师生合作的认可度高一些。而作者之间的认可是相互引用的必要前提。所以，有些师生合作中，老师并不引用学生的成果，这也是可以理解和解释通的。但是，其中有些“异常现象”仍然值得分析。一些高合作频次的“同事合作”作者之间竟然没有任何相互引用的行为。这说明同事之间的合作和相互引用在一定程度是“背离”的。如何整合这两种关系之间的关系也是需要我们思考之处。同事之间不仅要合作，而且要关注对方的研究成果，并对优秀成果进行必要的引用，更深层次地扩大交流，这样才能使科学交流的圈子不断扩大，使研究成果在更大范围内传播。

4.4 本章小结

本章探索性地对作者引用网络中包含的科学交流模式与规律进行了较为详细的研究。这是一块崭新的研究领域。本章将网络信息计量、社会网络分析和复杂网络的最新研究成果尤其是方法融合于模式与规律的研究中，并得到了一些有益的结论，简要总结如下。

(1) 本章从两人引用交流、三人引用交流和多人引用交流三个角度递进式地研究作者引用交流模式。结果表明，作者之间的相互引用发生的概率比较低，作者引用交流网络有着明显的方向性，即知识“从高到低”流动；“权威-追随者”和“师傅-徒弟”是最常见的知识交流方式；一个领域的主要作者在宏观上形成一个大的交流网络（即最大连通成分），该成分是研究交流规律的出发点。

（2）作者引用网络也是复杂网络，具有复杂网络的统计特征，即小世界效应和幂律分布的特征与规律。作者之间引用交流的平均距离都比较短，这充分证实作者引用网络的小世界效应；另外，不仅作者出度的分布符合幂律分布，作者入度的分布也符合幂律分布。这表明作者的影响力分布和作者吸收知识的能力分布都是等级分布，作者的学术地位和学习能力是有差异的。

（3）作者合作关系和作者引用关系之间也有着一定的关联，尤其是在高频合作作者之间这种关联更加明显，这证实了高频合作的作者之间相互引用概率也很高这样一个假设（反过来不正确）。由此可见，作者合作和作者引用都是有一定条件限制的，并不是“随心所欲”地发生，而是受到社会关系、学术地位认可、学派甚至政治等因素的影响。

第五章

基于作者同被引关系的科学交流知识结构研究

基于作者同被引关系的科学交流知识结构研究起源于1981年，当时，White和Griffith提出了作者同被引这一概念，自那以后这一方法便引起了广泛关注，不再局限在信息科学领域，已经渗透到其他的学科领域。国外学者对于作者同被引关系的研究主要集中在三个方面：一是关于作者同被引基本问题的探讨和争论。这场激烈的讨论始于2003年P. Ahlgren等[①]对作者同被引矩阵转化方法——皮尔逊相关系数的质疑，他们认为皮尔逊相关系数不适合作为同被引矩阵转化的方法，因为它对0模块敏感，且不符合相似性测度的两个基本条件，并建议使用余弦等方法取代皮尔逊相关系数。皮尔逊相关系数自1981年起就一直被广泛使用，所以Ahlgren的质疑一石激起千层浪，吸引了众多科学计量学家的相互争论，并且引发了诸如“对角线如何设置”和“矩阵是否

① Ahlgren P, Jarneving B, Rousseau R. Requirements for a cocitation similarity measure, with special reference to Pearson's correlation coefficient [J]. Journal of the American Society for Information Science and Technology, 2003, 54 (6): 550-560

需要转化”等其他问题，至今这场争论还没有结束（具体情况参见5.1节）。二是作者同被引关系的可视化研究。如何展示作者同被引关系是当前研究的热点和难点。传统方法利用多维尺度分析进行可视化①，后来Leydesdorff又使用Pajek进行了作者同被引关系的可视化②。Chen③④和White⑤等则利用Pathfinder对作者同被引进行了可视化并发表了一系列相关论文。White还指出作者同被引应该使用原始数据作为输入数据，他发现转化为皮尔逊相关系数的数据并不能很好地揭示学者关系。Chen还研发了应用广泛的CiteSpace开放软件，使作者同被引关系的可视化更加科学生动，极大促进了该方面的研究。Zhao⑥也提出了利用因子分析结果进行作者同被引关系可视化的尝试。三是积极探索纯网络环境下作者同被引的适用性。Leydesdorff等⑦研究了Google Scholar环境下的作者同被引关系，他发现作者同被引在纯网络环境也有较好的适应性。马瑞敏⑧也研究了中文Google Scholar下的中文作者同被引，选择了国内有影响力的32位作者进行了研究，发现得到的结果和实际情况基本相符，再次证明了作者同被引在纯网络环境下的适用

---

① McCain K W. Mapping authors in intellectual space: a technical overview [J]. Journal of the American Society for Information Science, 1990, 41 (6): 435

② Leydesdorff在很多论文中都使用Pajek进行了作者、期刊等之间关系的可视化，他著作颇丰，可参见其个人网站的文章列表：http://users.fmg.uva.nl/lleydesdorff/list.htm

③ Chen C, Paul R J, Keefe B O. Fitting the jigsaw of citation: information visualization in domain analysis [J]. Journal of the American Society for Information Science and Technology, 2001, 52 (4): 315-330

④ Chen是华人，在领域可视化方面取得了卓越成绩。相关研究可参见他的著作：Chen C. Mapping Scientific Frontiers: The Quest for Knowledge Visualization [M]. London: Springer, 2003

⑤ White H D. Pathfinder networks and author cocitation analysis: a remapping of paradigmatic information scientists [J]. Journal of the American Society for Information Science and Technology, 2003, 54 (5): 423-434

⑥ Zhao D. Information science during the first decade of the web: an enriched author cocitation analysis [J]. Journal of the American Society for Information Science and Technology, 2008, 59 (6): 916-937

⑦ Leydesdorff L, Vaughan L. Co-occurrence matrices and their applications in information science: extending ACA to the web environment [J]. Journal of the American Society for Information Science and Technology, 2006, 57 (12): 1616-1628

⑧ Ma R M, Ni C Q, Dai Q B, et al. An author co-citation analysis of information science in China with Chinese Google Scholar search engine [J]. Scientometrics, 2009, 81 (1): 33-46

性。值得注意的是，作者同被引在我国无疑也是研究热点，发表了较多文章。主要集中在两个方面：一是利用作者同被引进行学科结构研究。比如，刘林青①研究了战略管理研究领域的科学共同体；马费成和宋恩梅②研究了我国情报学的学科知识结构。二是基于同被引的可视化系统开发，在《情报学报》发表了较多相关论文。比如，朱学芳等③设计的中文作者同被引系统，该系统利用最小生成树等算法较清晰地勾勒出作者之间的同被引关系。由此可见作者同被引分析在我国的研究也是相对较多且较成熟的，但是仍然存在一定问题，即对作者同被引原理方面思考不够，主要是模仿和借鉴国外的研究套路，虽然邱均平和马瑞敏等④探讨了该方面的问题，但是还没有引起大家的足够重视。另外，邱均平和马瑞敏⑤也将作者同被引应用在了纯网络环境，这也是一个有益的探索。

通过上面的分析，我们可以看出作者同被引研究历来备受关注，且方法方面一直有所创新，具有旺盛的生命力。但是，我们也看出在相关研究中，一些基本理论问题还没有很好地解决，对于它的本质与原理方面思考欠缺，主要还是停留在模仿和应用阶段。同时，作者关系的可视化方面仍然有着一定的探索空间。所以，虽然经过 30 多年的发展，作者同被引分析仍然有许多值得继续深入探讨的问题需要解决，以期使人们对这一重要方法有一个新的、整体性的科学理解和把握。本章主要解决的问题有如下四个。

（1）重点讨论作者同被引分析中存在的争议，并提出

① 刘林青．范式可视化与共被引分析：以战略管理研究领域为例［J］．情报学报，2005，24（1）：20-25

② 马费成，宋恩梅．我国情报学研究分析：以 ACA 为方法［J］．情报学报，2006，25（3）：259-268

③ 朱学芳，周挽澜，常艳丽．中文作者共被引分析系统可视化实现研究［J］．情报学报，2008，27（4）：572-577

④ 邱均平，马瑞敏，李晔君．关于共被引分析方法的再认识和再思考［J］．情报学报，2008，27（1）：69-74

⑤ 邱均平，马瑞敏．网络环境下 ACA 方法研究［J］．图书情报工作，2008，（2）：85-87

自己的解决方法。

（2）提出一种新的构建学科（或领域）知识图谱的可视化方法。

（3）实证所提方法（含可视化方法）的可操作性和科学性。

（4）以图情学为例来分析其科学交流知识结构及其演变。

5.1 基于作者同被引关系的科学交流知识结构发现方法

5.1.1 传统发现方法的回顾

在很多国内外文献中都指出作者同被引这一概念由美国学者 White 和 Griffith 于 1981 年提出。事实上，这一思想最早应该追溯到瑞典科学家 K. E. Rosengren 于 1968 年提出的“同提及”（co-mentions）这一概念①，但是由于当时交流的欠缺，他的这一提法并没有得到广泛承认。而随后美国学者 Small 于 1973 年提出文献同被引这一概念之后却迅速得到了广泛的关注②，White 和 Griffith 正是在 Small 的启发下提出了作者同被引这一概念。作者同被引是指两个作者同时出现在论文参考文献中的现象，如果两个作者同时出现在一篇或者多篇论文的参考文献中，它们就具有了作者同被引关系，这种关系的强度可以用来源文献的数量来度量，被称为作者同被引强度或者是作者同被引频次。两个作者的同被引强度越强则表明两个作者研究兴趣的相似性越大。基于作者同被引关系的数据分析和解释则被称为作者同被引分析，作者同被引分析现在已经成为一种影响力非常广泛的文献计量方法，在很多个学科或者学术领域都有着广泛应用。作者同被引分析最主要的功能是发现一个学科或者一个研究领域的知识结构，而这种特殊结构的发现，对于我们认识该学科或者研究

① 转引自：Borgman C L. Scholarly communication and bibliometrics [J]. Annual Review of Information Science and Technology，2002，36 (1)：89

② Small H. Co-citation in the scientific literature：a new measure of the relationship between two documents [J]. Journal of the American Society for Information Science，1973，24 (4)：265-269

领域的科学共同体及无形学院等都有着非常重要的意义。

由于作者同被引分析作为一种方法，它有着一些自己的技术规范（即怎样科学地应用这种方法来进行相关研究，其研究步骤包括哪些）。McCain 曾在 1990 年撰写了一篇关于作者同被引分析的技术回顾的学术论文，深入介绍了该方法的实施步骤，具体如图 5-1 所示。

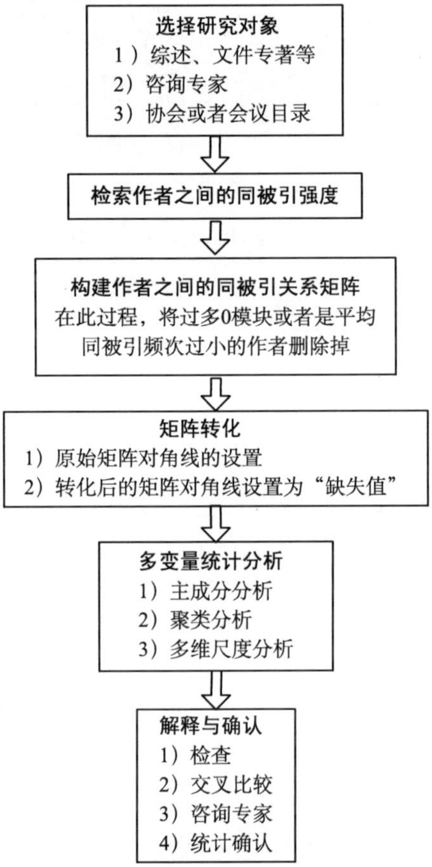

图 5-1　作者同被引分析的技术路线

从以上的技术路线来看，各个步骤环环相扣，每一步是下一步的基础。McCain 的这一技术指导深深地影响了作者同被引分析日后的应用研究，几乎所有的研究都遵循这一路线展开，并产生了众多应用成果。

5.1.2　传统发现方法存在的争议与解决方法

实质上，对于传统发现方法自其提出以来就有不少学者对其提出了异议，但讨论的范围有限。直到 2003 年，Ahlgren 等对其提出强烈质疑方才引起学者的广泛注意。他们的质疑也成为学术界挑战传统同被引分析方法的导火线。总结这些学者尤其是科学计量学界学者的讨论，对传统 ACA 的争议主要集中在四个方面：两个基础问题——同被引矩阵对角线取值问题和同被引强度计算问题；一个当前激烈争议的问题——同被引矩阵转化算法问题；一个当前研究热点问题——知识图谱（信息可视化）问题。另外，由于同被引矩阵转化算法与多元统计方法紧密相关，之所以对其存在争议和问题，很大程度上是对多元统计方法原理的片面理解，所以本节也简要介绍了聚类分析、因子分析和多维尺度分析等多元统计方法的基本原理，并且为后面可视化方法的提出铺垫理论基础。

1. 对角线的取值问题

关于对角线如何取值一直是科学计量学界争论不休的问题，尤其是作者同被引概念提出以来，更是引起了广泛的争议①。McCain 在 1990 年的一篇关于作者同被引技术回顾与总结的文章中明确提到："决定将怎样的数值置于对角线上是一个重要问题。"② White 和 Griffith 在 1981 年的文章中最初用的是一个作者的总被引，但是由于受到同名作者的影响，结果并不理想。接着他们最终将对角线值定为：排序前三的同被引频次之和除以 2③。A. E. Mayer 及 White 等将其定为：该作者与其他作者同被引强度的最大值④⑤。McCain 将其定为：系统默认值（即缺失值），这也是影响最广泛的一种对角线确定方法⑥。Ahlgren 等认为应该使用"自己与自己实际的同被引次数（排除自引）"⑦。

之所以存在如此广泛的争议，主要原因集中在以下两个方面。

---

① 对于文献同被引对角线如何设置方面似乎并没有过多的争议，相关论文较少，而随着作者同被引的提出，对于对角线的问题才日益关注

② McCain K W. Mapping authors in intellectual space：a technical overview [J] . Journal of the American Society for Information Science，1990，41（6）：435

③ White H D，Griffith B C. Author cocitation：a literature measure of intellectual structure [J] . Journal of the American Society for Information Science，1981，32（3）：163-171

④ Bayer A E，Smart J C，McLaughlin G W. Mapping intellectual structure of a scientific subfield through author cocitations [J] . Journal of the American Society for Information Science，1990，41（6）：444-452

⑤ White H D. Author cocitation analysis and Pearson's *r* [J] . Journal of the American Society for Information Science and Technology，2003，54（13）：1250-1259

⑥ McCain K W. Mapping authors in intellectual space：a technical overview [J] . Journal of the American Society for Information Science，1990，41（6）：435

⑦ Ahlgren P，Jarneving B，Rousseau R. Requirements for a cocitation similarity measure，with special reference to Pearson's correlation coefficient [J] . Journal of the American Society for Information Science and Technology，2003，54（6）：550-560

(1) SPSS 中的一些程序对默认值无法处理，必须填入相应的具体数字，如聚类分析和多维尺度分析。

(2) 默认值的取值对于各种相关系数的计算有明显影响，不同的取值会导致不同的相关系数，这也必将影响后面的统计分析及结果解释。

McCain 提出的处理方法无疑是当前影响最深、应用最广泛的方法。这主要是因为在 SPSS 的相关系数分析中可以采纳“缺失值”，在矩阵有缺失值的情况下仍然可以转化为对角线为 1 的相似矩阵（即自己和自己的相关系数为 1，表示最相似），这样对后面聚类和 MDS 分析不构成技术上的阻碍。Ahlgren 等的方法看起来很合理，但存在一个争议性问题，自己和自己同时被别人引用代表的信息计量学意义到底是什么？他们并未对此给出明确的答复。可以说，这一问题仍未达成一致意见，还需要近一步探究。

基于以上分析，笔者认为当前解决对角线这样有争议的问题应该从信息计量学中关于同被引矩阵的本质属性出发，分析清楚矩阵中各元素之间关系的深层意义。同被引矩阵是临近矩阵（proximity matrix）的一种，临近矩阵是指一组表示两两目标之间相似程度或者不相似程度的数字组成的矩阵[①]，它是沿对角线对称的方矩阵。从这一定义来看，我们可以明确地得到矩阵中各元素之间数值的含义——表示两个元素之间的亲近度（相似度）。比如，A 作者和 B 作者的同被引次数是 10，A 和 C 作者的同被引次数是 5，那么我们可以说 A 和 B 的研究方向的一致性比 A 和 C 之间的一致性要高。从两者之间的绝对数值就可以发现他们之间的相似程度[②]。那么顺着这一思路，就有这样一个问题摆在我们面前：A 作者到底和谁的相似性最强（或者称为最亲近）？

基于这样一个问题，笔者认为一个作者相对于与其他作者的亲近度来看，应该与自己的亲近度最高，但是这里的“最高”是相对而言的，是相对于这个作者与其他作者的同被引次数而言。这点和 Mayer 及 White 等提出的解决方法是基本一致的（即取这个作者与其他作者共引次数的最大值作为对角线的值），但是笔者认为他们的处理方法并没有把自己和自己之间的“最强亲近度”这一性质表现出来，所以笔者建议用“最大值+1”来凸显[③]，这样自己和自己之间的关系强度是相对最大的，让人可以一目了然地观察出来。

---

① Leydesdorff L, Vaughan L. Co-occurrence matrices and their applications in information science: extending ACA to the web environment [J]. Journal of the American Society for Information Science and Technology, 2006, 57 (12): 1616-1628

② 这里涉及的是绝对相似性，对于相对相似性这里并不关心

③ 之所以加 1，是因为同被引次数都为整数，不会出现小数的情况

2. 同被引强度的算法问题

对于作者同被引类型的清晰认识是进行相关分析的基石。如果在收集数据之前，对于这种关系的类型认识不清则直接影响原始数据的数值，并最终影响到结果的解释。下面主要是讨论以第一作者著录的参考文献的情况（这种情况是当前最普遍的情况，因为最流行的文献计量数据库 SCI 的著录格式即只著录第一作者），对于合著者的情况暂不予以考虑①。

对于第一作者的情况，传统的方法是计算两个作者同时出现在 N 篇文献的参考文献中，那么 N 就是他们之间的同被引频次。R. Rousseau 和 Zuccala 则提出加权频次②，其算法就是在一篇文献的参考文献中，首先计算作者 A 出现的次数 M，然后计算 B 出现的次数 N，这样对于这一篇文献来说，A 和 B 的同被引强度为 $M \times N$ 次。很明显，这是一个组合问题，即 $C_M^1 C_N^1$ 。但是笔者认为这两种算法都有一定问题：对于传统算法，缩小了作者之间的相似性，我们可以看到现在很多文章（尤其是国外文章）的参考文献中两个配对作者出现的次数不仅仅只是一次，每个作者都可能出现大于一次的情况，所以必须考虑加权。但是 R. Rousseau 等提出的组合加权的算法亦不合适，这种算法过分地夸大了作者之间的相似性。比如，一篇文献引用了 A 作者的 5 篇文献、B 作者的 1 篇文献，我们很难把他们的相似性理解为 5，这和我们正常的思考逻辑是相悖的，虽然它具有一定的数学意义。所以笔者认为这两种方法都不是很合适，而应该选择介于两者之间的一种方法，既不夸大也不缩小且简单易行。这里，笔者选择的方法是取最小值的方法，即 min（M，N）。这一方法主要是修正组合算法的“极

---

① 虽然这不是本书重点讨论和解决的问题，但是也需要引起注意，有必要在此作一个简要的介绍。Persson 在 2001 年就指出了作者同被引的研究应该考虑合著者情况，他指出虽然和第一作者得到的结果基本一致，但是考虑合著情况不会漏掉一些本高被引的作者。在考虑作者合著情况下，对于作者同被引的类型，R. Rousseau 和 Zuccala 在 2004 年就进行了系统的说明，他们将作者同被引分为四类：纯第一作者同被引（pure first-author co-citation，PFC）、纯同被引（pure co-citation，PC）、综合同被引（general co-citation，GC）和合著作者同被引（co-author/co-citation，CC）。PFC 是指在参考文献列表中只考虑被考察对象（配对作者）作为第一作者出现在不同论文中的情况，合著论文不予以考虑（即相当于将这样的文章删除掉，下同）。PC 是指在参考文献列表中被考察对象（配对作者）只要出现在不同的论文中的情况，合著论文不予以考虑。GC 是指在参考文献列表中被考察对象只要出现在不同论文中即可，但是如果配对作者仅仅出现在合著论文中则应排除。CC 是指只要两个作者同时出现在参考文献中即可，不论是否是合著，比 GC 的限制还要少。由此可见三者之间存在着包含关系：PFC⊆PC⊆GC⊆CC。其后，Zhao 也专门提出了两种分类：一是包含全作者同被引（inclusive all-author cocitation，IAC）；二是排除全作者同被引（exclusive all-author cocitation，EAC）。IAC 是指只要配对作者出现在参考文献中即可，不管作者的位次，也不排除 GC 中仅合著的情况，是 CC 中的一种（或者是等同于）。而 EAC 是指只要配对作者出现在参考文献中即可，不管作者的位次，但是对于只有合著论文的情况要排除，是 GC 中的一种（或者是等同于）

② Rousseau R，Zuccala A. A classification of author co-citations：definitions and search strategies [J]. Journal of the American Society for Information Science and Technology，2004，55（6）：513-529

端性”。比如，仍然以上例为例，前面已经指出A和B的组合加权算法是难以理解的，那么是否可以取最大值呢？即max（M，N）。在取最大值的时候，首先同样面临组合方式的问题，如上例max（M，N）=5，这还是不符合思维逻辑。综合考虑以上情况，笔者建议使用min（M，N）来进行加权计算作者同被引的强度。表5-1给出了一个具体示例来展现三种算法的不同之处。

表5-1 同被引强度算法示例（以一篇文章的参考文献为例）

参考文献	传统方法频次	组合方法加权频次	最小值方法加权频次
A a1 A a2 B a3 B a4 B a5	1	2×3=6	min（M，N）=2

注：A a1表示作者A的a1文章

3. 对于聚类分析、因子分析与多维尺度分析的原理认识

从上面就可以看出，在建立矩阵之后最关键的就是运用多元统计方法进行数据分析。如果我们对这些方法不是很了解，那么就会导致误用，最终影响结果的科学解释。但是，很遗憾的是这种误用情况屡屡发生在实际应用中，所以很有必要对这些方法进行简要的总结，并要明确指出当前同被引分析中应用这些方法需注意的问题。

1）聚类分析

聚类分析是作者同被引分析中常用的方法之一，它的目的在于发现作者之间共同的研究方向，它的实质是建立一种分类方法，它能够将一批样本数据按照它们在性质上的亲密程度在没有先验知识的情况下自动进行分类。这里所说的类就是一个具有相似性的个体的集合，不同类之间具有明显的区别。聚类分析常用的方法主要有两种：一种是快速聚类分析方法（K-Means cluster analysis）；另一种是层次聚类分析方法（hierarchical cluster analysis）。在同被引分析研究中，常用的是层次聚类分析方法，该方法可以非常灵活地选择各种参数，能够更好地满足实验的要求。层次聚类分析是根据观察值或变量之间的亲疏程度，将最相似的对象结合在一起，以逐次聚合的方式（agglomerative clustering）将观察值分类，直到最后所有样本都聚成一类。层次聚类分析有两种形式：一种是对样本（个案）进行分类，称为Q型聚类，它使具有共同特点的样本聚齐在一起，以便对不同类的样本进行分析；另一种是对研究对象的观察变量进行分类，称为R型聚类。它使具有共同特征的变量聚齐在一起，以便从不同类中分别选出具有代表性的变量作分析，从而减少分析变量的个数。作者同

被引矩阵为对称矩阵，所以根据 Q 型和 R 型方法得到的结果都是一样的。

不管是 Q 型聚类分析还是 R 型聚类分析，一般来讲，分析过程可以分为三个步骤。

（1）数据变换处理。在聚类分析过程中，需要对各个原始数据进行一些相互比较运算，而各个原始数据往往由于计量单位不同而影响这种比较和运算。因此，需要对原始数据进行必要的变换处理（如 Z 分数等），以消除不同计量单位对数据值大小的影响。

（2）计算聚类统计量，即矩阵转化。聚类统计量是根据变换以后的数据计算得到的一个新数据。它用于表明各样品或变量间的关系密切程度。常用的统计量有距离（非相似性，如欧几里得距离）和相似系数（如余弦）两大类。

（3）选择聚类方法。根据聚类统计量，运用一定的聚类方法（如 Ward 法），将关系密切的样品或变量聚为一类，将关系不密切的样品或变量加以区分。选择聚类方法是聚类分析最终的、也是最重要的一步①。

我们可以从上面聚类分析的步骤看出，在聚类分析中实际上已经进行了矩阵的转化（第二步），并且这一转化是必需的。在认识这一点后，我们应当反思当前对于 ACA 的研究（尤其是国内的相关研究）的错误操作，即先把矩阵转化为皮尔逊相关系数，然后将这一矩阵作为输入矩阵（替代原始矩阵），选择欧几里得距离的平方或者其他转化方法进行再次转化，这有画蛇添足的嫌疑，实质上是对聚类分析方法的不了解，这里有必要及时地指出来，以防止这样的错误继续发生。

2）因子分析

因子分析是指用少数几个因子来描述许多指标或因素之间的联系，以较少几个因子反映原资料的大部分信息的统计学方法。它具有以下特点：①因子变量的数量远少于原有的指标变量的数量，对因子变量的分析能够减少分析中的计算工作量；②因子变量不是对原有变量的取舍，而是根据原始变量的信息进行重新组构，它能够反映原有变量大部分的信息；③因子变量之间不存在线性相关关系，对变量的分析比较方便；④因子变量具有命名解释性，即该变量是对某些原始变量信息的综合和反映②。因子分析有四个基本步骤，具体如下。

（1）确定待分析的原有若干变量是否适合于因子分析③。有三种检验方法：一是巴特利特球形检验（Bartlett test of sphericity）；二是反映象相关矩阵检验

---

① 米红，张文璋．实用现代统计分析方法及 SPSS 应用［M］．北京：当代中国出版社，2004：221-232

② 余建英，何旭宏．数据统计分析与 SPSS 应用［M］．北京：人民邮电出版社，2003：292-298

③ 该方面并没在信息科学界得到广泛重视和应用，信息科学界更加关注结果的解释，只要结果能得到合理的解释，该方面就在一定程度上被忽略

(anti-image correlation matrix)；三是 KMO（Kaiser-Meyer-Olkin）检验，KMO 值介于 0 和 1 之间，KMO≥0.9 说明非常适合，0.8≤KMO<0.9 说明适合，0.7≤KMO<0.8 说明一般适合，0.6≤KMO<0.7 说明不太适合，0≤KMO<0.6 说明不适合。

(2) 构造因子变量。因子分析中有多种确定因子变量的方法，如基于主成分模型的主成分分析法和基于因子分析模型的主轴因子法、极大似然法、最小二乘法等。其中，基于主成分模型的主成分分析法是使用最多的因子分析方法之一。主成分分析的步骤主要是：①数据的标准化处理 $x'=\dfrac{x_{ij}-\bar{x}_j}{S_j}$，$\bar{x}_j$ 表示该指标的平均值，S_j 表示该指标的标准差；②计算数据 $[x_{ij}]_{n\times n}$ 的协方差矩阵 R[①]；③求 R 的前 m 个特征值（$\lambda_1\geqslant\lambda_2\geqslant\lambda_3\geqslant\cdots\geqslant\lambda_m$），以及对应的 m 个正向量 u_1，$u_2,u_3,\cdots,u_m$；④求 m 个变量的因子载荷矩阵，因子载荷 a_{ij}[②]就是第 i 个原有变量和第 j 个因子变量的相关系数，即 x_i 在第 j 个公共因子变量上的相对重要性。至于 m 取多少个，由两种方法确定：一是根据特征值的大小确定，一般取大于 1 的特征值。二是根据因子的累计方差贡献率来确定。$Q=\dfrac{\sum_{i=1}^{m}\lambda_i}{\sum_{i=1}^{p}\lambda_i}$，一般 Q 应该在 0.7 以上[③]。三是可以观察碎石图（scree plot）。

(3) 利用旋转使因子变量更具有可解释性。为了很好地解释因子，可以通过对因子矩阵的旋转来达到。旋转的方法有最大变异法（varimax）、四次方最大值法（quartimax）、相等最大值法（equamax）、直接斜交转轴法（direct oblimin）和 Promax 转轴法，其中最常用的是最大变异法[④]。

(4) 计算因子变量得分。因子变量确定以后，对每一样本数据，我们希望得到它们在不同因子上的具体数据值，这些数值就是因子得分。方法有回归法、Barlette 法等。

在当前 ACA 中，因子分析使用得也是比较多的，但是我们从因子分析的步骤来看，首先，因子分析的要求比较严格，要进行严格的检验来探究研究样本数据是否符合因子分析的要求（第一步）。其次，因子分析要求原始变量的分布

---

① 该矩阵为未标准化矩阵

② 至于因子载荷多大方可解释变量，不同学者给出的阈值各不相同，White 和 McCain 认为在 0.5 以上，但也可以适当放宽条件。详见 White H D, McCain K W. Visualizing a discipline: an author co-citation analysis of information science, 1972—1995 [J]. Journal of the American Society for Information Science and Technology, 1998, 49 (4): 336

③ 不同版本的教材说法不一，笔者取最低值作为取值的阈值

④ 吴明隆. SPSS 统计应用实务——问卷分析与应用统计 [M]. 北京：科学出版社，2003：65-66

为正态分布。但是实际情况中，ACA 数据是严重偏斜的。另外，因子分析对变量的要求是必须是等距或者比率数据①。但 Ahlgren 等认为作者同被引数据是定序数据（ordinal data）②，笔者认同这一点③。所以使用因子分析进行 ACA 的时候要格外谨慎，不能滥用。

3）多维尺度分析

多维尺度分析处理的是表示变量亲近性的数据（proximity data)。MDS 的目的是寻找决定多个变量的少数几个变量，并在低维空间内以图形的形式表现出来④。多维尺度法可依其输入（input）及输出（output）数据是计量（metric，比率和等距数据）或非计量数据（non-metric，定序和属性数据）分为三类⑤：完全计量多维尺度法（输入数据与输出结果都是计量数据）、完全非计量多维尺度法（输入数据与输出结果都是非计量数据）、非计量多维尺度法（输入数据是非计量数据但输出结果为计量数据）。对于作者同被引分析的研究，我们输入的是定序数据，输出的是计量数据，所以都选用第三种，即非计量多维尺度法。

在 SPSS 中提供了两种程序可以完成多维尺度分析，分别被命名为“Multidimensional Scaling”和“Multidimensional Scaling（PROXSCAL)”。在“Multidimensional Scaling”中输入数据被假定为非相似性数据，即两个研究对象之间的数值越大说明越不相似，而作者同被引关系数据都是相似性数据，所以不能直接用该程序（这点在平时的研究中要格外注意，Leydesdorff 等曾专门撰文探讨过这方面的问题，详细内容请参见其 2006 年论文⑥)。但是由于作者关系数据需要转化（理由详见下一小节)，那么通过“Create distances from data”则可以实现将相似性数据转化为非相似性数据的目的。该程序产生的结果有两个非常重要的参数来考察结果的优劣性（即拟合优度)：一是 Stress（压力系数)；二是 RSQ（Stress and squared correlation)。Stress 越小约好，而 RSQ 越大越好。

---

① 吴明隆 . SPSS 统计应用实务——问卷分析与应用统计［M］. 北京：科学出版社，2003：69

② 变量一般分为：定性变量（nominal，如性别)、定序变量（ordinal，如学历、频次，为离散型数据)、定距/定比变量（interval/ratio，如年龄，为连续性数据)

③ 但是需要指出的是：Ahlgren 等没有严格限定变量类型，所以他们将 interval/ratio（如余弦）和 counts（也即定序变量，如 Chi-squared measure）算法混在一起推荐给读者，而数据属性应该是既定的，所以笔者认为他们的建议方法是矛盾的

④ 覃频频，牙韩高，何迪 . 多维尺度法在服务质量评价中的应用［J］. 统计与决策，2006，10：142-143

⑤ 余强生 . 就消费者认知分析晶华、老爷、兄弟、福华与远企五家观光旅馆之形象定位[EB/OL] . http：//www. im. usc. edu. tw/chianson/m1/%B6%C0%A9%C9%DE%B1. doc［2008-11-26］

⑥ Leydesdorff L，Vaughan L. Co-occurrence matrices and their applications in information science：extending ACA to the web environment［J]. Journal of the American Society for Information Science and Technology，2006，57（12)：1616-1628

一般 Stress≤0.2①，RSQ≥0.6 时，结果可以接受。在“Multidimensional Scaling（PROXSCAL）”中输入数据的类型可以选择，比较灵活，既可以选择相似性数据，也可以选择非相似性数据。该程序产生的一个非常重要的参数是 Normalized Raw Stress② 和 Dispersion Accounted For（D. A. F.），Normalized Raw Stress 该参数越小越好③，D. A. F. 相当于 RSQ，越大越好。

多维尺度分析结果可以从以下几个方面解释④：聚成的类表示一个关系密切的群体，它们在内容和主题上有着一致性；类的大小直接反映这个主题的集中程度和学者对它们的关注程度，一般来说，理论性强、较受重视的研究领域会形成较大的类；分析类群之间相互的距离，反映各自主题的相关程度，距离越大，说明它们研究的主题越独立；位于一个对象群中心的分析对象与该类群中许多对象相联系，是该专业学科中涉及面最广的、质量较高的研究主题。越在边缘的越说明其研究主题狭小，或者正在过渡到其他主题；位置接近但是没有分到同一类群中的分析对象有着重要的研究意义，可以解释两个分析对象是怎样相关的、影响它们关系的因素有哪些等。

从上面的简单介绍，我们可以看出，多维尺度分析作为一种数据挖掘和可视化方法，它对原始数据有着一定的要求，要求达到一定的检验标准，并且要求也是比较严格的。MDS 分析并不具有分类的功能，只能大概地通过观察看到一些群的划分，但是不能精确。所以 MDS 结果的分析要结合聚类分析或者因子分析进行。但是多维尺度最大的问题还不是这方面，而是其在处理大数据样本时的乏力，即对于上百（尤其是超过 200）的研究对象，多维尺度展现的将更是一种大概的情况，有许多点重叠在一起，很难详细分析点和点之间的关系（首先是很难辨认），所以笔者认为 MDS 不适合对过多研究对象的研究。

从上面的分析可以看出，因子分析对变量的分布形态要求较高，且需要首先通过检验方可进行进一步分析。多维尺度分析虽然对分布形态要求不是很高，但是也需要通过一定的检验方可进行进一步分析，并且对于样本数量有着较大的限

---

① 1964 年，由 J. B. Kruskal 提出“压力系数”的概念与指标后，又建立起一个评估所得到图形与输入数据间的配合度（goodness of fit）优劣的标准（用 poor，fair，good，excellent 和 perfect 表示），使之更为完备。Kruskal 将 Stress 的大小分为五级，各代表不同的配合程度。具体为：0.200 表示不好（poor）；0.100 表示还可以（fair）；0.050 表示好（good）；0.025 表示非常好（excellent）；0.000 表示完美（perfect）

② 还有几个参数，如 Stress-I，Stress-II 等，具体含义和算法参见：Proxscal［EB/OL］. http：//www.mcl.fh-osnabrueck.de/～articles/Zinke/SPSS/Help/algorithms/proxscal.pdf［2008-11-26］. 几个参数的优劣性还可参见：Groenen P J F，van de Velden M. Multidimensional scaling［EB/OL］. http：//publishing.eur.nl/ir/repub/asset/1274/ei200415.pdf［2008-11-26］

③ 至于具体小于多少并没有具体规定

④ 马瑞敏，邱均平. 基于 CSSCI 的论文同被引实证计量研究——以图书馆学、情报学为例［J］. 图书情报知识，2005，(10)：77-79，98

制，超过一定样本数量，结果不是很清晰。而聚类分析相较其他两种方法，有着较大的灵活性，可以根据具体的研究目的选择不同的矩阵转化算法和聚类算法，所以，当前进行 ACA 研究时，对于作者的分类方法应该以聚类分析为主。

4. 同被引矩阵转换的问题

1）当前争议的具体内容

关于矩阵转化方法的选择无疑是最近几年争论最激烈的问题之一。而这一争论的导火线是 Ahlgren 等撰写的 *Requirements for a cocitation similarity measure, with special reference to Pearson's correlation coefficient* 一文。在这篇文章中，作者几乎全盘否定了使用了 20 多年的皮尔逊相关系数法，认为皮尔逊相关系数对于 0 模块非常敏感，而这些“无用的 0 模块”影响了两个作者之间皮尔逊相关系数的大小，所以皮尔逊相关系数法在计算两个作者相关关系大小时是不稳定的，并且该方法违背了同被引相关系数成立的两个必要条件：一是对于相似性测度，变量 A 和变量 B 的相关系数 s（A，B）在加入 0 模块后不能减少（即大于等于）；二是未加入 0 模块前，如果 s（A，B）$>s$（C，D），那么加入 0 模块后，这种关系也仍要保持[①]。从这一质疑开始，对于矩阵转化的方法问题便开始了持续不断的争执。

Ahlgren 等认为皮尔逊相关系数的使用只是 McCain 在当时环境下的使用偏好[②]，他们建议使用卡方距离和余弦相关系数取代皮尔逊相关系数[③]。紧接着，相关学者就此问题开始了争论。Bensman 和 White 坚决地支持继续使用皮尔逊相关系数[④⑤]，尤其是 White 通过对 Ahlgren 等的论文中的数据进行实证检验后发现结果能够得到很好的解释[⑥]。而 Ahlgren 等则认为自己提出的“两个必要条件”是完全正确的，应该拒绝在以后的研究中使用皮尔逊相关系数，并且他们

---

① Ahlgren P, Jarneving B, Rousseau R. Requirements for a cocitation similarity measure, with special reference to Pearson's correlation coefficient［J］. Journal of the American Society for Information Science and Technology, 2003, 54（6）: 550-560

② Ahlgren P, Jarneving B, Rousseau R. Requirements for a cocitation similarity measure, with special reference to Pearson's correlation coefficient［J］. Journal of the American Society for Information Science and Technology, 2003, 54（6）: 550

③ 注意他们只是建议，至于具体使用什么样的方法，还需要检验。他们也认为当前不会仅存在一种所谓“最好”的方法，而要根据研究的目标和结果具体对待。

④ Bensman S J. Pearson's *r* and author cocitation analysis: a commentary on the controversy［J］. Journal of the American Society for Information Science and Technology, 2004, 55（10）: 935-936

⑤ White H D. Replies and a correction［J］. Journal of the American Society for Information Science and Technology, 2004, 55（9）: 843-844

⑥ White H D. Author cocitation analysis and Pearson's *r*［J］. Journal of the American Society for Information Science and Technology, 2003, 54（13）: 1250-1259

的建议在欧洲得到了广泛的认同①②。而在 2006 年，Leydesdorff 发表了 *Co-occurrence matrices and their applications in information science: extending ACA to the Web environment* 一文，在该文中他提出原始共现对称矩阵根本不应该进行任何转化，需要转化的是非对称共现矩阵。如果进行了转化，则破坏了数据的属性③。但是，这一提法很快被 Waltman 和 van Eck 否定，他们首先认为矩阵转化是必要的，其次还指出低版本 SPSS 中 PROXSCAL 程序的错误，错误的程序导致了错误的多维尺度分析结果④。Leydesdorff 继而对该文进行了反驳，他利用 Pajek 可视化软件重新对 Ahlgren 等的论文中的数据进行了实证研究，他发现基于原始数据的可视化结果要好于基于皮尔逊相关系数的可视化结果⑤。但是这样的争论并没有就此结束，Leydesdorff 又发表了 *On the normalization and visualization of author co-citation data: Salton's cosine versus the Jaccard Index*一文，他认为 Jaccard 指数更加适用于共引数据，比余弦有着优越性⑥。不久之后，van Eck 和 Waltman 提出用 Jensen-Shannon 离散量和 Bhattacharyya 距离方法来测定作者之间的相似度⑦。

除了 Ahlgren 等对皮尔逊相关系数的质疑问题，有两个问题还需要引起重视：一是应用皮尔逊相关系数时数据样本的分布问题。Ahlgren 等在论文中提到论文审稿人建议他们对皮尔逊相关系数的应用的前提应该是"变量服从于正态分布"，同被引数据的分布大部分情况下是偏斜的，所以并不能使用皮尔逊相关系数。二是皮尔逊相关系数是否属于相似性测度。Ahlgren 等认为皮尔逊相关系数并不属于相似性测度，只是线性关系的测度。van Eck 和 Waltman 则举例说明了皮尔逊相关系数的确只是线性关系的测度。综合以上分析，皮尔逊相关系数的确在理论方面存在着缺陷，使用时需要谨慎。

---

① 这是 Rousseau 博士在与笔者的 E-mail 交流中提及的

② Ahlgren P, Jarneving B, Rousseau R. Rejoinder: in defense of formal methods [J]. Journal of the American Society for Information Science and Technology, 2004, 55 (10): 936

③ Leydesdorff L, Vaughan L. Co-occurrence matrices and their applications in information science: extending ACA to the Web environment [J]. Journal of the American Society for Information Science and Technology, 2006, 57 (12): 1616-1628

④ Waltman L, van Eck N J. Some comments on the question whether co-occurrence data should be normalized [J]. Journal of the American Society for Information Science and Technology, 2007, 58 (11): 1701-1703

⑤ Leydesdorff L. Should co-occurrence data be normalized? A rejoinder [J]. Journal of the American Society for Information Science and Technology, 2008, 58 (14): 2411-2413

⑥ Leydesdorff L. On the normalization and visualization of author co-citation data: Salton's cosine versus the Jaccard index [J]. Journal of the American Society for Information Science and Technology, 2008, 59 (1): 77-85

⑦ van Eck N J, Waltman L. Appropriate similarity measures for author co-citation ananlysis [J]. Journal of the American Society for Information Science and Technology, 2008, 59 (10): 1653-1661

从上面的争论我们可以看出，核心问题集中在两个方面：一是对称同被引矩阵在多变量分析中是否需要转化；二是如果需要转化，转化的方法是什么。

2）一些思考与解决方法

A. 关于矩阵是否需要转化的问题

由于 Leydesdorff 选取的数据样例为美国各大城市之间的距离，他认为用皮尔逊相关系数算法转化后的矩阵进行 MDS 分析时与实际情况不符合。但笔者认为这并不是否定同被引矩阵转化的充分理由①。因为地理数据和同被引数据是有差别的。对于地理数据，A 城市离 B 城市近，B 城市离 C 城市近，那么 A 城市和 C 城市也离得近，这种关系推理很明显，是必然的。但对于同被引数据这种关系并不是必然的，有时甚至差别很大。比如，A 作者和 B 作者同被引高，B 作者和 C 作者同被引也高，但是不一定推出 A 作者和 C 作者同被引也高。所以这就需要用一种测度方法将矩阵转化，进一步发现各变量之间的关系。另外，正如前面对于多元统计原理的介绍（尤其是步骤的介绍），矩阵转化是进行多元统计分析的基础，不论是聚类分析，还是因子分析和多维尺度分析，都必须进行矩阵转化。可以说，在很大程度上，正是由于数据挖掘的需要，同被引矩阵必须进行一定的转化。至于转化的方法，可以是相似性转化，也可以是非相似性转化。

B. 关于数据无量纲化的问题

其实在很多文献尤其是较早文献中，学者们就都强调了这一点的重要性②，但是我们发现在实际操作中，不管是国外还是国内都忽略了这一点，而它是非常重要的。由于同被引强度受学科、专业甚至研究方向的影响很严重，所以组成的矩阵数据差别大，如科学计量学者之间同被引强度较高，而信息检索学者之间同被引强度低。这样相当于变量单位（量纲）不同而造成了数据相差悬殊的现象。而标准化则可以缩减这样的差距，减少突兀数据的影响，在以后矩阵的运算中能更好地表现出变量间的关系，无量纲化对于数据的优化有着重要作用。那么使用何种无量纲化方法呢？一般来讲有两种：一是标准化方法；二是规格化方法。而标准化方法常用的是 Z 分数［式（5-1）］，规格化方法常用的是将数据变化到 0 到 1 范围内［又称为极差正轨比变化，式（5-2）］。

$$Z_{ij}=\frac{X_{ij}-\overline{X}_j}{S_j} \tag{5-1}$$

其中，$\overline{X}_j$ 为该指标的平均值；S_j 为该指标的标准差。

$$X_{ij}{}'=\frac{X_{ij}-\min\limits_{1\leqslant i\leqslant n}\{X_{ij}\}}{\max\limits_{1\leqslant i\leqslant n}\{X_{ij}\}-\min\limits_{1\leqslant i\leqslant n}\{X_{ij}\}} \tag{5-2}$$

---

① 这也是笔者与 R. Rousseau 博士在 E-mail 交流中提及的

② 罗式胜．文献计量学［M］．广州：中山大学出版社，1992

下面对式（5-1）和式（5-2）进行比较，式（5-1）充分利用了每个变量的所有信息，包括平均数和方差；而式（5-2）只是利用了每个变量的两个极值，即最大值和最小值，在同被引数据中，每个变量的最小值往往是 0，那么式（5-2）实际上就是每个变量的每个值除以这个变量的最大值，这样，这一标准化方法受到极值（即最大值）的影响是非常大的，而在同被引数据的变量中，我们可以发现每个作者（即相当于变量）的影响力是不一样的，和其他作者的同被引强度也是不一样的，有可能和某个作者的值非常大而与其他作者的值却比较小，这样实质上最大值成了一个突兀点。所以利用式（5-2）来进行数据标准化是不合适的。再回到式（5-1），它对分布形态有一定的要求，即每个变量的分布形态应该是一致的，这里并不强调一定是正态分布。同被引数据都是偏斜的，但它们的分布形态是一致的（虽然不是正态分布）。当然，也需要强调的是，对于分布形态的过分要求似乎在聚类分析中并不是那么特别重要，White 也提出了类似的看法，他认为即使通过对数转化进行了标准化，结果也是没什么大的变化，并且加大了实际操作的复杂性。所以这里选择 Z 分数作为数据标准化算法。

C. 关于矩阵转化方法的问题

a. 皮尔逊相关系数和余弦的关系探究

当前关于矩阵转化方法的争论，最广泛的是集中在皮尔逊相关系数和余弦两者之间。那么它们之间究竟有何关系呢？首先给出它们两种相似性测度方法的公式，分别如式（5-3）和式（5-4）所示。

$$r(x, y) = \frac{\sum_{i=1}^{k}(x_i - \bar{x})(y_i - \bar{y})}{\sqrt{\sum_{i=1}^{k}(x_i - \bar{x})^2(y_i - \bar{y})^2}} \tag{5-3}$$

其中，k 为每个样本的变量个数；x_i 为第一个样本在第 i 个变量上的取值；y_i 为第二个样本在第 i 个变量上的取值。

$$\cos(x, y) = \frac{\sum_{i=1}^{k} x_i y_i}{\sqrt{\sum_{i=1}^{k} x_i^2 y_i^2}} \tag{5-4}$$

参数意义同式（5-3）。

从上面两个公式，可以发现它们两者的表达形式非常相似。式（5-4）进行如下变形：分子和分母同时标准化（Z 分数）得到式（5-5）。

$$r(x, y) = \frac{\sum_{i=1}^{k}\left(\frac{x_i - \bar{x}}{s_x}\right)\left(\frac{y_i - \bar{y}}{s_y}\right)}{\sqrt{\sum_{i=1}^{k}\left(\frac{x_i - \bar{x}}{s_x}\right)^2\left(\frac{y_i - \bar{y}}{s_y}\right)^2}} \tag{5-5}$$

这样，很明显地可以看出，式（5-5）是式（5-4）的标准化形式，标准化方法为 Z 分数［见式（5-1)］。由此可见，皮尔逊相关系数就是余弦的标准化形式。而皮尔逊相关系数对分布还有个要求，那就是两个变量的联合分布也需要是正态分布，这个要求是非常苛刻的。并且，皮尔逊相关系数会有负值，虽然通过一定的转化可以变为正值，如通过（$r+1$）/2 的方式即可将皮尔逊相关系数转化为 0 到 1 范围内，而余弦［式（5-4)］则全部落在 0 到 1 范围内，不需要转化，容易理解。所以在数学原理及读者理解方面，余弦要优于皮尔逊相关系数。

b. 对于 Ahlgren 等提出的“两个必要条件”的质疑

很明显，Ahlgren 等是从数学原理上进行了矩阵转化方法的定义与推理，并没有给出任何实证。而 White 从“为什么选择皮尔逊相关系数”“用 Ahlgren 等的论文中的数据进行皮尔逊相关系数与余弦及卡方的比较分析”“使用皮尔逊相关系数应注意的问题”三个方面进行了详细描述。可以说，White 的论文是从实用性角度出发来考察每种矩阵转化算法的优劣性，他发现这三种方法得到的聚类结果并没有很大差别，都能够得到较好的解释。所以，他认为皮尔逊相关系数并不比其他转化算法差。由此可见，当前的争论实质上是理论性和实用性的争论。实用性已经在 White 的论文中进行了详细的分析和验证，下文将对 Ahlgren 等提出的两个必要条件（具体见前文“当前争议的具体内容”部分）进行分析。笔者的基本观点是：他们提出的这两个必要条件有着“武断性”，虽然看起来像是数学推论，但是笔者认为其实质是逻辑推理，而这样的推理有一定的漏洞。具体理由如下。

表 5-2　Ahlgren 等的论文中的示例数据

	A	B	A1	A2	A3	A4	A5	A6	A7	A8
A	—	7	1	2	3	4	0	0	0	0
B	7	—	10	11	12	13	0	0	0	0

对于条件 1，他们举例数据如表 5-2 所示，A5～A8 是后面加入的 0 模块（先不考虑对角线问题），在未加入前 A 和 B（字母代表作者）之间的皮尔逊相关系数 $r=1$，即完全相关。在加入 0 模块后（加入 4 列 0）变为 $r=0.91$。从而得出皮尔逊相关系数不满足条件 1，存在一定问题。而对于余弦，不管是否加入 0 模块，A 和 B 之间的相关系数都为 0.948，满足条件 1 中“等于”这一情况，由此可见余弦比皮尔逊相关系数要“科学”。但是我们从另一角度来思考这个结果，就会发现条件 1 的缺陷，前面已经介绍了相对相似性，即 A 和 B 的关系不是由他们之间的绝对数（A 和 B 之间的同被引强度，表 5-2 中为 7）决定，而是由 A 和 B 两个向量的相关性所决定（即组成向量的每个值都有影响）。既然向量中的每个值都有着作用，不管是否是 0，都会对结果产生影响。假设我们加入 100 列 0 模块，那么余弦仍然保持 0.948，而皮尔逊相关系数则变为 0.946（值

上升了)，即随着0模块的加入两个变量之间更加相似，这是符合我们的一般逻辑的，也符合相对相似性原理。所以条件1中“大于等于”中的“等于”显然是不科学的。而对于“大于”来说也是非常主观的，因为0模块的加入会改变原来向量每个值的排序，从而是否非得需要“大于”这个约束条件是值得斟酌的。

对于条件2，笔者认为更加主观，因为这一假设完全脱离了相对相似性的基本原理，即完全忽略了0模块的影响，而0模块的加入必然会导致A和B的相关系数［r（A，B)］变化，也必然导致C和D的相关系数［r（C，D)］的变化①。至于变化为怎样的情况，这个和具体算法有关，不同的算法导致的结果是不同的，有的算法（甚至很多算法）可能导致原来关系的改变，这个是很正常的。依据条件2来说，0模块的加入似乎只能够维持原来的关系，而不能改变原来的关系，这似乎没有什么数学依据，也没有什么逻辑推理。所以条件2也有问题，这一条件的提出有着较为强烈的主观色彩②。另外，如果按照他们这两个条件，那么只有余弦和卡方这两种方法才是最理想的矩阵转化方法，而这并没有得到数学界的证实，否则也不会出现10多种不同的相似性和非相似性算法。综上所述，这两个必要条件似乎看起来主要是为了驳倒皮尔逊相关系数而设定的，主观色彩浓厚，并不是很科学。

c. 用欧几里得距离的平方代替皮尔逊相关系数和余弦

从上面的分析来看，相对于皮尔逊相关系数，余弦从原理上的确占据了上风。那么，余弦系数是否就是最好的呢？经过文献调研和思考，笔者发现欧几里得距离的平方（squared Euclidean distance，SED）比余弦更加优越。式(5-6)给出的是原始的SED公式，式（5-7）给出的是标准化的SED公式，标准化方法为Z分数。

$$\mathrm{SED}(X,Y)=\sum_{i=1}^{k}(x_i-y_i)^2 \tag{5-6}$$

$$\mathrm{SED}'(X,Y)=\sum_{i=1}^{k}(x_i{}'-y_i{}')^2 \tag{5-7}$$

下面的讨论都是基于式（5-7）（后文都称为SED公式）而展开。欧几里得距离的平方具体有以下几点优点。

(1) 分布要求不是那么严格，适用面较广。从SED公式可以看出，该公式并不要求变量分布一定为正态分布，只要两个变量分布一致即可，并且只是两个向量（这里即是作者）之间距离的测度，并不要求它们的联合分布也需要一

---

① 这里肯定了0模块的影响，而不是将其掩盖起来

② 这点在Bensman的论文中也进行了分析。详见Bensman S J. Pearson's r and author cocitation analysis: a commentary on the controversy［J］. Journal of the American Society for Information Science and Technology, 2004, 55 (10): 935-936

定的分布限制，这样就避免了皮尔逊相关系数的使用前提的限制。

（2）程序的统一性。在 SPSS 软件中，相对于皮尔逊相关系数和余弦[①]等方法，SED 不论是进行聚类还是进行多维尺度分析，都可以将原始矩阵直接作为输入矩阵，事先不需要任何转化。对于聚类，可以根据图 5-2（a）所示将原始矩阵按照 SED 方法转化为 SED 非相似矩阵。对于多维尺度分析，也可按照同样的方法将原始矩阵转化为 SED 非相似性矩阵［界面详见 5-2（b）］。这样不管是聚类还是多维尺度分析，实际操作的矩阵都是 SED 非相似性矩阵[②]。如果用余弦替代的话，程序的统一性难以保障，因为对于多维尺度分析，必须输入余弦相似矩阵[③]，而这又需要对原始矩阵进行转化，程序又显得烦琐[④]。

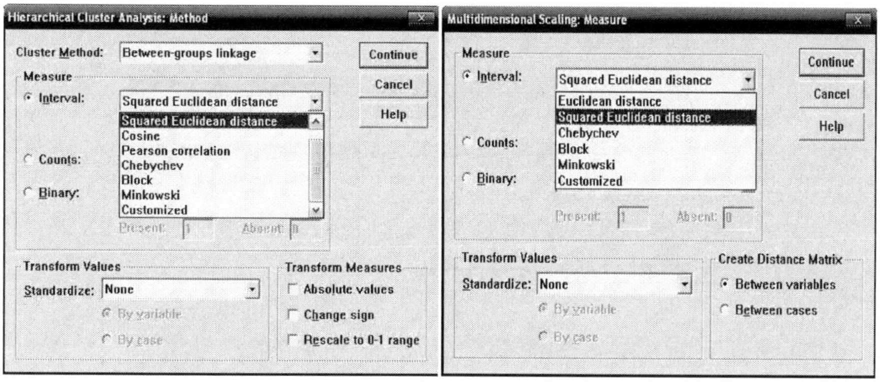

（a）聚类分析的方法对话框　　　　（b）多维尺度分析的测度对话框

图 5-2　SPSS 中聚类分析与多维尺度分析对话框

---

① 这里主要是用欧几里得距离的平方、皮尔逊相关系数（传统沿用方法）和余弦（当前被多数学者接受）进行比较，后两者在一定时间段内都具有很好的代表性，得到了广泛应用。其他方法（如对于二分变量的 Jaccard 指数）并没有被得到广泛认可和使用

② 在 SPSS 的具体操作中，步骤如下：对于聚类分析，最主要的是使用了图 5-2（a）的对话框，可以看到，在 Cluster Method 中可选择不同的聚类方法，包括最远距离法、Ward 法等。在 Measure 的 Interval选项中，可以清楚看出各种测度方法（即矩阵转化的方法），如 SED。这些测度方法将原始同被引矩阵转化为目标矩阵（如 SED 非相似性矩阵等），然后根据给定的 Cluster Method 来进行聚类并输出结果。另外，数据如果需要标准化的话，可以在图 5-2（a）对话框中一并实现，即在 Standardize 下选择某种方法，如 Z 分数、0-1 数值范畴等。对于多维尺度分析，由于数据需要进行 SED 转化，所以不能直接进行，而需要一些步骤的选择。具体操作如下：首先要选择数据形式为“从数据中创建临近矩阵”（create proximities from data）。然后在图 5-2（b）所示的对话框中可以看到各种转化方法（SED 算法）。另外，数据如果需要标准化的话，其相应方法也可以同时选择。这样在输入原始矩阵后也可自动实现向 SED 矩阵的转化并完成了多维尺度分析。这和先输入 SED 矩阵是一样的效果，大大节省了数据处理时间

③ MDS 中数据转化的方法只能是非相似性算法，并不提供相似性算法

④ 从图 5-2（a）也注意到，对于聚类分析也完全没有必要事先把原始矩阵转化为皮尔逊相关系数或者余弦或者 SED，然后将转化后的矩阵作为输入矩阵，否则将选择什么样的测度来继续转化矩阵？实乃画蛇添足。而笔者认为在我国很多相关研究中并没有得到应有的关注，有滥用 SPSS 聚类程序嫌疑，特此指出

（3）和 Ward 聚类方法完美衔接。在作者同被引分析中，最主要使用的方法是最远距离法（furthest neighbor）和离差平方和法（Ward's method）①。最远距离法是指以当前某个样本与已形成小类中的各样本距离的最大值作为当前样本与该小类之间的距离。Ward 方法是由 Ward 提出来的，其思想来源于方差分析。如果类分得正确，同类样品的离差平方和应当较小，类与类之间的离差平方和应当较大。尤其需要注意的是，样品间距离为欧氏距离，即该方法的选用必须选择欧式距离（或者欧式距离的平方）这一样本距离测量方法②。并且 Jarneving 指出该方法要优于其他方法③，吴庄胜也指出该方法得到的聚类结果精度要比其他方法得到的结果高④。所以，选择 SED 矩阵转化方法，可以与最合适的聚类方法相结合，得到的结果应该更加科学。

5.2 基于作者同被引关系的科学交流知识结构可视化方法

5.2.1 当前可视化方法述评

事实上，作者同被引关系的可视化方法很多⑤，李运景⑥曾经在其博士学位论文中从测度能力、计算量、版面和应用范围四个方面总结了多维尺度分析、自组织映射神经（self-organizing map，SOM）、寻径网络（pathfinder network，PF-Net）、最小生成树（minimum spanning tree，MPT）、三角测量(triangulation)和力矢量布局（force directed placement，FDP）等⑦六种比较常用可视化方法的优劣势。具体如表 5-3 所示。

① McCain K W. Mapping authors in intellectual space：a technical overview ［J］. Journal of the American Society for Information Science，1990，41（6）：437

② 在 SPSS 中，如果 Ward 聚合方法和欧式距离不配合，那么结果是无法输出的

③ Jarneving B. A variation of the calculation of the first author cocitation strength in author cocitation analysis ［J］. Scientometrics，2008，77（3）：492

④ 吴庄胜 . 用欧几里得距离进行系统聚类研究零件成组 ［J］. 成组技术与生产现代化，1988，（5）：33

⑤ 由于篇幅关系，下文不对每种可视化方法进行详细的介绍，可参见相关书籍和论文。

⑥ 李运景 . 可视化引文分析在科技史中的应用研究——以杂交水稻育种研究为例 ［D］. 南京：南京农业大学，2007：120

⑦ 李运景的博士学位论文还列出了聚类分析和因子分析两种多元统计方法，笔者认为这两种方法的主要目的是分类，而非可视化，它们可以辅助可视化结果更加科学化的展现。所以，在此并未列出

表 5-3 作者同被引关系可视化方法比较表

可视化方法	测度能力	计算耗时	版面	应用范围
多维尺度分析	有限	短	固定	广
自组织映射神经	高	长	固定	广
寻径网络	中等	短	固定	广
最小生成树	中等	短	固定	广
三角测量	中等	短	固定	窄
力矢量布局*	有限	中等	动态	广

*他的博士学位论文中对于每个指标评价结果的原因并未给出，笔者对其进行了一定的修正。比如，力矢量布局，将其应用范围修改为“广”。具体理由见正文

从表 5-3 来看，每种方法都有自己的优劣势，迄今为止还没有一个最好的可视化方法。多维尺度分析在上文中已经提及，它不适合大数据样本的分析，主要是由于其显示结果使得一些点（即每个作者）重合在一起，不易分辨。自组织映射神经虽然测度能力高，但是它的算法比较复杂，不容易理解，并且运行时间长，不适合于大数据样本的分析①。最小生成树在实际应用中比较多，如南京大学的朱学芳等②就基于最小生成树开发了作者同被引分析系统。三角测量是最早由 Lievrouw 等学者引入③，而 Small④ 将其改进并推广，但其应用范围比较狭窄。力矢量布局是一种基本的布点算法，它能够将节点更加科学地显示在平面上，在当前科学计量学界有着广泛的应用，Leydesdorff 一直是利用这种可视化方面进行共现分析的实践者（他利用该方法可视化了多个学科的知识结构，详见其个人网站 http：//users. fmg. uva. nl/lleydesdorff/）。寻径网络无疑在知识图谱的研究方面得到了大家的广泛关注，Chen 最早将该方法引入了科学计量学领域，并且开发了相应的系统，即 CiteSpace。Chen 在知识领域可视化方面做出了突出贡献，发表了许多高影响力的论文，不仅得到科学计量学界的认可，在计算机科学领域也有着广泛影响力。然而，真正引起科学计量学界关注的导火索是 White 博士于 2003 年发表了 *Pathfinder networks and author cocitation analysis：a remapping of paradigmatic information scientists* 一文，他将 Pathfinder 算法首次详细地应用在 ACA 中，迅速得到了大家的关注。可以说，

① 陈作平，叶正麟，赵红星，等．基于部分失真搜索的自组织映射学习算法［J］．计算机应用，2006，26（2）：442-444

② 朱学芳，周挽澜，常艳丽．中文作者共被引分析系统可视化实现研究［J］．情报学报，2008，27（4）：572-577

③ Lievrouw L A，Rogers E M，Lowe C U，et al. Triangulation as a research strategy for identifying invisible-colleges among biomedical scientists［J］. Social networks，1987，9（3）：217-248

④ Small H. Visualizing science by citation mapping［J］. Journal of the American Society for Information Science，1999，50（9）：799-813

Pathfinder 算法引入是 ACA 发展历程上重要的突破。同时，Pathfinder 算法还改进了最小生成树方法，比最小生成树更加灵活（见后文该算法原理部分），具有一定的优越性。当然它也有一定的缺点，这将在后文阐述。

5.2.2 可视化应达到的标准

需要指出的是，李运景博士的评价标准主要是对于可视化方法主要还是外部特征的评价，对于可视化效果的内在要求有所忽略。那么，ACA 结果可视化到底应该达到什么目标呢？这是进行可视化的基本出发点。除了李运景博士提出的评价标准外，笔者认为 ACA 结果的可视化还需要达到以下几个标准（也是后文提出的可视化方法的特点）。

(1) 结果呈现的简洁性。在一些 ACA 结果可视化中，我们可以看到很多作者之间都有着连线，纵横交错，呈现出复杂的网状结构，很难分辨清楚。比如，一个作者可能和许多作者都有同被引关系，如果在图上都用连线表示出来，显得主次不分且重点不突出。所以，结果呈现要简洁，勾勒出作者之间、研究方向之间最主要的关系即可。

(2) 结果呈现的易读性。我们进行可视化的目的就是让读者更加清晰方便地认识一个学科或者领域的科学交流知识结构。这一读者不仅仅包括这个学科或者领域的读者，还包括其他学科或者领域对该领域感兴趣的读者。并且，每个读者对于一个学科或者领域的交流结构认识程度和水平是有差别的，如何让这些读者更明确地了解一个学科或者领域的结构无疑是非常重要的，让读者更便捷地了解结果应是可视化追求的目标之一。需要强调的是，简洁性和易读性有一定差别，简洁的结果不一定易读，而易读的结果应该是简洁的。

(3) 多研究方向作者的合理呈现。在 ACA 中，作者的研究方向决定了它的群体归属，如果如聚类分析那样分类，那么就难以看出作者研究方向的多样性，而作者研究方向的非单一性是普遍存在的。ACA 结果的可视化也要满足这样的要求，这样才能更加科学。

5.2.3 一种新的可视化方法

基于 5.2.1 小节和 5.2.2 小节的分析与思考，笔者提出一种新的可视化方法，即将聚类分析、寻径网络及力矢量布局方法糅合在一起的可视化方法。前文已经对聚类分析的原理进行了介绍，下面首先要介绍的是寻径网络和力矢量分布（force-directed algorithm，FDA）的原理。

1. 网络寻址定位算法原理及使用中的注意事项

这一小节首先介绍网络寻址定位（pathfinder network scaling，PNS）算法的原理，然后从“当前 ACA 研究中对 Pathfinder 的误用与修正”和“可视化的数据是基于绝对相似性还是相对相似性?”两个方面讨论在使用网络寻址定位算法时应该注意的事项。

1）网络寻址定位算法的原理

网络寻址定位算法最早由 R. W. Schvaneveldt 在 1988 年提出，初衷是为了解决非相似性矩阵的可视化问题。它的基本理论是基于三角形不等式公理，并且能够从矩阵中选择出最突出关系，最大限度地减少不必要的连线①，能够更加清晰地展示节点之间的关系，由该算法产生的结果被称为寻径网络②，在心理学、社会学、数学和计算机科学中都有着重要的研究指导意义。

网络寻址定位算法主要依赖于两个参数——r 和 q，即一个 PFNet 网络可以表示为 PFNet（r，q）。q 用来限定最小权重途径（minimum-weight paths）的范围（即可经过几个点，最多为 $n-1$ 个），从而测度替代途径的距离；r 用来定义两点之间的明可夫斯基距离（Minkowski distance）。一条有 k 个连接的途径 P 的权重由以下公式计算：

$$W(P)=\left(\sum_{i=1}^{k} w_i^r\right)^{1/r}$$

从以上公式来看，当 $r=1$ 时，$W(P)=\sum_{i=1}^{k} w_i$，即所有连接的权重之和；当 $r=\infty$时，$W(P)=\max_i w_i$，即所有连接中最大的权重。

由于两点之间的途径不止一条，所以在计算两点距离的时候就需要有所取舍，计算的标准为

$$D_{ij}=\min(W(P_{ij1}),W(P_{ij2}),\cdots,W(P_{ijm}))$$

其中，m 为 i 和 j 之间的途径数量。

当 $q=n-1$（n 为节点数），$r=\infty$时，得到最小连接（最小成本）的 PFNet（minimally connected PFNet 或者是 minimum-cost PFNet）。这一 PFNet 有着最少的连接。对于对称矩阵，该 PFNet 是所有最小生成树的联盟，包括了在任何最小生成树中出现的连线，并且不违背三角形不等式公理，它是所有 PFNet 中

① 在相关文献中，经常出现 arc 和 edge 这两个词，arc 是指有方向性的线，edge 是指无方向性的线，对于对称矩阵来说，都是无方向性的线（即 edges）

② Chen C. Mapping Scientific Frontiers：The Quest for Knowledge Visualization［M］. London：Springer-Verlag，2003

最简单的，也是唯一的①②。后文实证和应用得到的 PFNet 都是基于 $q=n-1$，$r=\infty$ 这样的前提条件。

在 *Pathfinder Associative Networks*：*Studies in Knowledge Organization* 一书中作者总结了 PFNet 的优势，具体有以下六点③：①PFNet 可以适用于有向的非对称矩阵数据，而这在多维尺度分析中是比较困难的；②较多维尺度分析来说，PFNet 可以更好地表现原始数据之间的关系；③PFNet 不受大多数聚类分析中的相关约束的影响；④PFNet 可以表现节点之间最显著的关系；⑤PFNet 提供了一种研究分类模型的范式；⑥PFNet 提供了一种研究定性或者主观设计的网络数据的定量范式。

为了使大家对该方法有更深入和直观的了解，下面将介绍一个例子，具体展示该算法的运算过程，该例子引自该书的 344 页。

对于一个非相似性 $A=\begin{array}{c} \\ A \\ B \\ C \\ D \\ E \end{array}\begin{array}{c} \begin{array}{ccccc} A & B & C & D & E \end{array} \\ \begin{bmatrix} 0 & 1 & 3 & 2 & 3 \\ 1 & 0 & 1 & 4 & 6 \\ 3 & 1 & 0 & 5 & 5 \\ 2 & 4 & 5 & 0 & 4 \\ 3 & 6 & 5 & 4 & 0 \end{bmatrix} \end{array}$，其关系可表示为图 5-3，我们计算在 $q=n-1$，$r=\infty$ 条件下两点间的距离 $D=\begin{array}{c} \\ A \\ B \\ C \\ D \\ E \end{array}\begin{array}{c} \begin{array}{ccccc} A & B & C & D & E \end{array} \\ \begin{bmatrix} A & 0 & 1 & \boxed{1} & 2 \\ 1 & 0 & 1 & \boxed{2} & \boxed{3} \\ \boxed{1} & 1 & 0 & \boxed{2} & \boxed{3} \\ 2 & \boxed{2} & \boxed{2} & 0 & \boxed{3} \\ 3 & \boxed{3} & \boxed{3} & \boxed{3} & 0 \end{bmatrix} \end{array}$④，相对于 A 来看，D 中有几个数值发生了变化（用“□”圈出），这就说明它们之间的连线并不是最佳的，需要去掉，得到最终要的结果，如图 5-4 所示。

---

① Schvaneveldt R W, Dearholt D W, Durso F T. Graph theoretic foundations of pathfinder networks [J]. Comput. Math. Applic., 1988, 15 (4): 337-345

② Schvaneveldt R W. Pathfinder Associative Networks: Studies in Knowledge Organization [M]. New Jersey: ABLEX Publishing Corporation, 1989: 15

③ Schvaneveldt R W. Pathfinder Associative Networks: Studies in Knowledge Organization [M]. New Jersey: ABLEX Publishing Corporation, 1989: 3

④ 距离矩阵 D 的得到请参见上文介绍的算法和步骤

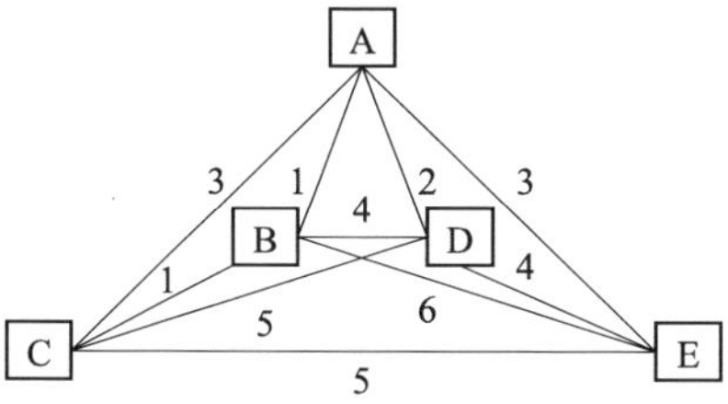

图 5-3　原始数据关系图

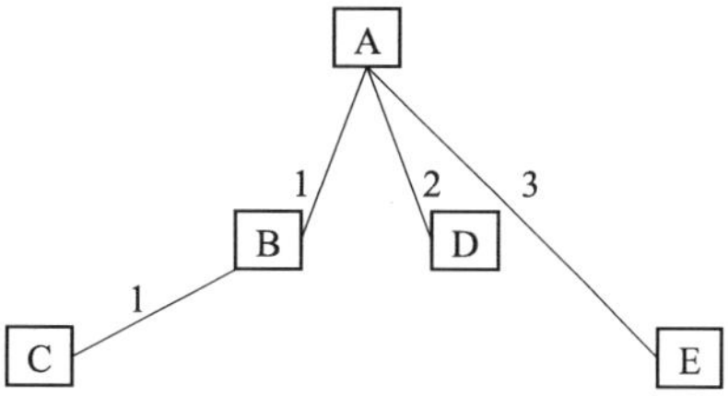

图 5-4　基于原始数据的 PFNet（$q=n-1$，$r=\infty$）图

我们可以看出，图 5-4 要比图 5-3 简单得多，节点之间的最主要的关系都展现了出来，结果一目了然。对于节点 A，B、D 和 E 都和它有着最紧密的联系，并且与 A 节点联系的点最多，说明 A 在该关系网络中处于非常核心的地位，通过 A，整个网络连通（即使节点之间可互达），其是整个网络的“明星”。

2）当前 ACA 研究中对 Pathfinder 的误用与修正

如果追溯到网络寻址定位算法的创始人 Schvaneveldt 在 1988 年对该方法的定义，我们将对 Pathfinder 算法有一个本质的了解。他这样描述 Pathfinder 网络①：PFNet 可以用来发现非相似性配对对象之间的结构。PFNet 可以这样得到：①把非相似性矩阵看成是一个网络临近矩阵；②使用 Minkowski r 方法计算距离矩阵；③去除那些两点间距离不是最小的边。从以上可以看出，PFNet 默认的输入矩阵是非相似性矩阵，现在的大部分软件都是基于这样一个假设前提而设计的。Schvaneveldt 博士也发明了一个名为 KNOT 的软件来自动实现 PFNet 的计算，但是这个软件已经商业化，需要购买才能获得，这也妨碍了它的普及。KNOT 软件可以计算相似性矩阵，但在计算前要将其先转化为非相似性矩阵②。对于同被引矩阵，我们知道它们都是相似性矩阵，这就需要转化，但是这个问题也一直在困扰着信息科学界的学者。在 Lin，White 和 Buzydlowski 的论文附录中给出了一个关于 PFNet 算法的案例③，但是如果仔细观察和推理的话，这个案例得出的可视化图谱是不合乎常理的。以下将对其作简要分析。图 5-5（a）表示的是三个学者之间的原始的同引关系，线上数值表示两者之间的同被引强度；图 5-5（b）是论文作者根据 Pathfinder 算法得到的可视化

① Schvaneveldt R W，Dearholt D W，Durso F T. Graph theoretic foundations of pathfinder networks［J］. Comput. Math. Applic.，1988，15（4）：337

② 这是笔者通过 E-mail 向 Schvaneveldt 博士请教时他给的简要回答，也由此可见输入矩阵的根本还应该是非相似的。

③ Lin X，White H D，Buzydlowski J. Real-time author co-citation mapping for online searching［J］. Information Processing and Management，2003，39：702-703

图谱。

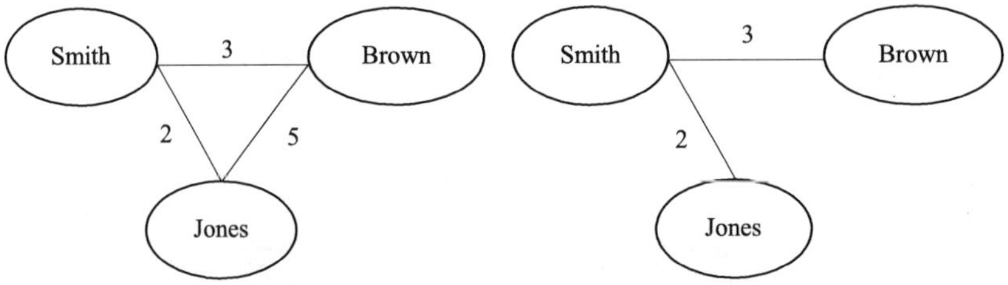

(a) 原始同被引关系图　　(b) 基于原始数据得到的 PFNet 图

图 5-5　原始同被引关系及其 PFNet 图

从图 5-5（a）来看，Braun 和 Jones 之间的同被引强度最强，不论哪种算法，他们两者之间的连线都不应该去掉。但是图 5-5（b）得到的结果却恰恰把他们之间的线去掉了，可见对该算法有所误用①。由此可见，误用 Pathfinder 算法将导致结果解释的完全错误。在使用该算法的时候需要格外谨慎。

正如前文所提及，现在大部分免费的社会网络分析软件（如 NWB②）都是基于 Schvaneveldt 博士最早提出的算法模型，都是将输入矩阵默认为非相似性矩阵，所以需要将同被引矩阵等相似性矩阵转化为非相似性矩阵。而解决这一问题最简捷且科学的方法是对数据求倒数，这不会破坏数据的本质属性。比如，对于上例，先将图 5-5（a）通过求倒数转化为图 5-6（a），然后通过 Pathfinder 算法将其可视化，得到图 5-6（b）。

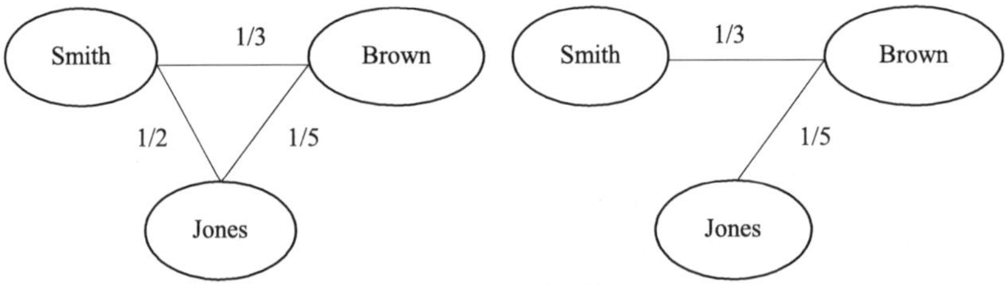

(a) 通过倒数运算转化后的同被引矩阵　　(b) 基于转化后数据得到的 PFNet 图

图 5-6　倒数变化后的同被引关系及其 PFNet 图

从图 5-6（b）可以看出这样的结果正是我们预期想要得到的，也是符合实际情况的。同被引强度强的都通过连线连接起来。通过以上分析，我们可以看出直接输入原始相似矩阵得到的 PFNet 图是有问题的，和实际情况有很大出入，所以必须通过求倒将其转化为非相似性矩阵。但是在现实中有很多情况是两个作者之间并不一定有值（即不被同时引用，值为 0），遇到这样的情况，求倒数

---

① 笔者就此问题和 White 博士交流过，他意识到此问题并与他的合作者交流后进行了更正

② NWB Team. Network Workbench Tool. http：//nwb. slis. indiana. edu [2009－10－12]

就有问题，在这种情况下最好放大所有值是 0 的数值，将其放大为“其他所有数值倒数中的最大值×10000”（简称“极值”①），这样表示两者之间的非常不相似②。

所以，只有科学、准确地理解 Pathfinder 算法，方可正确地应用它，进而得出正确的结果，也才能对结果进行科学分析和解释。

3）可视化的数据是基于绝对相似性还是相对相似性？

前面已经简要地介绍了 White 的论文中的一个重要结论，即 Pathfinder 算法只适用于原始数据（绝对相似性），而对转化后的皮尔逊相关系数（相对相似性）并不适用。但是从这一点出发并结合传统 ACA 方法，我们会发现两者有矛盾之处。在传统 ACA 方法中，将原始数据通过皮尔逊相关系数法进行转化，进而将转化的矩阵作为其他多元统计分析的基础。理由是：通过数据转化更能体现作者之间的相似性，即皮尔逊相关系数比原始同被引强度更能体现两者的亲密性，这一点是传统 ACA 方法（也是由 White 等提出）的立足点。很显然，White 的方法前后矛盾，矛盾集中在对于作者相似性的测度方面。其 1998 年的论文中的分析是基于相对相似性（皮尔逊相关系数），而 2003 年的分析是基于绝对相似性（原始的同被引频次）。

从 White 基于原始数据的 PFNet 结果来看（图 5-7），他将 120 位国际图情学学者按照节点的度可以分为 10 个方向，和 1998 年他们利用因子分析对同样 120 位图情学学者得到的结果不一致（1998 年的结果分为了 13 个方向，且每个方向包含的作者与 2003 年的不一样）。从图 5-7 来看，整个图形很简单明了，整个图情学的知识结构由 10 位作者决定，即每个科学共同体围绕一位作者展开，这位作者的研究兴趣或者方向决定了其所在整个科学共同体的研究方向。但是我们发现有的作者的研究方向是多方面的，这就导致分类的模糊性，即一个多研究方向的作者形成的团体内部再进行细分就有一定问题。所以，基于原始数据的 PFNet 图只能大体上反映一个学科或者领域的知识结构，还比较粗糙，但是它也有它的优点，那就是简单直观，所以基于原始数据的 PFNet 图可用来大概了解一个学科或领域的知识结构构成情况。

---

① 在 Schvaneveldt 博士 1988 年的文章中曾经专门就此问题进行阐述，他定义没有连接情况下两点之间权重 $a_{ij}=\infty$，本书正是在此基础上，提出了一种该种情况下的解决方法，以适应多数软件无法识别“∞”这一符号的情况

② 求倒数以后的数值非常小，很多程序在四舍五入时容易将所有数据都认为是 0 或者 1，所以需要先扩大一定的倍数，这需要根据具体的数据确定。根据 Pathfinder 算法原理，扩大倍数对运算结果没有任何影响。还需要注意的是出现极端情况，即在 Pathfinder 算法结果中出现“极值”，这在 Pajek 可视化时要去掉。另外，如果在 Excel 中进行操作，对于 0 的倒数的显示为“＃DIV/0!”，我们只要把该符号用极值替代即可

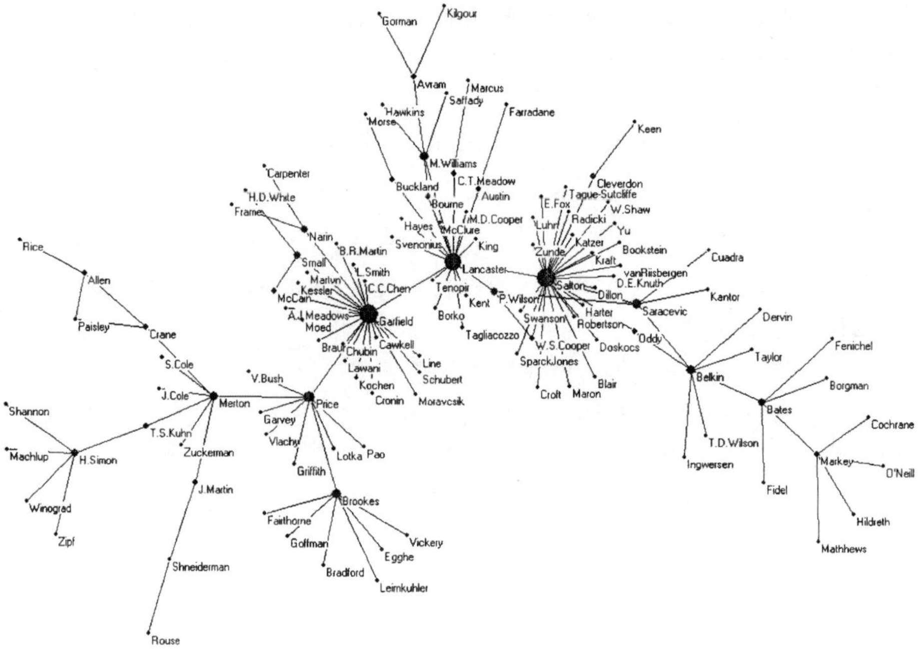

图 5-7　基于图情学 120 位作者原始同被引数据的 Pathfinder 可视化图谱

资料来源：White H D. Replies and a correction [J]. Journal of the American Society for Information Science and Technology, 2004, 54 (13): 1250-1259

我们再来看 White 基于皮尔逊相关系数数据的 PFNet 结果，如图 5-8 所示。和图 5-7 对比，很显然，图 5-8 的结果比较分散，没有形成如图 5-7 的多个明星。那么这样给结果的解释带来了一定的不利。并且，即使有些作者的度数相对较大，但是正如 White 所说："这些明星的选择看起来很武断"①，即和图 5-7 相比，图 5-8 形成的明星不如图 5-7 形成的明星那样让学界认可。但是，换一个角度来看，我们假定转化后的皮尔逊相关系数更能够体现作者之间的相似关系，这就在原理上假定皮尔逊相关系数（或者其他相似性或者非相似性系数）的优越性，那么这样，图 5-8 似乎更科学。但是如果对 5-8 图进行细分的话（基于对该领域的认知），也可以合理解释图情学的知识结构，具体如图 5-9 所示。从图 5-9 可以看出，总共被划分为 10 个方向，假定 White 和 McCain 在 1998 年的论文中的分类是较为科学的，那么比照图 5-9 的结果和 1998 年的结果，可以发现，两者有着较大的相似性。而基于原始数据的 PFNet 却有着较大不一致。由此可

① White H D. Pathfinder networks and author cocitation analysis: a remapping of paradigmatic information scientists [J]. Journal of the American Society for Information Science and Technology, 2003, 54 (5): 429

见，基于转化后的矩阵得到的结果也是科学的，比基于原始数据得到的研究方向更加精确，但是有一个缺点就是结果比较分散，不易理解。

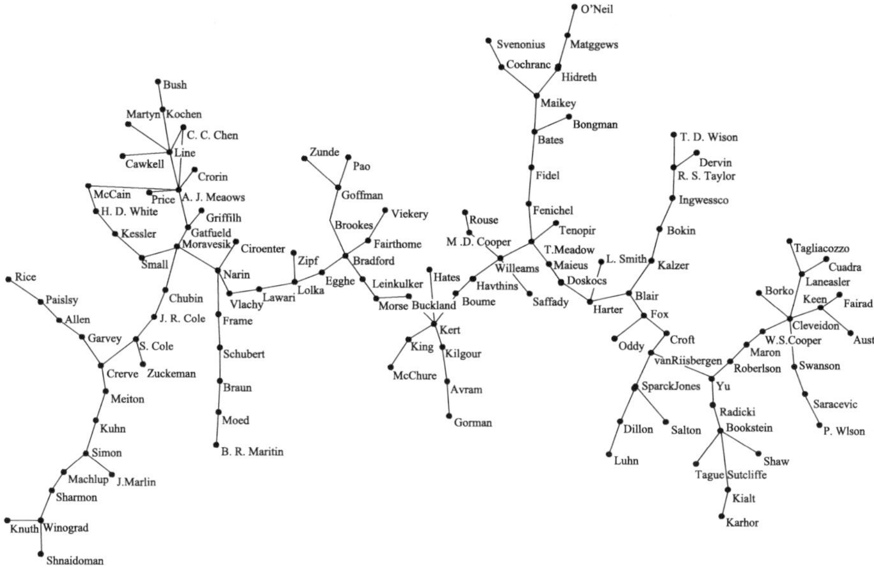

图 5-8　基于图情学 120 位作者皮尔逊相关系数数据的 Pathfinder 可视化图谱

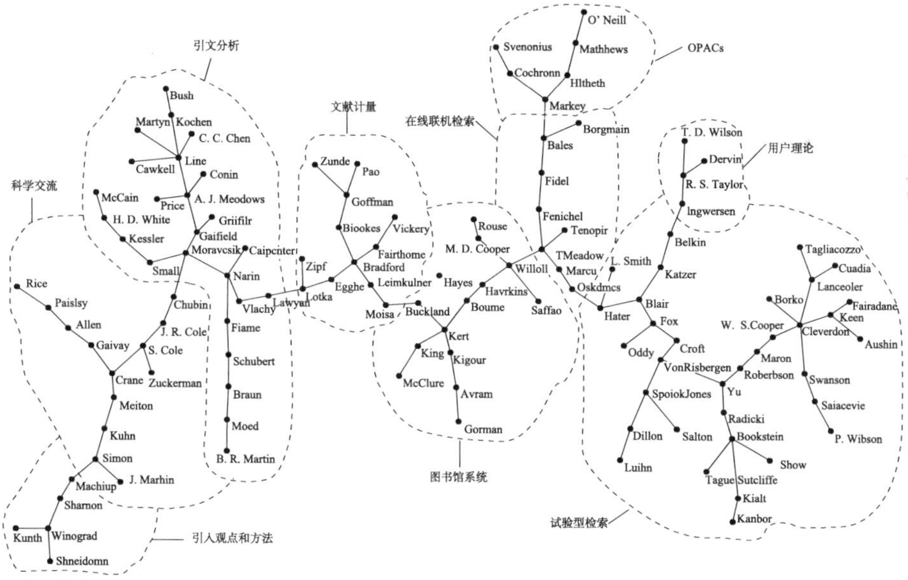

图 5-9　对图 5-8 进行细分的可视化结果

由此看来，基于绝对相似性和相对相似性的 PFNet 各自有自己的特点和优势：基于绝对相似性的 PFNet 简明，重点突出，便于总体上把握整个学科或者领域的知识结构，但是不很精确；而基于相对相似性的 PFNet 比较精确，但是图形比较分散，在结果解释方面需要花费一定时间。

基于绝对相似性的 PFNet 现在看来改进的余地不大，而基于相对相似性的 PFNet 还有改进的余地，这里正是对基于相对相似性的 PFNet 进行改进，使得它在保证精确性的基础上，更加具有可读性。

2. 力矢量分布常用方法

然而，Pathfinder 得到的图谱看起来还是比较“丑陋”的，根本原因是没有应用布点算法将节点在平面上科学化地布局。而力矢量分布算法可以实现这一节点分布优化的目标。在当前力矢量分布算法中，最常用的两种算法是Kamada-Kawai 和 Fruchterman-Reingold。

这两种方法都是以发明人的名字命名，在信息可视化的结果呈现（即布点算法）方面有着重要的作用。两者都是基于力矢量分布算法，FDA 不但易于理解和实现，而且能够画出相当优美的图形布局，充分展现出图的整体结构，所以该方法被广泛采用。而 Kamada-Kawai 和 Fruchterman-Reingold 正是对 FDA 算法进行改进后两种更加科学的方法。它们的基本思想都是基于弹性模型（spring-embedded model），其基本思想是将图看成是一个顶点为钢环、边为弹簧的物理系统，系统被赋予某个初始状态以后，弹簧弹力的作用会导致钢环的移动，这种运动直到系统总能量减少到最小值停止。但是，这两种方法的算法是不一致的。Kamada-Kawai 遵循的原则是两个节点间的理想距离与它们之间的最短路径的长度成正比，在系统的最终稳定状态下，节点间的距离都将接近于它们的理想距离。Fruchterman-Reingold 遵循的原则是：有边连接的节点应该互相靠近且节点间不能离得太近。Kamada-Kawai 可以提供规则的空间结构，且结果相对 Fruchterman-Reingold 要稳定，但是它的算法比较耗时，适合于 500 个节点以下的网络①。Fruchterman-Reingold 可以很好地将无连接节点（包括节点簇）很好地和其他节点分开，而 Kamada-Kawai 则将这些无连接节点堆放在一起。所以两种算法各有利弊，可以先用 Fruchterman-Reingold 得到一个比较稳定的结果，然后固定节点的起始坐标，最后使用 Kamada-Kawai 优化②。

3. 新的可视化方法构建步骤与原理

1）新的可视化方法构建步骤

正如上文所述，当前的核心任务是建立一种基于相对相似性数据的 PFNet

① 王伯，吴巍，徐超群，等．复杂网络可视化研究综述［J］．计算机科学，2007，34（4）：17-23

② de Nooy W, Mrvar A, Batagelj V. Exploratory Social Network Analysis with Pajek［M］. London：Cambridge University Press，2011：17

改进的可视化方法，这一方法实现的步骤具体如下。

（1）将原始矩阵转化为标准化的欧几里得距离的平方，标准化方法仍为 Z 分数。

（2）将标准化的欧几里得距离的平方矩阵作为输入矩阵并求得它的 Pathfinder 关系矩阵，并转化为 .net 格式的文件，具体结构如图 5-10 所示。

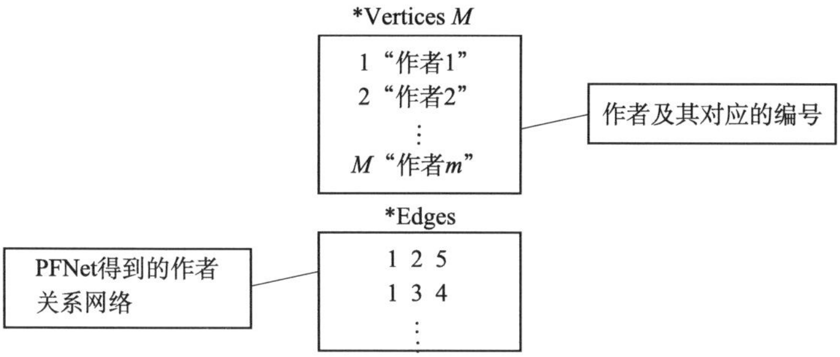

图 5-10　.net 格式的 PFNet 结果

（3）按照 5.1.2 小节中的第四部分的方法，求出变量的聚类结果，并用 $M+1$，$M+2$，…，$M+N$来表示聚类的类别。M 为作者个数，N 为聚类的类别个数。

（4）将聚类类别加入第二步生成的 .net 文件的 Vertices 中，并且将每个作者的标号与聚类标号对应，强度可都设为-1（表示出来的是虚线），并且加入到 Edges 中。这样 .net 文件就变为如图 5-11 的情况。

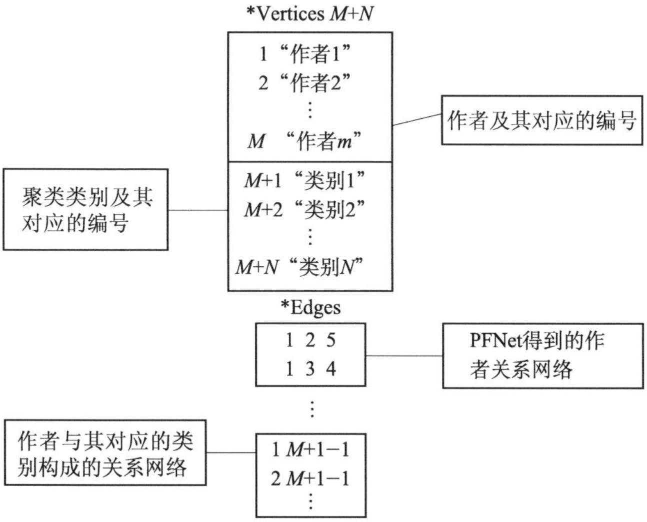

图 5-11　.net 格式的新方法关系网络结果

(5) 将第四步得到的结果进行 Kamada-Kawai 和 Fruchterman-Reingold 算法优化，使节点在平面分布更加合理。

2) 新的可视化方法构建原理

之所以先给出构建的步骤，是为了使大家对这种新的方法有一个直观的了解。结合前面可视化评价的标准，该方法构建原理如下。

(1) 首先聚类分析和 PFNet 分析的数据来源是完全一致的，都是基于标准化的欧几里得距离的平方，它们不同的是聚类分析使用的聚类方法是 Ward 法，而 PFNet 使用的是最小生成树和三角形不平衡原理；聚类分析得到的结果是分散的，每个作者只能归属于一类，PFNet 得到的结果是连在一起的，但作者分类还不清晰。两者有机结合，可以弥补一种方法的绝对性，从而一定程度体现一个作者研究方向的非唯一性甚至多样性。这样达到了评价标准的第三点，即多研究方向作者的合理呈现。

(2) 整个可视化结果既保证了 Pathfinder 算法得到的简洁的知识图谱，并且通过聚类分析算法的糅合，弥补了 Pathfinder 由于过于简洁而使得信息不完整的缺陷。这样，可以实现评价标准的第一点，即结果呈现的简洁性。

(3) 通过将每个作者进行类别标识，使得读者能够一目了然地观察出一个学科或者领域的知识结构。并且在加入了“类别”这样一个标签后，整个图谱可以呈现一定的立体感。这样实现了易读性这一评价标准。

(4) 使用力矢量布局算法，使得节点在平面合理布局，达到更加美观并且科学的视觉效果。

5.3 实证与应用研究

本节首先将对所提解决方法（含矩阵转化和可视化方法）进行实证研究，证明这些方法在研究学科（领域）知识结构的优越性和科学性。同时，在此基础上，以图情学为例进行了知识结构的挖掘与分析（含总体状况和历史演变）。

5.3.1 实证研究数据来源、研究对象与数据处理

实证数据来源于 CSSCI 数据库中 1998～2007 年的图书馆、情报与文献学所有论文及其引文数据。

对于作者同被引分析中研究对象的选择，不同的学者有不同的选择方法，

而不同选择方法实质上是对作者学术影响力或者学术地位的评价。如何评价学者在科学交流中的贡献无疑是大家普遍关注的问题之一。关于作者在科学交流中的表现，现在已经用很多指标可以来度量，如被引次数、热门论文数①、高被引论文数②等。当然，当前最引人注目的是 h 指数的提出，该方法自 2005 年由赫希提出以来得到了广泛关注，随后很多学者都对其进行了修正，如提出了 g 指数、AR 指数等一系列指数。但毫无疑问的是，h 指数的影响力是广泛的，不仅局限在科学计量学界，在各个学科的学者中及科研管理人员中影响重大。在 ISI 的 Web of Science 平台中，已经提供了利用 h 指数进行科研人员评价的相关功能。可以说，h 指数的提出使得科研工作者成果评价的研究有了一个新的突破。但是在数据处理时发现，图情学学者的 h 指数都不是很大，并且有很多作者的 h 指数都相同，区分度比较低。所以本章中研究对象的选择并没有选用 h 指数。而是按照总被引次数的高低，筛选出被引次数在 100 次以上的图情学作者，共 132 位。这些作者作为最初的研究对象。

数据处理主要是遵循前面讨论的结果：同被引强度算法选择最小值法（见 5.1.2 小节中的第四部分），矩阵对角线设置为“最大值＋1”，删除了与其他作者最大同被引强度在 10 以下的 8 名作者，最后构成了 124×124 的对称同被引矩阵。对于欧几里得距离的平方，首先要对数据进行标准化，标准化方法为 Z 分数。欧几里得距离的平方对应的聚类方法为 Ward 法。而皮尔逊相关系数和余弦对应的聚类方法为最远距离法③。

5.3.2　所提矩阵转化方法与其他常用方法的比较研究

前文已经提及，当前作者同被引分析中矩阵转化算法应用最广泛的是皮尔逊相关系数和余弦两种算法。并且已经阐述了皮尔逊相关系数存在的问题，它在原理上有着一定的漏洞，但是它的确对于作者同被引分析产生了重要的影响。基于以上考虑，下文重点比较的是欧几里得距离的平方（本书建议使用的算法）、皮尔逊相关系数（传统算法）和余弦（现在被广泛接受的算法）之间的差别。图 5-12 给出的是标准化的欧几里得距离的平方和 Ward 方法相结合的聚类结果；图 5-13 给出的是皮尔逊相关系数和最远距离法相结合的聚类结果；图 5-14给出的是余弦和最远距离法相结合的聚类结果。

---

① 热门论文是指某领域前两年的发文在最近两个月的被引次数排在前 0.1%，条件非常严格，往往是时效性和创新性非常强的论文

② 高被引论文是指按照年代和领域划分，并且论文的被引次数迄今为止排序前 1%的论文

③ 前文已经强调，皮尔逊相关系数和余弦这样的矩阵转化算法不能使用 Ward 法

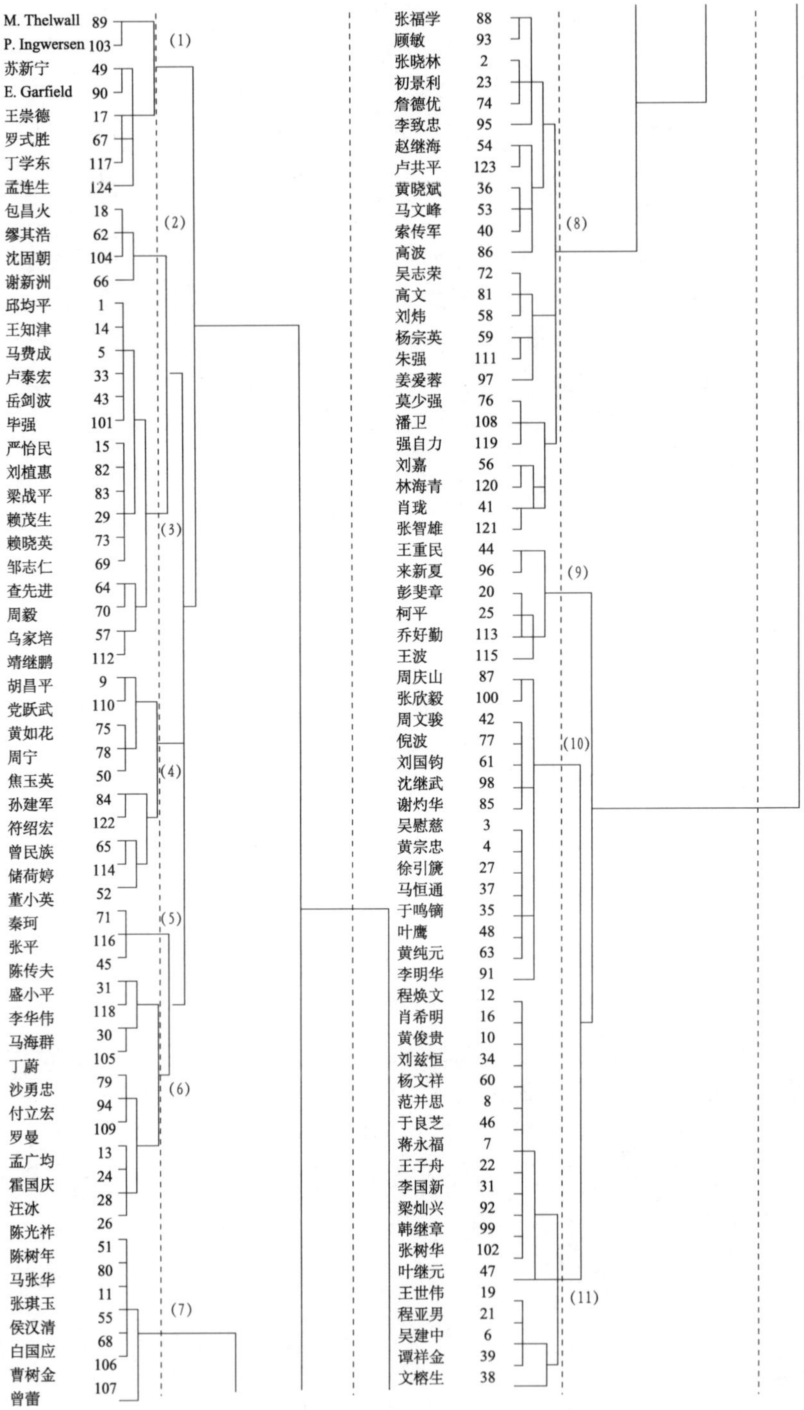

图 5-12　标准化的欧几里得距离的平方和 Ward 方法相结合的聚类结果（1998～2007 年）

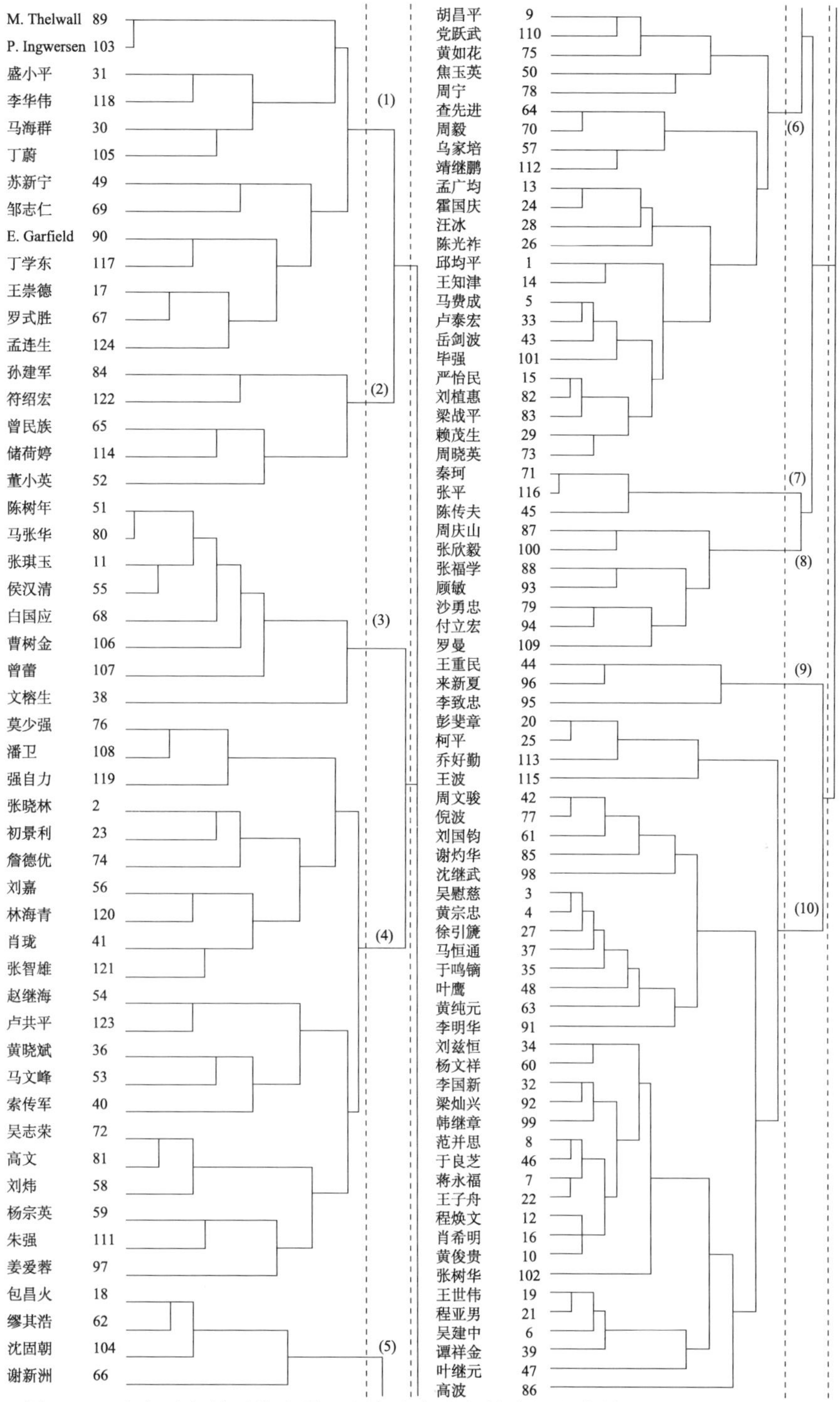

图 5-13　皮尔逊相关系数和最远距离法方法相结合的聚类结果（1998～2007 年）

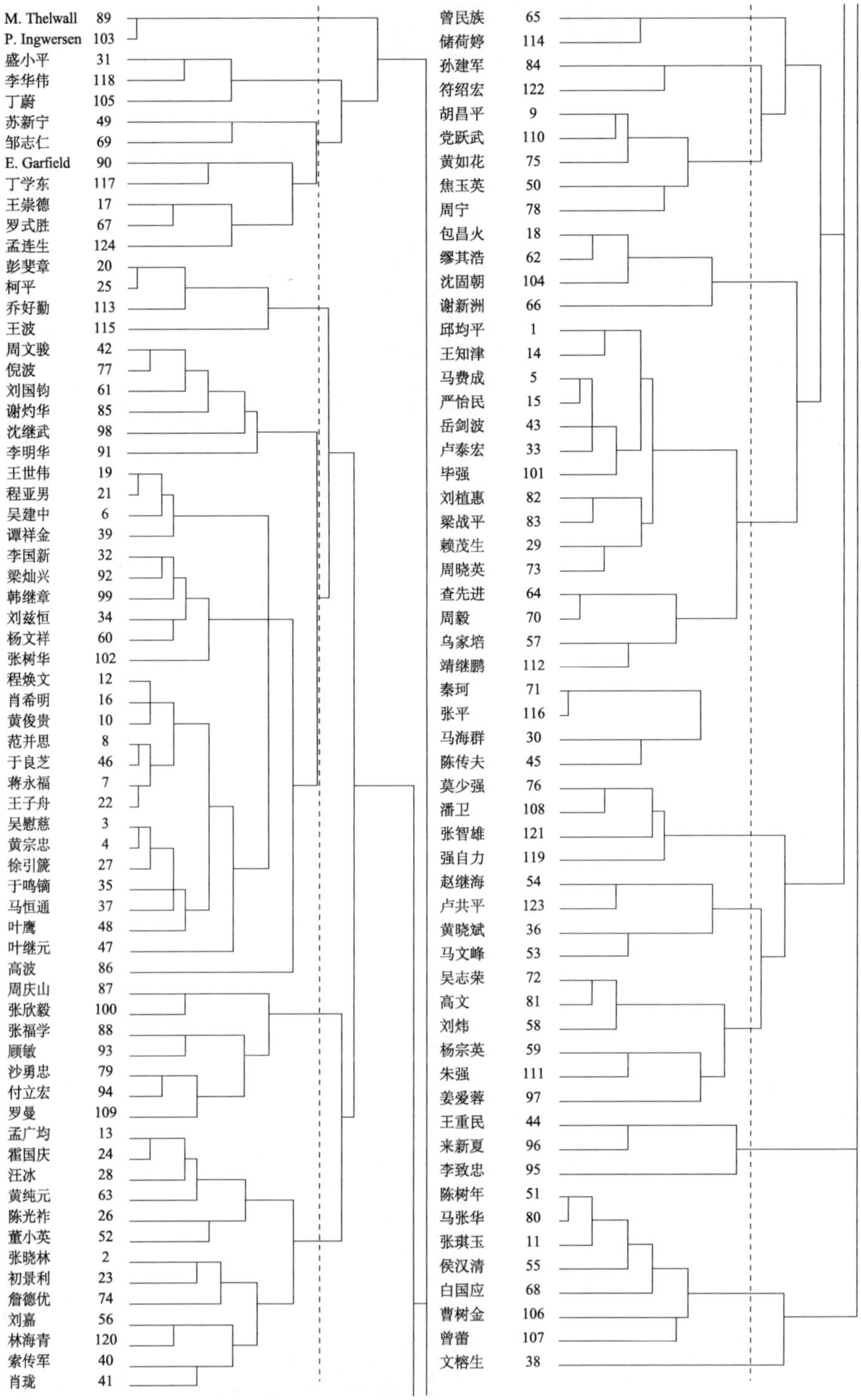

图 5-14　余弦和最远距离法方法相结合的聚类结果（1998～2007 年）

由于该方法得到的结果不甚科学，未标出研究方向名称

为了更加清楚地进行对比，将每个图形按照所给出的虚线进行了分割。根据分割线，就可以判别当前图情学学者交流的知识结构，即主要在交流什么这样一个非常重要的问题，也即了解图情学整个学科的结构。不同的聚类方法给出的结果是不一样的，下面将逐一分析每种方法所得的结果。

1. 对图 5-12 的解释

对于 10 年这样跨度的研究范围和 124 位研究对象，我们可以认为他们之间的同被引关系是相对稳定的，图书馆学和情报学学者之间的确也应该有着较为清晰的划分。从图 5-12 来看，可以发现情报学和图书馆学（偏理论研究）学者之间有着较为清晰的区分（最外一条虚线），所以从整体来看，图 5-12 是比较科学的，这在一定程度说明了笔者提出的方法的科学性。图 5-12 根据最内的虚线可以进行再次细分，分为 11 个研究方向，具体解释如下。

（1）"三计学"（文献计量、科学计量与信息计量）。三计学是国外图情学的重要研究方向，与信息检索构成了图情学研究的最主要部分[①]。从图 5-12 来看，我国当前三计学的研究不仅有文献计量和科学计量这样比较传统的研究，也包括了网络信息计量这样新兴的研究。

（2）竞争情报。这在我国图情学是比较有特色的一个研究方向。这四位作者在我国竞争情报领域都做出了许多奠基性的研究。

（3）情报学基本理论与方法。这一方向包含的有影响力的作者比较多，是情报学界的先驱人物。他们在情报学的方法（包括信息分析、文献计量等）、情报学基本理论（包括情报学的构成和原理、信息经济等）等方面卓有成就。

（4）网络信息组织、检索与服务。这一方向是适应当前互联网迅猛发展而产生的研究方向。包括网络信息搜集的工具、方法和技巧，也包括网络信息的组织方式，还包括网络环境下的信息服务等。

（5）知识产权。最近几年知识产权尤其是数字图书馆涉及的知识产权研究非常热，出版了很多著作。三位作者对我国图书馆相关的知识产权研究有着精深造诣。

（6）知识管理与信息资源管理。这一方向没有进行细分，如果细分的话，前面四位在知识管理方面有着较大的影响力，都有高被引论文甚至著作。后面几位作者则在信息资源管理方面进行了广泛深入的研究。这两个方向是传统图情学的拓展，大大丰富了图情学的内涵和范围。

（7）信息标引与检索。这一方向是情报学非常有特色的研究方向之一，这几位作者在信息标引和检索方面都做出了重要贡献，是我国情报学学者中进行情报检索的先驱。他们在信息语言学、信息分类学等方面都有着精深造诣。

（8）数字信息资源开发与利用。这一方向人员众多，也说明对于网络信息

① White H D, McCain K W. Visualizing a discipline: an author co-citation analysis of information science, 1972—1995 [J]. Journal of the American Society for Information Science and Technology, 1998, 49 (4): 351-352

的研究在图情学内进行的如火如荼，包括数字参考咨询、信息资源有效共享、数字图书馆基本理论、数字图书馆的元数据研究等。这一研究方向和“数字信息资源”密切相关，尤其对数字图书馆方面的研究更为出彩。

(9) 目录学。这一方向的研究是图书馆学的特色研究方向，历史悠久，但是不断创新。他们在古典目录学、文献编目等方面都有着精深研究，其中几位学者是该方向泰斗级人物。

(10) 图书馆学基本理论 1。这个方向研究作者众多，他们主要研究图书馆研究对象、图书馆教育、知识交流、文献传播等，将图书馆学研究的对象和范围都进行了升华，并使大家对图书馆的本质有了进一步的理解。

(11) 图书馆学基本理论 2。这个方向研究作者也很多，他们主要研究图书馆管理与服务、公共图书馆、图书馆精神和图书馆哲学等，他们试图解决图书馆如何服务好读者这样一个根本性问题。

从图 5-12 来看，欧几里得距离的平方和 Ward 聚类分析算法相结合而得到的我国图情学的学科结构能够得到很好的解释（不论是大研究方向的区分还是小方向的区分），没有明显的异常点出现。

2. 对图 5-13 的解释

首先，图 5-13 也可以根据最外面的虚线将图书馆学（偏理论研究）和情报学学者进行较为有效的区分。但是我们发现该图中有一些不尽如人意的划分(详见下文的说明)，为了更全面地比较图 5-13 与图 5-12，我们对每个方向都进行简单的介绍。图 5-13 中可大致分为 10 个方向。

(1) 三计学与知识管理。这里的划分似乎有些不妥，如果要是知识管理的作者放在三计学的后面或者是前面的话，似乎还可以解释通。但是正如图 5-13 所示，知识管理的作者穿插在三计学作者中间，这是图 5-13 不如图 5-12 之处之一。

(2) 网络信息资源检索。这里的划分是可以解释通的，包含在图 5-12“网络信息组织、检索与服务”中，只是更加细分而已。

(3) 信息标引与检索。这里的作者基本和图 5-12 对应的研究方向作者一致，只是加入了文榕生这位学者，他进行的研究包括文献编目，所以分在此处也是合理的。

(4) 数字信息资源开发与利用。这些作者和图 5-12 相应研究方向的作者基本一致，划分合理，不再进行详细解释。

(5) 竞争情报。与图 5-12 完全一致，比较合理。

(6) 信息管理基本理论与方法。这里是糅合了图 5-12“情报学基本理论方法”的全部作者、“网络信息组织、检索与服务”的部分作者和“信息资源管理”的全部作者，将这些方向联合起来称为信息管理基本理论与方法也是恰当的。

(7) 知识产权。这和图 5-12 对应的研究方向是完全一致的，不再进行详细解释。

(8) 信息资源管理。这些作者来自图 5-12 的“知识管理与信息资源管理”与“数字信息资源开发与利用”和“图书馆学基本理论”方面，这一方面是一个较宽泛的范畴，此处亦可解释通。

（9）目录学。相对于图 5-12，这里不是很科学，只有三位作者，且与彭斐章分离开来，但很显然他们应分在一起。此处不科学。

（10）图书馆学基本理论与方法。这一方向包含作者众多，包括目录学和图书馆学基本理论两大块，但是我们可以发现对于研究目录学的几位作者不如图 5-12 划分得那么科学，将他们拆分开来，不利于解释。

从对图 5-13 的分析及与图 5-12 的比照来看，图 5-13 也可以解释得通，但是有三处明显不是很理想的划分。由此可见，图 5-13 相较图 5-12 的分类效果来看，还是有一定的差距。这也证明本章提出的方法得到的结果比皮尔逊相关系数得到的结果更理想。

3. 对图 5-14 的解释

实质上，从图 5-14 我们可以明显观察到该图分类的不合理：首先是该图不像图 5-12 和图 5-13 那样将图书馆学（偏理论研究）和情报学的作者进行较为清晰的划分，而是将两者混在一起，这是不合适的。另外，对于目录学这一研究方向，将本都是和目录学研究相关的两个作者群体（分别以彭斐章为代表和以王重民为代表）分割开来。由此可见，图 5-14 的分类是最不合适的。具体细分的类别在此就不再进行详细解释。

从上面的实证研究来看，图 5-12 的结果要优于图 5-13，图 5-12 和图 5-13 的结果都要优于图 5-14。结合前面的原理分析，由此可以证明笔者所提方法不仅符合数学原理，并且得到的聚类结果清晰明了，对于作者同被引数据的分析比其他两种主流方法要有一定的优越性。

5.3.3　所提可视化方法的验证

笔者既肯定了基于绝对相似性的 PFNet，也肯定了相对相似性的 PFNet，并且指出在实际应用中如果将两者结合使用，相互补充，则可以较好地观察一个学科的知识结构。前文首先对基于绝对相似性的 PFNet 在使用中的误区进行了必要的纠正，然后又提出了基于相对相似性和聚类分析的一种新的可视化方法。在这里我们将验证这两种可视化方法的可行性和科学性。

1. 基于绝对相似性的 PFNet 可视化网络

根据前面的介绍方法，首先对我国图情学的 124 位作者构成的原始同被引矩阵中的数据进行求倒数运算，并且进行适当的扩大（乘以 10 000[①]），然后根据 Pathfinder 算法得到了 PFNet 图，具体如图 5-15 所示。图 5-15 中节点的大小表示作者在 1998～2007 年总的被引次数。

---

① 根据 Pathfinder 算法可以发现，扩大值并不会影响计算结果。而适当的扩大是为了避免大部分软件只辨认整数，对于小数会自动舍去，这样便可以防止数据失真

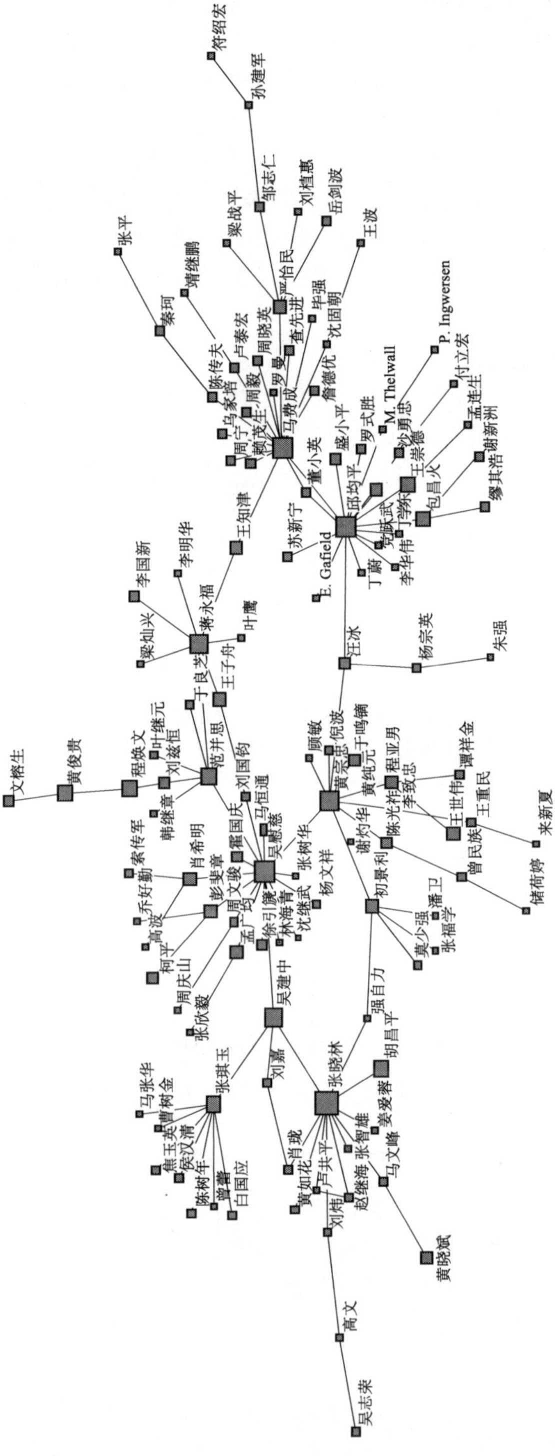

图5-15　基于作者绝对相似性PFNet图（1998～2007年）

从图 5-15 来看，该图很清晰地表示出我国图情学的知识结构，即以马费成和严怡民为代表的情报学基本理论与方法研究方向；蒋永福为代表的图书馆哲学、精神和权利研究方向；范并思为代表的公共图书馆精神研究方向；以吴慰慈为代表的图书馆学基本理论研究方向；以张琪玉为代表的信息索引与检索研究方向；以张晓林、吴建中、胡昌平和初景利为代表的数字信息资源组织与服务研究方向；以黄宗忠为代表的图书馆基本理论研究方向和以邱均平为代表的文献计量、知识管理与竞争情报研究方向。

从上面的分析来看，个人的能力在基于绝对相似性的 PFNet 中有着决定性的作用，表 5-4 给出了作者的总被引次数和图中作者的度数及各自排序的情况。总被引次数考察作者总的学术影响力，度数考察作者在 PFNet 中的影响力。

表 5-4　作者总被引次数和作者度数分布表

作者	度数	排序	作者	总被引次数	排序
邱均平	16	1	邱均平	1098	1
马费成	16	1	张晓林	1056	2
吴慰慈	15	2	吴慰慈	921	3
张晓林	11	4	黄宗忠	829	4
黄宗忠	11	4	马费成	804	5
蒋永福	8	5	吴建中	759	6
张琪玉	8	5	蒋永福	633	7
范并思	7	8	范并思	568	8
严怡民	5	9	胡昌平	528	9
初景利	5	9	黄俊贵	518	10
吴建中	4	11	张琪玉	495	11

从表 5-4 可以看出，那些度数高的学者的被引次数往往是非常大的，除了严怡民和初景利的被引次数不在前 11 位，其他度数排名在前 11 位的，其总被引频次也排在前 11 位。而严怡民和初景利的被引次数也是比较靠前的。由此可见，基于绝对相似性的 PFNet 充分反映了作者的个人影响力，从个人影响力出发便基本窥探出整个学科的知识结构，简单明了。

但是，我们也发现图 5-15 有一些缺陷，其中最大的缺陷就是过分依赖于个人的影响力，而忽略了其他作者之间的关系。即突出了某几个人的特性，而抹杀了其他所有人的特性，可视化的结果虽然简明但是比较粗糙。比如，邱均平为代表的文献计量、知识管理和竞争情报这一研究方向，其他作者几乎全部围绕他展开。如果我们对这些作者的研究方向不是很了解，那么很难继续细分，即不清楚哪些作者是文献计量学者、哪些作者是知识管理学者等。这是基于绝对相似性的 PFNet 最大的缺陷，这点需要有一个清醒的认识。

2. 基于相对相似性和聚类分析的 PFNet 可视化网络

图 5-16 给出了我国图情学 124 位作者基于相对相似性（即基于标准化的欧几里得距离的平方）和聚类分析的 PFNet 可视化结果。其中每个作者用方形表示，节点的大小表示作者的影响力；每个聚类结果用圆形表示，且每个聚类结

果用不同的颜色表示①。

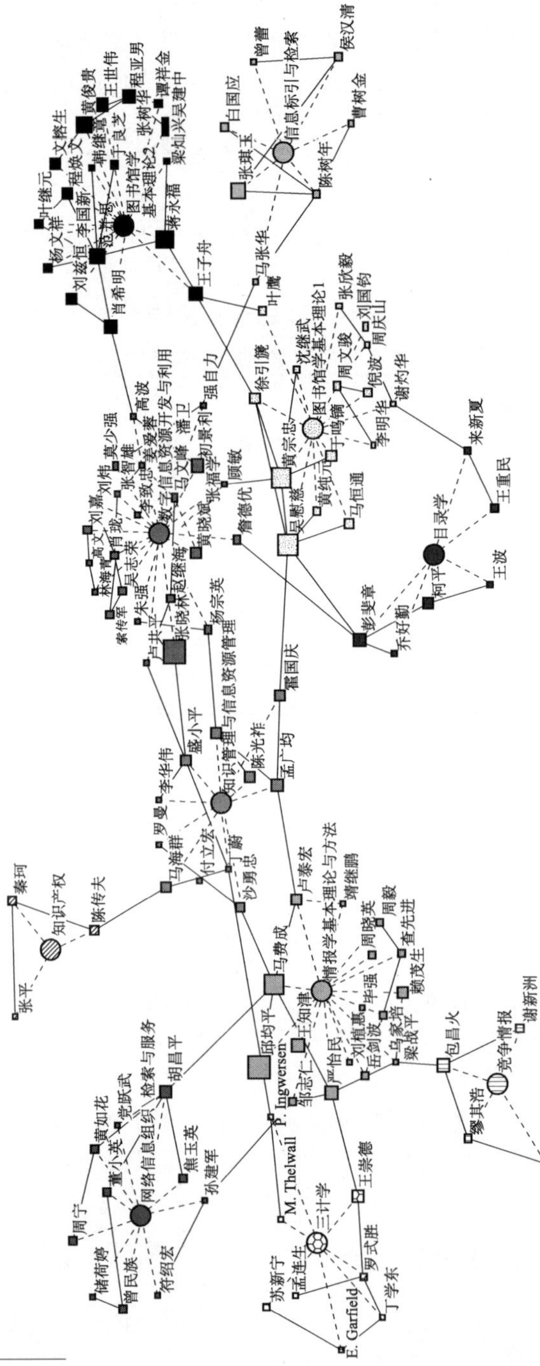

图5-16　基于作者相对相似性和聚类分析的PFNet图（1998～2007年）

① 印刷版非彩色，但可以从颜色深浅进行辨别

从图 5-16 可以很清晰地看出当前图情学的知识结构由 11 个部分构成（即圆形的个数）；可以一目了然地知道每个部分的名称是什么（在圆形的一旁进行了标注）；可以知道每个方向内作者的基本关系（Pathfinder 网络形成关系）；可以知道不同群体之间的关系（聚类和 Pathfinder 的差异性①）；可以了解每个群体内的领军人物（节点的大小）。下面以三计学及其内部作者为例。

三计学由 9 位作者构成，其中虽然邱均平被划分在情报学基本理论与方法中，但是他和 Ingwersen 有着直接的联系，可见他在三计学方面也进行了研究。从内部来看，邱均平和王崇德是该方向的领军人物，他们的影响力都很大；在这个群体内部，Thelwall 和 Ingwersen 及邱均平连在一起，表示他们在网络信息计量学方面具有相似性；而其他几位作者连在一起，表示他们在传统文献计量和科学计量方面具有相似性。另外还可以看出，丁学东、孟连生、王崇德和罗式胜之间有着最大的相似性，Garfield 和丁学东有着最大的相似性；群体之间来看，该群体和情报学基本理论与方法有着较紧密的联系，图 5-16 中该群体的王崇德与情报学基本理论与方法群体的严怡民有着连线，而邱均平则直接划分在情报学基本理论与方法范畴内；另外，我们从王崇德与严怡民的连线还可以看出，王崇德在文献计量和情报学基本理论与方法两个方向有着精深研究。其他方向也可以进行相类似的分析，在此不再一一列举。

还需要强调的一点是，研究方向的命名也有着一定的技巧。我们可能不是对每个作者都那么了解，但是既然他们聚合在一起，那么必然有着较大的相似性。我们可以通过对每个群体内的领军人物的具体了解来定义该群体的名称，即通过节点的大小就可以根据这些特殊节点来命名某个研究方向，如彭斐章在其所在群体中节点是最大的，那么我们可以根据对他的了解即可对他所在的群体进行适当命名，即目录学。再如张琪玉在其群体内节点最大，我们可以根据他的研究方向来命名该群体，即信息标引与检索。研究方向的合适命名对于同被引分析非常重要，但是有着一定的技巧，需要引起关注。

最后，还要说明一点的是，在因子分析中可以看出作者的跨学科的研究方向，而本书提出的方法也同样可以实现这样的目标，并且用图形的方式直观地表现出来。比如，邱均平在知识管理（与丁蔚的连线）、三计学（与 Ingwersen 的连线）和情报学基本理论与方法（所归属类别）三个方向都有精深研究；盛

---

① 在此再次强调该差异性的原理和重要性：聚类和 Pathfinder 的原理是不一样的，而正是这样的差异将更好地弥补每种方法的局限性。Pathfinder 使得所有作者连成一个网络，但是比较分散；聚类结果不能使所有作者连成一个网络，但是可以凝聚作者群，弥补 Pathfinder 的缺陷。并且他们之间有共同的出发点，即基于标准化的欧几里得距离的平方构成的作者同被引矩阵

小平在知识管理（所属类别）和知识组织（与张晓林连线）两个方向有着研究兴趣；胡昌平在信息服务（所属类别）和情报学基本理论与方法（与马费成连线）两个方向有着广泛影响力。

所以，本章提出的基于相对相似性的可视化方法，弥补了基于绝对相似性可视化方法的过于简单的缺陷，并且包含了更加丰富直观的信息在里面，可以更加详细、清晰且科学地展现一个学科或者领域的知识结构。

5.3.4 知识结构的分析：以我国图情学为例

上面几节的原理分析和方法构建及实证，证实了所提方法（包括分类和可视化两个方面）的科学性。然而一个学科或领域的科学交流知识结构并不是恒定不变的，而是随着时间的推移不断改变的，即这种知识结构是动态的。由于前文已经详细分析了1998～2007年图情学的知识结构（5.3.2小节），下文只对1998～2002年和2003～2007年两个时段进行分析。

1. 1998～2002年

按照被引次数的高低排序，取这5年间被引次数40次以上的作者，共134位。删除最大值小于5的16位作者，最终形成了118×118的作者同被引关系矩阵。

1）基于作者绝对相似性的结果分析

从绝对相似性可视化图谱（图5-17）来看，这5年间的研究比较杂乱，整个图谱不是很清晰。大概可以分为如下14个部分：以邱均平和王崇德为代表的文献计量研究方向；以严怡民和马费成为代表的情报学基本理论与方法研究方向；以吴慰慈和黄宗忠为代表的图书馆学基本理论与方法及信息资源管理研究方向；以张琪玉为代表的信息标引与检索研究方向；以杨宗英为代表的数字图书馆理论与方法研究方向；以陈光祚为代表的情报检索研究方向。从图5-17来看，这5年的研究在基础理论研究方面作者众多；数字图书馆研究和知识产权研究已经初现端倪；一些特色的研究方向仍然保持着优势，如文献计量和信息标引与检索。

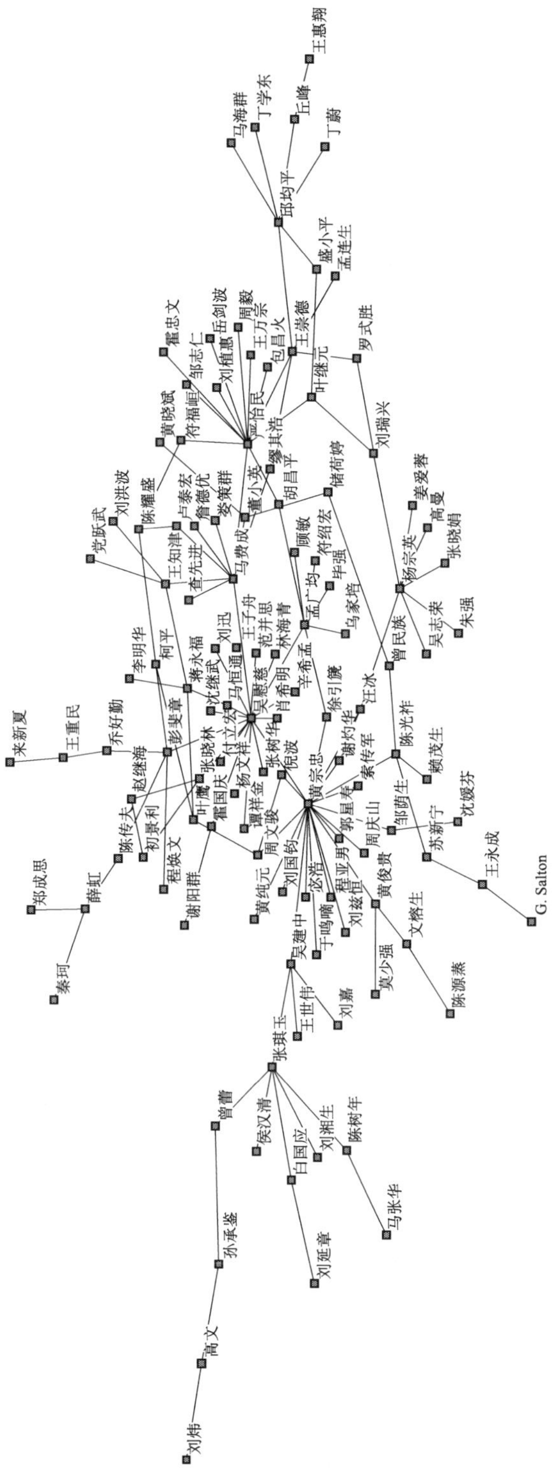

图5-17　基于作者绝对相似性的PFNet图（1998~2002年）

2）基于相对相似性和聚类分析的结果分析

结合图 5-18 和图 5-19，这 5 年间图情学的知识结构可以划分为 9 个部分，分别解释如下。

（1）信息标引与检索。这一方向在 10 年间总的结构中也出现，并且人员数量比较多，是图情学比较有特色的研究方向之一。

（2）网络信息资源检索。包括网络信息资源的收集工具、检索策略、检索语言等，和信息标引与检索紧密相连，这两个群体紧密联合在一起（如果把图 5-18 虚线向外移，它们两者会归为一个大类）。

（3）数字信息资源开发、利用与管理。这里包括数字图书馆（包括前期的电子图书馆）的理论、方法尤其是元数据的研究，数字信息的组织，数字信息过滤等方面，内容比较庞杂，但是都有一个共同的主题，即对数字信息资源的开发、利用与管理。

（4）情报学基本理论与方法。这个方向也包含了众多作者，很多是情报学界的先驱者，影响重大。

（5）文献计量。这里之所以并没有像 10 年间那样命名为三计学，是因为这里的研究还主要是传统的文献计量，包括期刊评价和引文分析，对于新兴的网络信息计量在这 5 年间并没有形成特别引人关注的群体。

（6）知识组织、服务与管理。这个群体在知识服务（含参考咨询）和知识组织方面做了很多研究，并且在这 5 年间形成了一定的规模，值得关注。

（7）知识产权。在这 5 年间，知识产权的研究已经在我国图情学界兴起，并且赋予了图情学的特色，即进行图书馆或者信息资源相关的知识产权研究。

（8）目录学。在这 5 年间，目录学的研究群体还是比较庞大的，可见目录学在这 5 年间占据着重要的学术地位。

（9）图书馆学基本理论与方法。这一方向很大，包含了众多的作者，这说明图书馆学的研究对象和范围比较集中，大家就相同或者相近的问题进行研究，形成了一个很大的知识群体。

相较图 5-18，图 5-19 更加细致和清晰。并且可以看出一些作者研究方向的多样性。比如，张晓林在知识服务（所属类别）和数字图书馆（与汪冰的连线）、陈传夫在知识产权（所属类别）和目录学（与彭斐章的连线）都有精深研究。

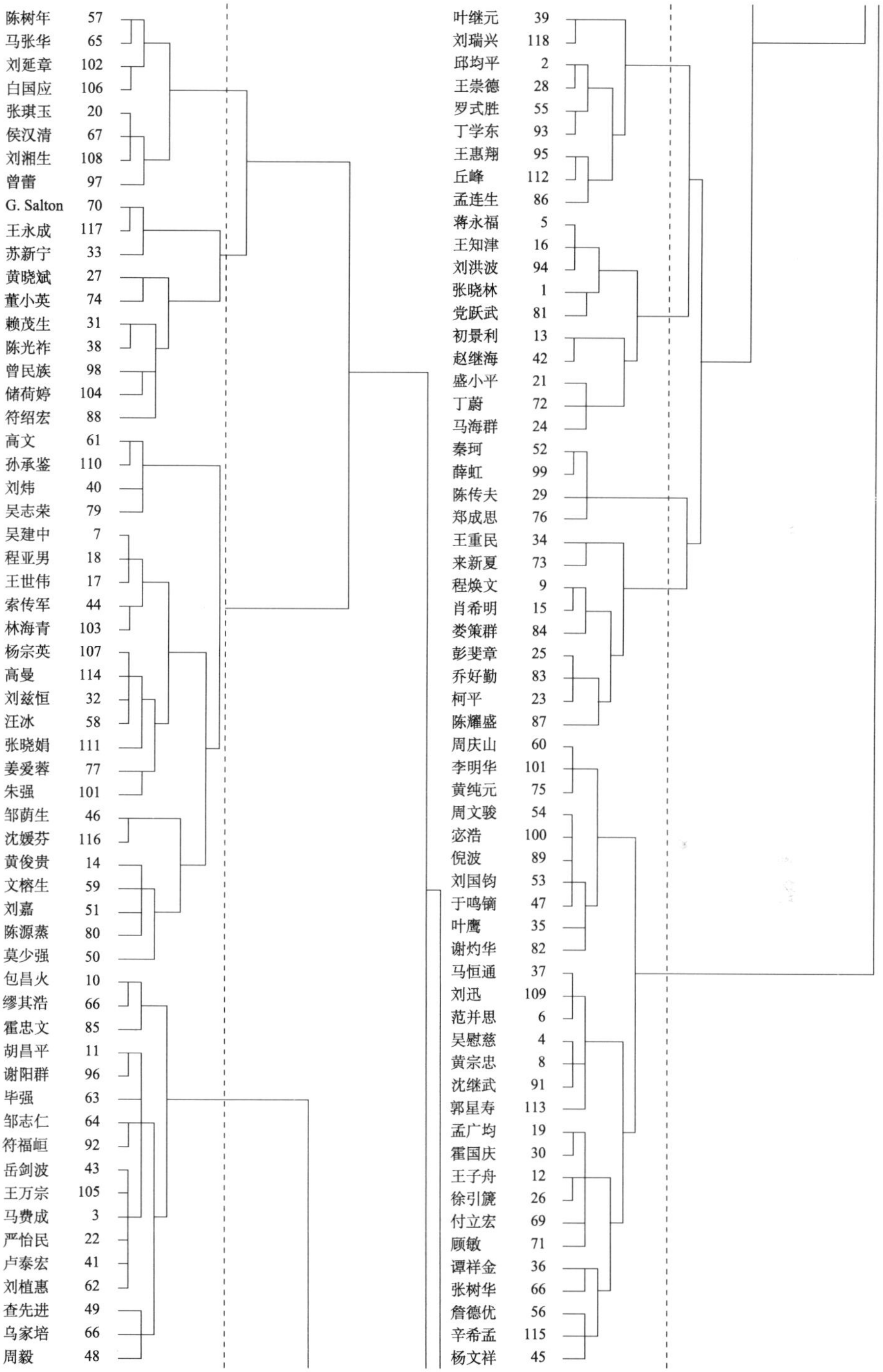

图 5-18　我国图情学作者同被引关系聚类分析结果（1998～2002 年）

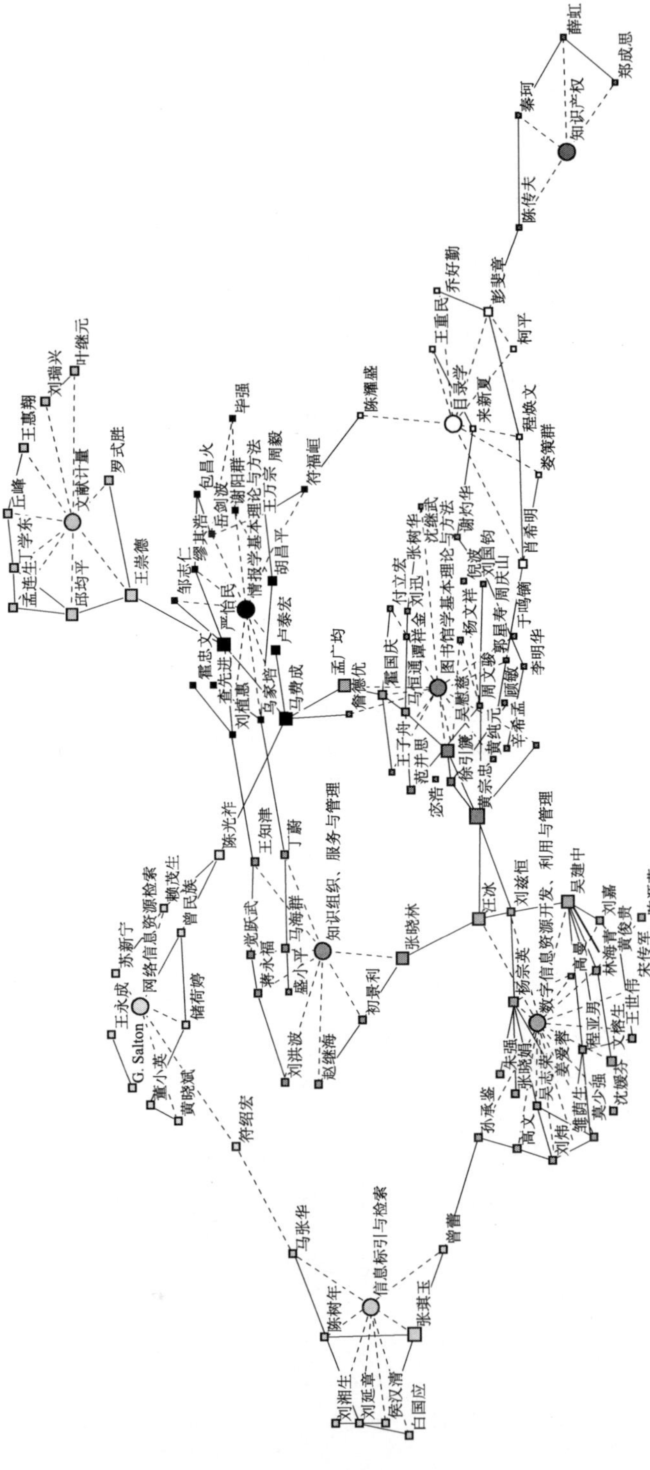

图5-19　基于作者相对相似性和聚类分析的PFNet图（1998～2002年）

2. 2003～2007 年

按照被引次数的高低排序，取这 5 年间被引次数 60 次以上的作者，共 134 位。删除最大值小于 10 的 22 位作者，最终形成了 112×112 的作者同被引关系矩阵。

1）基于作者绝对相似性的结果分析

相较于 1998～2002 年，2003～2007 年的图谱比较清晰，我们可以很清楚地看到，图 5-20 从左到右总共分为了如下几个研究方向：以包昌火为代表的竞争情报研究方向；以邱均平为代表的三计学和知识管理研究方向；以马费成为代表的情报学基本理论与方法和信息资源管理研究方向；以蒋永福为代表的人文图书馆研究方向；以范并思为代表的图书馆精神研究方向；以吴慰慈和王子舟为代表的图书馆学基本理论研究方向；以初景利为代表的数字参考咨询研究方向；以张琪玉为代表的信息标引与检索研究方向；以张晓林为代表的数字信息资源开发与利用（尤其是数字图书馆）研究方向。

从上面的分析可以看出，2003～2007 年我国图情学的研究内容和重点比较清晰，学者们在各自的研究领域辛勤耕耘，取得了引人注目的成绩。

2）基于作者相对相似性和聚类分析的结果分析

结合图 5-21 和图 5-22，这 5 年间图情学的知识结构由如下 14 个部分构成。

（1）网络信息计量。在这 5 年间，网络信息计量已经在我国兴起，但是我国的领军人物还没有出现，主要还是借鉴国外的相关研究。

（2）文献计量。在这 5 年间，文献计量仍然有着旺盛的生命力，产生了众多成果。

（3）竞争情报。在这 5 年间，竞争情报研究势头迅猛，队伍也不断扩大，且有影响力的学者也相较前 5 年要多。

（4）信息资源配置。这 5 年间，关于信息资源配置的研究非常多，产生了一系列的研究成果，值得关注。

（5）情报学基本理论与方法。对于情报学基础理论的研究一直是图情学的研究重点，在这 5 年间也有很多学者在从事相关的研究，包括信息构建、基本理论和方法应用等方面。

（6）信息标引与检索。情报学这一研究特色方向在这 5 年仍然存在，这一方向在这 10 年前都比较活跃，是情报学的核心研究方向之一。

（7）本体检索与系统设计。这是一个比较新的研究领域，包括了计算机方面的专家，也包括图情学的一些专家，也是数字图书馆的研究热点之一。

（8）数字参考咨询。这一研究方向在这 5 年间形成，并且有了一定规模，是信息服务重要的拓展。

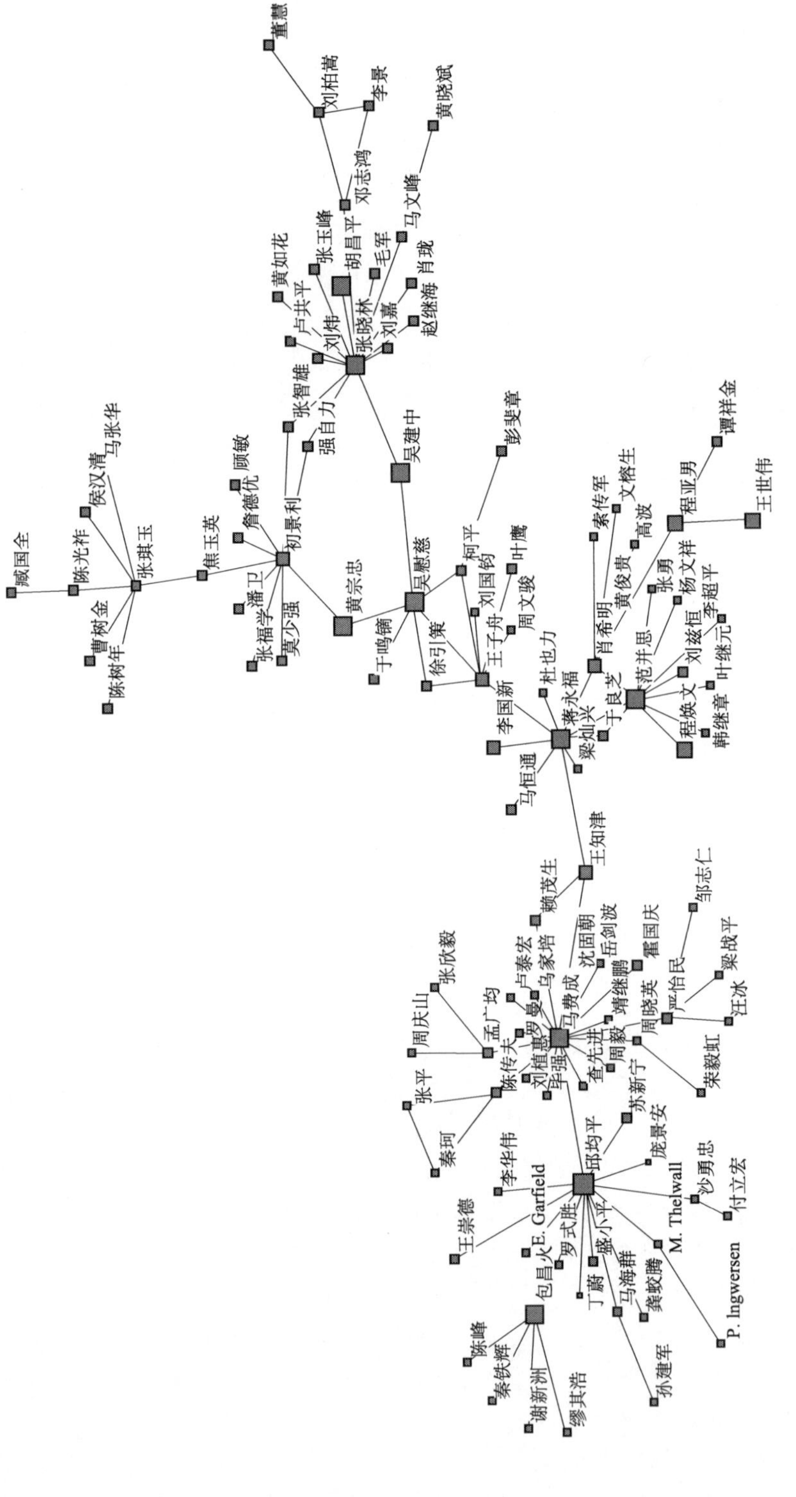

图5-20 基于作者绝对相似性的PFNet图（2003~2007年）

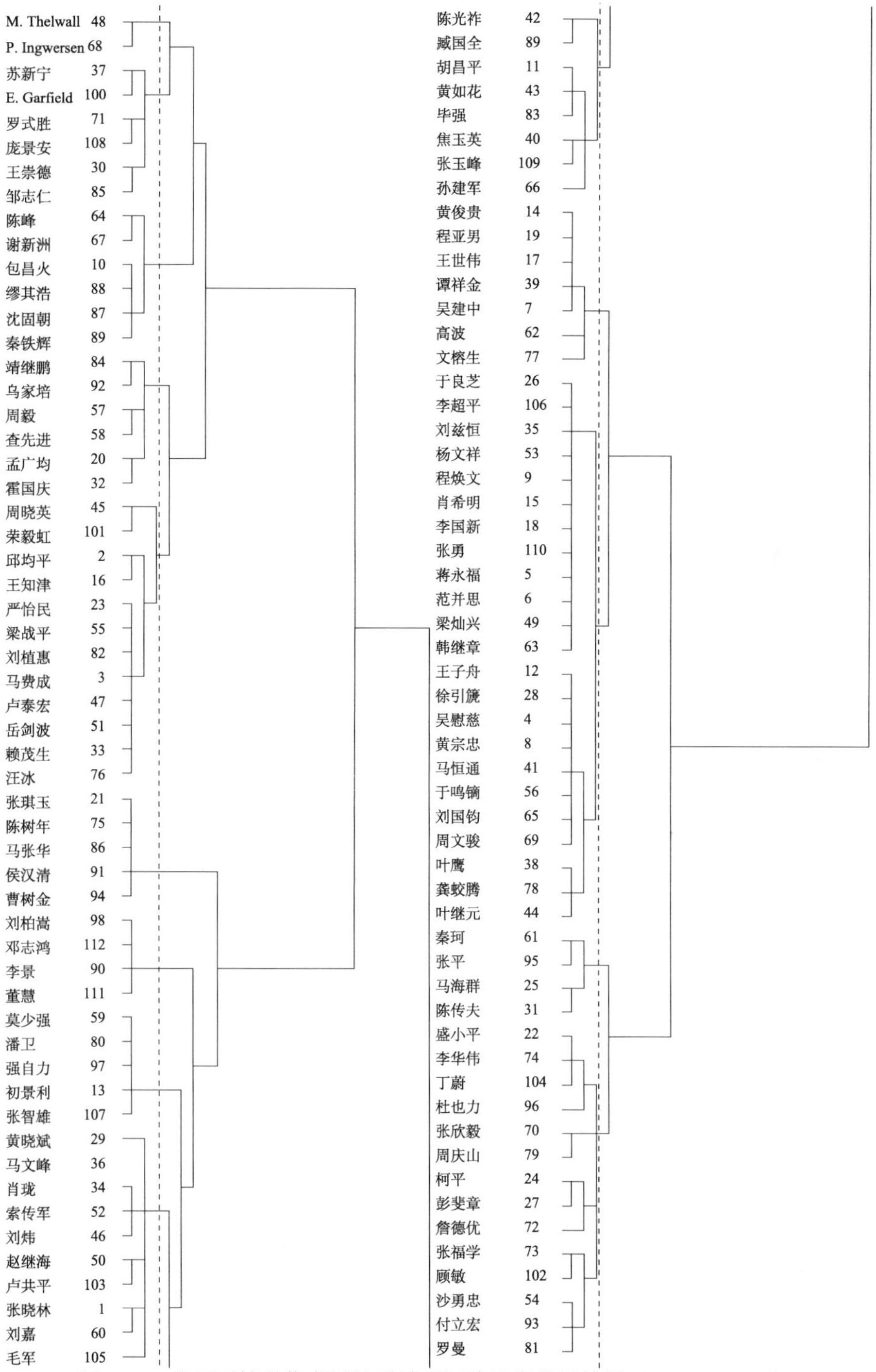

图 5-21 我国图情学作者同被引关系矩阵聚类分析结果（2003～2007 年）

(9) 数字信息资源开发与利用。主要是数字图书馆方面的研究，也包括信息过滤、信息资源共享等方面的研究。

(10) 网络信息资源组织、检索与服务。这几位作者在这一研究方向做了许多研究，产生了较大影响。

(11) 图书馆管理与服务。如何使图书馆的员工得到最大的满足感，并调动他们的工作积极性是管理型学者需要不断思索的重要课题。当然，服务好用户是图书馆的最大使命。在我国图情学界也有一批作者在思考这方面的问题，值得肯定。

(12) 图书馆学基本理论。图书馆学基本理论很丰富，包括公共图书馆、人文图书馆、图书馆哲学、图书馆精神等。从事研究的作者众多，这些作者共同努力，从而确立和巩固了图书馆学的学科地位。

(13) 知识产权。该方向的研究在这 10 年间一直比较活跃，领军人物规模不大，但是有着积极的影响力。

(14) 信息资源管理（综合）。这里包括知识管理、信息资源管理的基本理论等方面的研究，比较综合，在此，统一命名为信息资源管理。该方向不是很稳定，将来会更加细化，它内部的作者和其他研究方向作者相关性很大，将来会分解到其他各个相关研究方向。

从微观来看（图 5-22），有些作者的研究方向不止一个，如梁战平在情报学基本理论与方法和竞争情报方面都有精深研究；肖希明在图书馆基本理论和信息资源共享方面有着浓厚的研究兴趣等。

3. 比较研究

下面对我国图情学 1998～2002 年、2003～2007 年这两个分时段和 1998～2007 年这一总时段的知识结构进行比较，以窥探该学科交流结构的演变过程与情况，表 5-5 给出所有涉及的研究方向出现的时间段及所包含的学者数，其中学者数的计算按照聚类分析的结果进行，对于跨研究方向的作者只赋予唯一一个研究方向。趋势是指比较 1998～2002 年和 2003～2007 年的情况而得出的评价结论，即如果 2003～2007 年某研究方向人数比 1998～2002 年有明显增加，那么趋势被命名为“增长”，基本不变被命名为“保持”，否则被命名为“衰退”：另外，聚类分析中有些小的研究方向会划分在大的研究方向内，但是从聚类结果可以清晰地分辨出，如 1998～2007 年信息资源配置就被划分在信息资源管理中，为了更加清晰地观察这 10 年间图情学的知识结构的演变，这里将一些小的研究方向也单独列出来，特此说明。具体情况如表 5-5 所示。

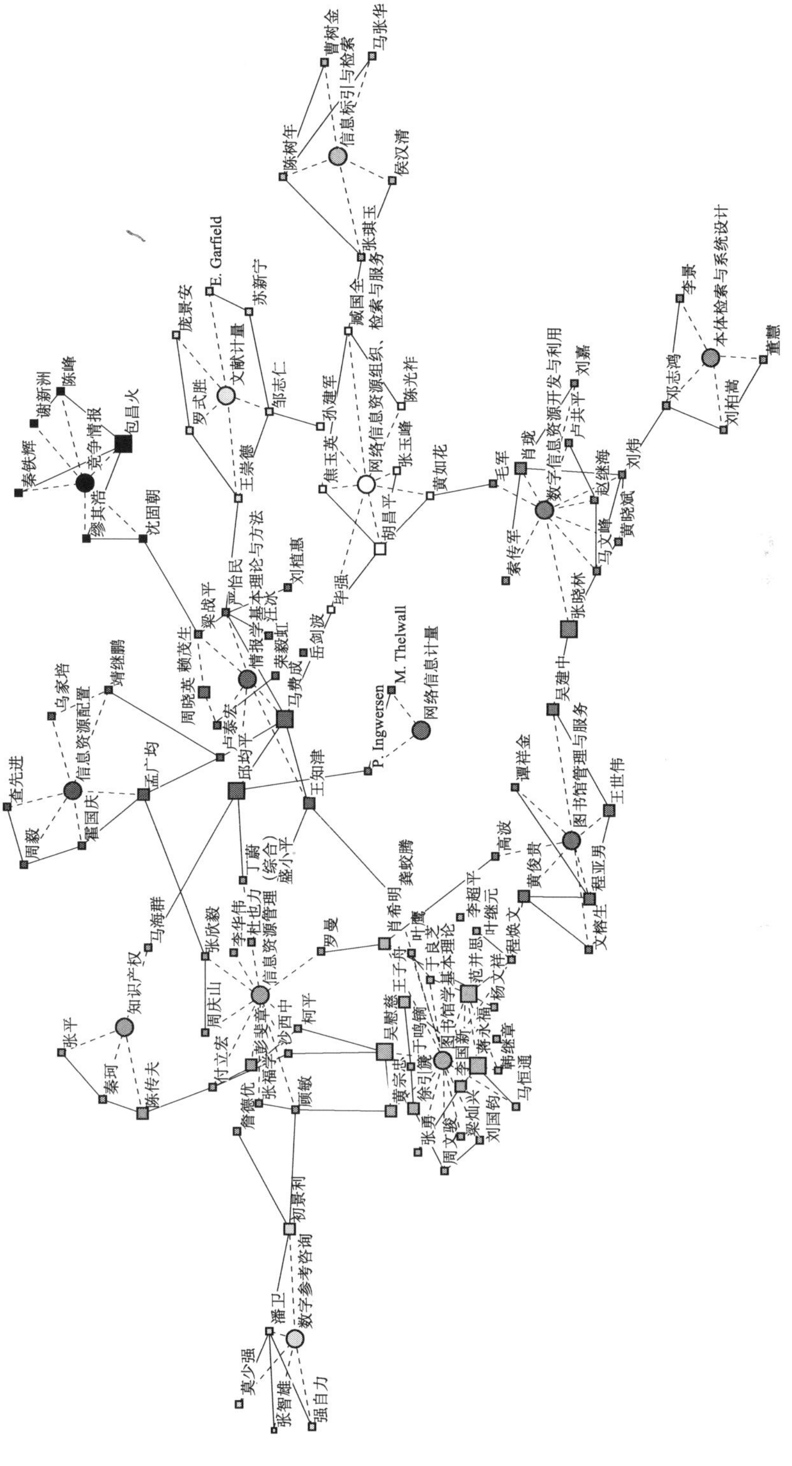

图5-22　基于作者相对相似性和聚类分析的PFNet图（2003～2007年）

表 5-5 图情学知识结构演变情况汇总表

研究方向	1998～2007 年	1998～2002 年	2003～2007 年	趋势
网络信息计量	2	—	2	增长
文献计量	6	9	6	保持
网络信息资源组织、检索与服务	10	9	8	保持
情报学基本理论与方法	12	11	12	保持
竞争情报	4	3	6	增长
知识产权	3	4	4	保持
知识组织与知识管理	4	11	4	衰退
信息资源配置	4	3	6	增长
信息资源管理基本理论与方法	7	—	10	增长
数字参考咨询	—	—	5	增长
数字信息资源开发与利用（数字图书馆）	25	23	10	衰退
图书馆学基本理论	34	28	30	保持
目录学	6	9	—	衰退
信息标引与检索	7	8	5	保持
本体检索与系统设计	—	—	4	增长
总计	124	118	112	—

从表 5-5 可以看出，1998～2007 年图情学研究方向按照作者个数排序，排名前 3 位的研究方向为图书馆学基本理论、数字信息资源开发与利用、情报学基本理论与方法，这三个研究方向的作者占所有作者的 60.4%，数量庞大，这说明这 10 年中我国图情学研究主要还是偏向于理论研究，应用方面有所欠缺；1998～2002 年按照研究方向包含作者数排名前 3 位的为图书馆学基本理论、数字信息资源开发与利用、情报学基本理论与方法、知识组织与知识管理，占所有作者的 61.4%。与 1998～2008 年相比，1998～2002 年研究规模比较大的还有知识组织与知识管理，但是这个时期的相关研究也主要集中在理论方面。2003～2007 年按照研究方向包含作者数排名前 3 位的为图书馆学基本理论、情报学基本理论与方法、信息资源管理基本理论与方法和数字信息资源开发与利用（数字图书馆），占所有作者的 55.4%。由此可见，这 10 年间基础理论的研究仍然是图情学研究的重中之重，而正是由于过于偏向于理论的研究，在方法创新方面有所欠缺，同时在应用方面也显得比较乏力。

从表 5-5 还可以看出，网络信息计量、信息资源管理基本理论与方法、数字参考咨询和本体检索与系统设计是在 2003 年后才兴起并逐步壮大的，是当前图情学学科研究新的知识增长点。而目录学则呈现明显的衰退迹象，在 2003～2007 年研究比较少。表 5-5 的趋势可以用图 5-23 进行形象的描述。

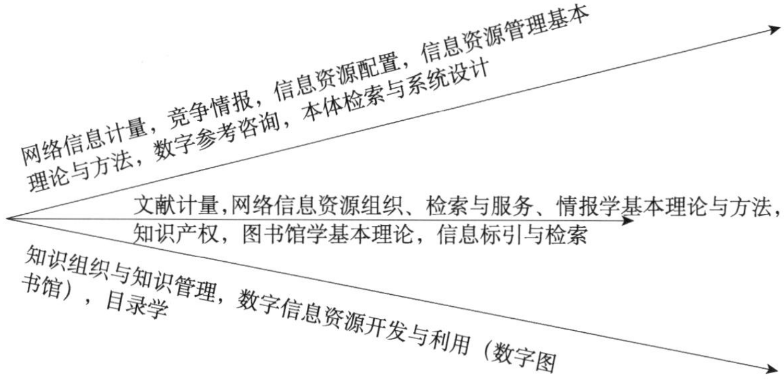

图 5-23　我国图情学知识结构趋势分布图

5.4　本章小结

基于作者同被引关系的科学交流知识结构研究的关键问题实质上是方法问题，只有在科学的方法支撑下并结合自身对该学科（领域）的认识方可清晰准确地描绘其知识结构。本章正是在详细捋清传统作者同被引分析方法存在争议基础上（包括对角线、矩阵转化和可视化方法等），对所提出的解决方案进行了实证研究，并分析了图情学知识结构的总体情况和历史演变。简要概括本章，有如下四点结论。

（1）作者同被引关系矩阵对角线应该设置为“最大值+1”。

（2）作者同被引关系矩阵应当转化，转化算法应为欧几里得距离的平方。该算法与 Ward 聚类算法相结合可最理想地勾勒出一个学科（领域）的知识结构。

（3）作者同被引分析的数据矩阵完全可以是原始矩阵，无需提前转化，在 SPSS 中可以自动实现。

（4）知识结构的可视化可以从绝对相似性和相对相似性两个方面展开。前者使用 Pathfinder 算法即可；后者需要和聚类算法及 Pathfinder 相结合方可更好地表达。

第六章

基于作者耦合关系的科学交流知识结构研究

在文献计量学中，作者同被引起源于文献同被引，而与文献同被引紧密相关的一个概念是文献耦合。在文献同被引的基础上发展出作者同被引，而在文献耦合的基础上发展出作者耦合。但是，令我们惊讶的是，作者耦合的研究一直是一个空白。最早进行作者耦合研究尝试的应该是 Leydesdorff，在他个人学术网站上提供了一个进行作者耦合分析的应用软件（DOS 命令下的软件），但是，没有看到 Leydesdorff 利用该软件进行任何实证的论文，笔者在利用该软件进行反复实验时，发现作者耦合包含的情况比较复杂，需要进一步梳理。还值得一提的是，作者耦合的研究也在国外开始了，但是只是刚刚起步而已①，即 Zhao② 才提出并实证了作者耦合，他发现

① 该文发表在 2008 年 11 月，笔者在开题报告中（2008 年 8 月）就构思了作者耦合的实证，可以说和 Zhao 不谋而合，特此说明

② Zhao D，Strotmann A. Evolution of research activities and intellectual influences in information science 1996—2005：introducing author bibliographic-coupling analysis [J]. Journal of the American Society for Information Science and Technology，2008，59 (13)：2070-2086

作者耦合也可以用来研究作者之间的研究兴趣并窥探当前某学科的知识结构，是作者同被引的有益补充。和作者同被引如火如荼的研究相比，作者耦合则显得比较"孤独"。究其原因，可能和文献耦合历来不受信息计量学界学者重视和应用有着直接关系①，也是直到近几年才有少数几篇文章应用了该文献耦合来探讨某个具体学科的前沿研究内容②③。另外，作者耦合这一概念在我国的几部文献计量学著作中有提及，但是还找不到一篇相关实证论文。

从上面的分析来看，作者耦合关系的建立和作者同被引关系的建立一样，都是通过第三方文献而建立，是一种隐性的、间接的学术关系。但是相对作者同被引的大量研究，作者耦合的研究才刚刚起步，需要做的工作还有很多，还有很多问题需要深入思考和验证，包括基本方法的阐明、方法是否可行、结果如何和存在问题等都是亟待解决的问题，可以说这是一项具有探索性的研究，充满了挑战性。基于以上考虑，本章主要解决以下问题。

（1）理清楚作者耦合关系的基本问题，包括作者耦合的定义、耦合强度如何计算、作者耦合与文献耦合的关系等。

（2）从作者耦合关系出发到底是否可以挖掘一个学科的知识交流结构？在研究中应该注意哪些问题？

（3）作者耦合分析与作者同被引分析的关系是什么？哪种方法在挖掘领域科学交流知识结构中更加有效？还是各有特色？

---

① Glanzel W, Czerwon H J. A new methodological approach to bibliographic coupling and its application to research-front and other core documents [J]. Scientometrics, 1996, 37 (2): 196

② Morris S A, Yen G, Wu Z, et al. Time line visualization of research fronts [J]. Journal of the American Society for Information Science and Technology, 2003, 54 (5): 413-422

③ Jarneving B. Bibliographic coupling and its application to research-front and other core documents [J]. Journal of Informetrics, 2007, (1): 287-307

6.1 基于作者耦合关系的科学交流知识结构概述

6.1.1 作者耦合与文献耦合的关系

前文已经提及，作者同被引（提出时间为 1981 年）是受到文献同被引（提出时间为 1973 年）的启发而诞生。而文献同被引和文献耦合在信息计量学中是一对紧密相关的概念，那么既然有文献耦合，是否可以在此基础上提出作者耦合呢①？这里便涉及作者耦合与文献耦合的关系问题。

文献耦合提出时间较早，比文献同被引要早近 10 年。它是由美国学者 Kessler 提出的。他发现，越是学科或者专业内容相近的论文，它们的参考文献中包含的相同文献数量就越多。基于这样的发现，他把两篇同时引用一篇论文（即共同的参考文献）的论文称为耦合论文（coupled papers），并把它们之间的这种关系称为文献耦合。事实上，两篇论文并不是完全只同时引用一篇论文，有可能是两篇，甚至是 *N* 篇，所以为了度量两篇论文的相似性程度，这里又引出一个概念，即耦合强度或者耦合频次。它的概念很简单，即两篇文献共同引用文献的篇数。两篇文献耦合强度越强，那么两者就越相似②。

文献耦合在研究学科前沿、发现学科知识结构、信息检索等方面都有重要应用。在很多文献中都提及，它有两个显著特点：耦合强度不变；表示引证文献之间固定而长久的关系，反映静态结构③。但是，作者耦合关系却没有“继承”这两个特点，作者之间的耦合强度会随着时间的改变而改变，即两个作者之间的关系并不是固定的，也不一定是长久的，它反映的是作者之间的动态结构。作者之间的耦合强度会随着时间的推移而增强（至少保持），即两个作者在一定的时间跨度内，只要两个作者不断发表论文，那么两个作者的耦合关系便会不断增强（至少保持）。在一定的时间段内，如果两个作者都不产出论文，那么他们的耦合强度为 0（这里列举的是一种极端情况），即他们之间的关系也不是长久的，受到研究时段的影响。由此可见，作者耦合关系既与文献耦合关系

① 虽然信息计量学书中已经提出这个概念，但是只是一个定义，并没有详尽研究其实质问题

② 邱均平．信息计量学［M］．武汉：武汉大学出版社，2007：397-408

③ 邱均平．信息计量学［M］．武汉：武汉大学出版社，2007：403-404

相似，尤其是基本原理方面是相似的，但是也有不同，作者耦合表现的是作者之间动态的关系。这种动态性是两者之间最根本的差别。

6.1.2　作者耦合关系强度的算法选择

对于作者耦合，正如前文所讲，相关研究很少，见诸文献的更是少之又少。但是从 Leydesdorff 设计的作者耦合软件来看，作者耦合的情况是比较复杂的。笔者利用实例（表 6-1）推算了 Leydesdorff 的软件的计算耦合次数的原理，其中表 6-1 中第 1 列为 Leydesdorff 的两篇文章的参考文献，第 2 列为 White 的两篇文章的参考文献，每篇文章的参考文献用虚线隔开，并且以“CR”开头（实质是原文，即引用文献），涂灰部分表示这些参考文献在两列（即两个作者的参考文献中）重复出现。

表 6-1　作者耦合示例表

Leydesdorff 的论文（单一作者）	White 的论文（单一作者）
CR1 Ahlgren P，2003，J AM SOC INF SCI TEC，V54，P550，DOI 10.1002/asi.10242	CR3 ＊SPSS，1990，SPSS BAS SYST US GUI
Borgatti S P，2002，UCINET WINDOWS SOFTW	Ahlgren P，2003，J AM SOC INF SCI TEC，V54，P550，DOI 10.1002/asi.10242
White H D，1981，J AM SOC INFORM SCI，V32，P163	White H D，2003，J AM SOC INF SCI TEC，V54，P1250，DOI 10.1002/asi.10325
White H D，2003，J AM SOC INF SCI TEC，V54，P1250，DOI 10.1002/asi.10325	CR4 Ahlgren P，2003，J AM SOC INF SCI TEC，V54，P550，DOI 10.1002/asi.10242
White H D，2004，J AM SOC INF SCI TEC，V55，P843，DOI 10.1002/asi.20032	Borgatti S P，2002，UCINET WINDOWS SOFTW
Zitt M，2000，SCIENTOMETRICS，V47，P627	Dvaison M L，1983，MULTIDIMENSIONAL SCA
CR2 ＊SPSS INC，1993，SPSS PROF STAT 6 1	White H D，1981，J AM SOC INFORM SCI，V32，P163
Ahlgren P，2003，J AM SOC INF SCI TEC，V54，P550，DOI 10.1002/asi.10242	White H D，1998，J AM SOC INFORM SCI，V49，P327
Davison M L，1983，MULTIDIMENSIONAL SCA	White H D，2003，J AM SOC INF SCI TEC，V54，P423，DOI 10.1002/asi.10228
White H D，1981，J AM SOC INFORM SCI，V32，P163	
White H D，1998，J AM SOC INFORM SCI，V49，P327	

续表

Leydesdorff 的论文（单一作者）	White 的论文（单一作者）
White H D，2003，J AM SOC INF SCI TEC，V54，P1250，DOI 10.1002/asi.10325	
White H D，2004，J AM SOC INF SCI TEC，V55，P843，DOI 10.1002/asi.20032	
Wouters P，2004，FIRST MONDAY，V9	

Leydesdorff 制作的软件给出的两人（Leydesdorff-White）的耦合次数为 11，其原理如下：CR1 和 CR3 共同的参考文献有 2 篇，CR1 和 CR4 共同的参考文献有 3 篇，CR2 和 CR3 共同的参考文献有 2 篇，CR2 和 CR4 共同的参考文献有 4 篇，最后将这些数字相加求和得到 Leydesdorff-White 的耦合次数为 11（2＋3＋2＋4＝11），是一个组合问题。

但是笔者在运行该软件进行测试的时候也发现了两个需要引起思考的问题：一是如果两个人合作一篇论文，那么这篇的参考文献将全部计入这两个作者的耦合次数中；二是第一作者和第二作者完全共同享有一篇文章的权利。对于第一种情况，如一篇论文（Article1）由 A 作者和 B 作者共同署名并且参考了 10 篇文献，那么这种情况下 A 和 B 的耦合次数为 10；如果 C 作者单独写了一篇文章并参考了 10 篇文献，其中有 4 篇和 Article1 的参考文献中有重复，那么这种情况下 A-C 和 B-C 的耦合次数是一样的，均为 4。这样，可以想象一种极端情况，如果两个人共同写了一篇综述并参考了 100 篇文献，那么这两个人的耦合次数至少是 100，合作写论文无可厚非，但是对于作者耦合研究就要谨慎对待，否则获得的数据将有歧义（过分夸大两个作者之间研究的相似性），不利于进一步解释。而不区分第一和随后作者，将直接导致一篇论文由几个作者共同“全额”分享，这也是不合理的。

2008 年 Zhao 发表一篇论文，明确提到作者耦合。他给出两个作者耦合次数的计算方法是：将每个作者（只考虑第一作者）所有的发表论文的参考文献分别列出，然后比对这些参考文献，找出共同的参考文献次数即为两个作者之间的耦合次数。由于一篇文献在某个作者的参考文献中出现的次数不止一次，如在 A 作者中出现 N 次，同时在 B 作者的参考文献中出现 M 次，则这篇文献要给个权值，具体为 min（N，M）①。从这个定义出发，我们可以发现 Zhao 和 Leydesdorff 设计的软件算法是不一致的。

由以上分析可以得出，作者耦合的类型认识还很模糊，完全是根据自己实

① Zhao D，Stromann A. Evolution of research activities and intellectual influences in information science 1996—2005：introducing author bibliographic-coupling analysis［J］. Journal of the American Society for Information Science and Technology，2008，59（13）：2072

验的需求设定各自的类型，没有达成普遍共识。笔者认为当前研究可以从如下几个方面来处理“作者耦合强度”问题。

（1）单合著情况的作者耦合需要排除，否则会产生数据混乱甚至异常。两个作者合写一篇论文引用的参考文献如果都算到这两个作者的耦合次数里面，那么耦合次数的计算将存在非常大的“投机性”，要想提高两个人的耦合次数，那么这两个人可以合作写一篇文章（尤其是综述），这样可以迅速提升两个人的耦合次数。合作频繁的作者研究兴趣必然相似，但是不适宜用“参考文献数量”这个绝对数来衡量，否则夸大了这种相似性。

（2）作者耦合定义可以从两个角度入手，但当前研究应该简单明了化，建议使用“参考文献集合”这一概念来解决该问题。作者耦合的定义简单地讲是指两个作者共同引用 N 篇文献的现象。但是这个看似简单的定义却容易在操作中产生疑惑，具体表现就是 Leydesdorff 和 Zhao 的算法完全不一样。Leydesdorff 的方法认为两个作者的耦合首先是两个文献（作者分别为 A 和 B）的耦合，即文献的耦合是基础，先求出两篇文献的耦合次数，就求出这两篇文献的著者之间的耦合次数，然后累加。这种方法的效率比较低，每增加一篇文献便要和目标作者的所有文章参考文献进行匹配，非常浪费时间。而 Zhao 是直接从定义出发，将某个作者所有文献的参考文献作为一个集合，然后和另一个作者所有文献的参考文献进行比较，看重复的有多少，从而重复的参考文献次数就是两个作者之间的耦合次数。笔者倾向于 Zhao 的处理方法，只要处理好两个作者“参考文献集合”之间的关系就可以清晰明了地定义作者耦合，从而为耦合强度的计算奠定理论基础。

（3）参考作者同被引强度的处理方式，作者耦合强度也选择“最小值”来计算。通过上面的分析，作者耦合强度的计算应该从“参考文献集合”出发，但是在该种情况下，仍然有一个问题需要解决，即集合和集合之间的计算方法。与同被引强度计算方式一样，主要有传统算法、最小值加权算法和组合加权算法三种方式①。其中，传统算法就是将 A 作者所有文献的参考文献提取出来，只保留不同的参考文献并作为一个集合 X，同理将 B 作者的所有文献的参考文献进行如上处理并作为一个集合 Y，那么 A 和 B 的耦合次数为 $X \cap Y$。最小值加权即 $\sum_{i=1}^{n} \min(M, N)$，其中 n 为 X 集合个数（a）和 Y 集合个数（b）的最大值［max（a，b）］。组合加权算法则是 Leydesdorff 的算法，即 $\sum_{i=1}^{n} C_M^2 C_N^2$。与作者同被引强度选择最小值加权算法的理由是一样的，这种算法既不夸大作者之间

① 这些算法的名称仍然是笔者自己设定的，特此说明

的相似性，也不掩饰作者之间的相似性，比较科学。

(4) 非第一作者可暂不加以考虑。由于作者耦合由发文和引用文献共同决定，所以发文的作用很大。而非第一作者分享论文的所有“利益”显然是不合理的，但是如何加权、程序中如何自动实现及耗时都是比较复杂的问题，不同的加权会导致不同的结果，这将引起较大争议。所以笔者认为当前探索性研究可以只考虑第一作者，这样更容易用同一标准进行处理，现实易行。

6.1.3 作者耦合关系的影响因素

作者耦合关系的建立并不是偶然的，两个不相关的作者建立耦合关系的概率几乎没有。但是，两个相关的作者也并不一定会有耦合关系。耦合关系的建立受到一些因素的影响，主要是以下两个方面。

(1) 作者耦合自身原理的影响。作者耦合是两个作者同时引用第三方文献，这样，其决定因素就由两个方面构成：一是作者的发文；二是作者的参考文献。从发文来看，一般情况下，两个作者要有一定的耦合强度，两人要有一定的发文数量，如果没有一定的发文数量，则很难保证两人之间有较强的耦合强度。另外，作者耦合强度的建立完全依赖于两个作者发文、参考文献交集的多少，这大大局限了作者耦合关系的范围。比较作者同被引关系（两个作者同时出现在一篇文献的参考文献中），作者耦合关系建立的概率要小，这也导致作者耦合强度比作者同被引强度整体来看要低许多。

(2) 作者引用文献的主观性。一个作者所参考的文献受到自身条件的约束。一是作者阅读环境和条件的约束。不同作者获取信息的外部条件是不同的，有的作者可以轻易获取信息，而有的作者却受到经济的影响无法获得想要的信息。二是作者获取信息方式的约束。有的作者主要是通过学术数据库获取论文，有的作者偏爱于从网络获取信息。三是作者偏好方面的约束。不同作者获取信息的意愿是不同的：有的作者广泛收集相关信息并进行阅读，有的作者只读几篇经典论文，而有的只读最新的论文；有的作者喜欢参考名家的，有的作者喜欢参考自己熟悉作者的，有的作者偏爱参考自己的（自引）。另外，作者耦合关系是两个作者同时参考共同文献的现象。这也就是说不是一个作者的问题，而是两个作者协同的问题。两个作者参考文献相同的概率是比较低的，这在一定程度是由作者参考文献的主观性决定的。试想，两个同一研究方向的作者要同时参考一些文献，必须两人关注的文献的范围一致，并且要进行引用，这是比较困难的。一个作者引用什么文献本身就有一定的主观性，要想两个作者引用文献具有交集更是难上加难。

从上面两个因素来看，作者之间耦合关系的建立相对作者同被引关系的建立要“困难”一些。但是，正如文献耦合一样，其科学原理是有据可依的，其科学性和可操作性需要进一步在后文进行检验。

6.2 基于作者耦合关系的科学交流知识结构研究方法

6.2.1 研究的技术路线

作者耦合与作者同被引关系建立的原理是完全不同的，但是它们的处理方式有着很大的相似性。这是因为他们建立的矩阵都属于临近矩阵，基本的处理方式是一样的。模仿作者同被引分析的技术路线，作者耦合研究的技术路线如图 6-1 所示。

图 6-1 给出的是在同被引分析讨论基础上（包括对角线设置、矩阵是否转化等）归纳总结得到的。可以看到，这里省略了“作者耦合矩阵的转化”这一步骤，将其直接归纳到多变量统计分析中，这是因为正如前文所述，这些多变量统计分析中都可以直接对原始矩阵进行分析，无需经过单独转化这一步。当然，这是建立在原始矩阵的对角线有值的情况下，在本章中仍使用“最大值+1”作为矩阵对角线的值。另外在图 6-1 中，将可视化方法也归结在倒数第二步，即多变量统计分析，这是因为可视化方法的根本还是算法，而算法和数学、统计学是密不可分的。

另外，作者耦合对象的选取也是需要重点讨论的问题，也是作者耦合分析的基础与出发点。在图 6-1 中仍然保留了作者同被引作者选择的方法，这是因为 McCain 总结的方法包含的范围非常广。作者耦合对象的选取是一个比较复杂的问题。笔者认为根据不同的学术环境需要不同的遴选标准，具体如下。

（1）对于国外作者耦合研究可以着重从发文的角度来遴选。当前国外的引文数据库尤其是 Web of Knowledge 收录的期刊质量都是较高的。如果在这些收录期刊中再挑选出一定数量的期刊，则能够很好地保证期刊的质量（如 White 和 McCain 关于 ACA 的经典论文中就挑选了 12 种图情学核心期刊作为数据来源，这些期刊的影响因子都保持在 1 左右）。另外，这些期刊刊载的论文都是经过严格的同行评审才刊登发表的，代表着当前研究的前沿水平。所以，通过发文来选择研究对象是合适的。

（2）对于国内作者耦合的研究则需要综合考虑，可以根据多种途径并结合学科特点来确定研究对象。当前国内的期刊整体质量虽然较以前得到了很大的提升，但是仍然存在很多问题，可以说是鱼龙混杂。现在即使很多核心期刊中

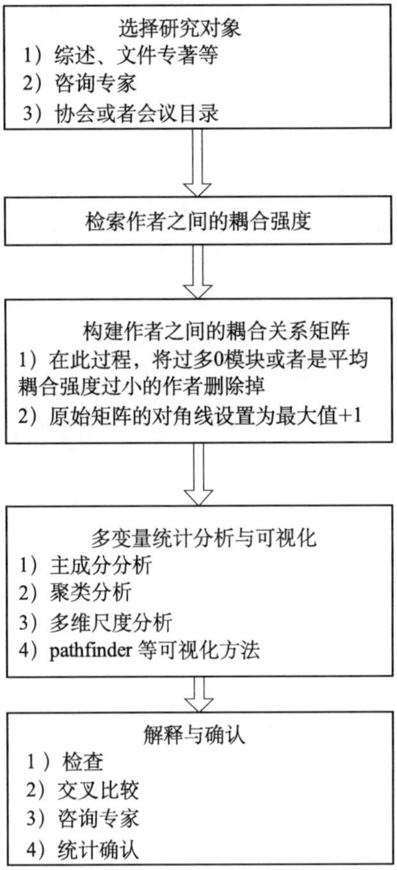

图 6-1　作者耦合分析的技术路线图

也刊登了不少质量较差的论文。面对这样的情况，首先应该遴选期刊，把一个学科影响力较大的期刊作为基本数据来源，预选出发文较多的那些作者；同时，可以根据作者被引次数或者 h 指数等指标剔除一些影响力较小的作者，严格保障研究对象的质量。其次，对这些作者进行核查，方法包括核查他们发文的具体情况、咨询身边专家等；还可以根据经验递补一些当前重要的学者进去。当前，在我国可能只有这样才能保证作者耦合研究顺利进行。

6.2.2　数据分析时应注意的问题

作者耦合与作者同被引关系构成的矩阵都是临近矩阵（见 5.1.2 小节第一部分），数据处理流程很相似，即一是通过相对相似性来进行聚类分析及结合 Pathfinder（亦基于相对相似性）来进行可视化；二是直接基于绝对相似性而进行 Pathfinder 算法可视化。但是，根据前期的一些尝试性研究，发现作者耦合在一些情况下并不适合于基于相对相似性的聚类及可视化处理。

这种“异常情况”发生在作者耦合矩阵中数据过少的情况下，尤其国内某些学科作者之间构成的耦合关系矩阵中 0 模块过多的情况。这种 0 模块过多的情况直接阻碍了矩阵的转化（即将原始矩阵转化为相似矩阵），而这又进一步影响了聚类分析和 Pathfinder 可视化。造成这种情况的根本原因是作者耦合的本质所决定的，前文已经分析了作者耦合的影响因素，这些影响因素直接导致作者耦合强度普遍较低。在这种情况下，一个作者和其他作者（$N-1$ 个，N 为总作者数）发生耦合的概率是比较低的，这导致聚类方法应用的失效。因为聚类分析的前提必须是数据应该比较“齐整”，不能有过多 0 模块。另外，第五章提出的可视化也同时失效，因为所提可视化方法也是从相对相似性出发的。

但是，从绝对相似性出发直接可视化也有一定问题，即可视化图谱中作者之间连线过多，看起来比较混乱①。为了解决这一问题，建议删除那些最大值过小的作者。比如，一个作者的耦合最大值只有 2，那么他很可能和其他多个作者的耦合强度都是 2，这导致他本人有多条线与别人相连。另外，对于最大耦合值为 2 的作者，其与其他作者研究方向的区分通过数据是很难看出的，研究意义不大。

综上所述，在作者耦合分析研究中对于数据的处理需要谨慎，对原始数据的具体情况要非常熟悉。如果原始数据中 0 模块不多，且特点比较明显（如一个作者和某个作者或者某几个作者耦合强度比较高）则完全按照图 6-1 的流程进行数据处理。如果原始数据中 0 模块多，则只能基于绝对相似性进行研究，并注意同时要删除那些最大耦合强度较小的作者。还需要强调的是，在对基于绝对相似性的 Pathfinder 图谱进行解释时，要明确图中“明星”的意义。这里的“明星”并不是说这个作者的影响力有多大，而只能一定程度上反映这个作者当前研究的活跃性（如写了较多文章，或者是读了较多文章并进行了引用）。所以，不能对这个所谓的“明星”像同被引中得到的明星那样给予过多的关注，其意义只能是某个研究方面的“代名词”。

6.3 实证研究：科学交流知识结构研究

6.3.1 数据来源与处理方法

本章的数据来源仍然是 1998～2007 年 10 年间 CSSCI 中的图情学学科数据，

① 在作者耦合关系网络中会出现一个作者和其他作者的最大耦合强度相同的情况，尤其是在作者耦合强度都不是很大时这种情况更多，而根据 Pathfinder 原理，最大耦合强度相同则意味着这一作者和多个作者有连线，这样最终会因为作者之间连线过多而导致图谱失去明显的中心点，显得比较混乱

但是进行了一定的筛选：首先根据武汉大学中国科学评价研究中心《中国学术期刊评价研究报告——权威期刊和核心期刊排行榜》① 中图情学科排名前 10 位的期刊作为来源期刊，同时将图情学唯一一本完全以技术为导向的《现代图书情报技术》（排名 13）也列入了数据来源。结合图情学当前对学术期刊的认可，将《中国软科学》也列入其中。这些期刊具体如表 6-2 所示。这里需要强调的是，CSSCI 中的数据是按照学科进行的，即其他学科的作者也可以发表图情学的论文，图情学的作者也可以在其他学科的期刊上发表论文，这是 CSSCI 组织数据非常科学的一面。但是，为了确保数据的质量，将图情学作者发表在其他学科期刊但是仍然属于图情学的论文排除在外。这样，这 10 年间满足条件的论文总共为 19 143 篇。

表 6-2　12 个来源期刊基本情况表

排名	期刊名	排名	期刊名
1	中国图书馆学报	7	图书馆
2	情报学报	8	图书馆论坛
3	图书情报工作	9	图书馆杂志
4	大学图书馆学报	10	情报理论与实践
5	情报科学	13	现代图书情报技术
6	图书情报知识		中国软科学

本章的数据处理方法如下：首先是数据过滤。大致浏览这些论文，将明显是“讲话”“访谈”之类的文章删除掉，尽量避免在选择作者的时候产生误差。然后将没有参考文献的文章删除掉，这样的论文也很难当成研究论文。然后分时段（1998～2007 年、1998～2002 年和 2003～2007 年）通过程序获得作者耦合矩阵，接着删除那些最大值过小的作者（阈值每个时间段都不同，详见下文）。由于每个时段的矩阵所含的 0 模块都比较多，所以对形成的耦合矩阵不进行聚类分析（理由见 6.2.2 小节），而是直接利用 Pathfinder 算法进行可视化分析（原理见第五章相关内容）。

6.3.2　分时段知识结构研究

1. 1998～2007 年

这 10 年间初次入选的作者为 10 年间总被引次数在 50 次以上且发文在 7 次

① 邱均平．中国学术期刊评价研究报告——权威期刊和核心期刊排行榜［M］．北京：科学出版社，2009

以上的作者，共152位。建立152位作者的耦合矩阵，删除最大值（即一个作者与其他作者的耦合频次中的最大值）小于5的作者，最后保留了119位作者①。这119位作者的可视化图谱如图6-2所示。这10年图情学的知识结构可以解释如下（图6-2从右到左顺序逐一介绍）。

（1）数字图书馆知识组织、系统与服务。该方向偏技术应用（图6-2中以毕强为代表），围绕数字图书馆和网络信息资源的知识组织、检索、系统集成、用户服务而展开研究，是当前图情学研究的热点，也是前沿研究领域（如本体的研究、语义网的研究）。

（2）图书馆学基本理论研究。该方向构成人员庞大（图6-2中以刘君、蒋永福和马恒通等为代表），研究的具体内容和方向相互交叉、融合。有不少作者研究公共图书馆的服务；也有的对用户服务的研究情有独钟；还有的从哲学层次来研究图书馆学；等等。但是，都基本集中在图书馆学基本理论方面，这里没必要进行太多的区分。

（3）文献信息资源管理。该方向的学者还主要集中在图书馆学（以霍国庆为代表），主要研究信息资源的属性、共享等问题。

（4）数字信息资源开发、利用与服务。这一方向包含的分支也比较大（图6-2中以盛小平为代表），包括数字参考咨询、数字图书馆信息组织（主要是元数据）。这一方向是适应当前信息网络化趋势而产生的，具有鲜明的时代气息，也是当前研究的热点。

（5）网络信息资源组织。这一方向是对信息标引与检索的继承和发展（图6-2中以司莉为代表），非常具有图情学特色。主要研究网络信息资源的分类、标引等问题。这些作者中有老一辈学者，也有学术新秀，他们共同为该方向的发展做出积极的贡献。

（6）情报学基本理论与方法。这一方向主要是老一辈情报学家坚守的阵地（图6-2中以肖勇为代表），情报学基本理论的研究在现在看来仍然不过时，甚至是非常急需的。基础理论的确立是情报学学科地位确立的根本，这方面的研究仍然需要加强，期待更多作者的加入。

（7）信息资源配置和测度。这里包含的作者也较多（图6-2中以马费成、查先进等为代表），这一方向在最近几年的研究中非常热门，不少作者都进行相关研究，产生了不少成果，且产生了较好的社会和经济效应。

（8）知识管理。这里涉及的作者也不多（图6-2中以柯平、丁蔚、龚蛟腾等

---

① 最初也尝试通过h指数作为一个指标来筛选作者，但是在操作中发现，h指数对于图情学作者的区分度很小，很多作者的h指数值都相同，且都很小。所以在本书中并没有利用该指标进行作者筛选

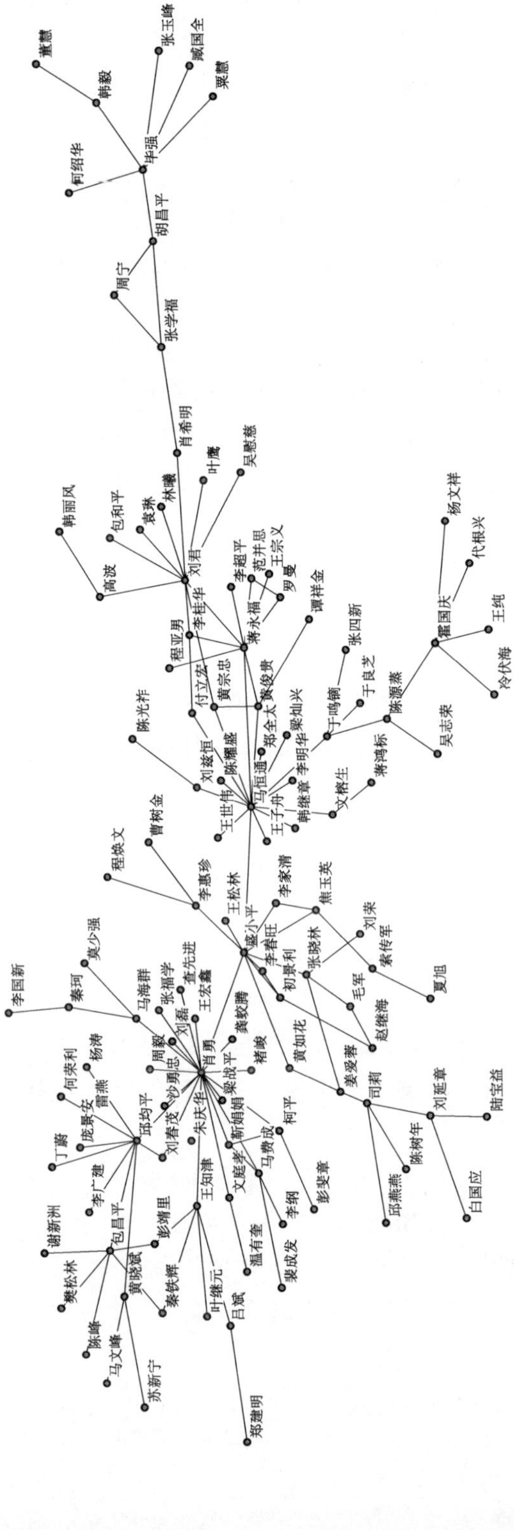

图6-2 1998~2007年图情学知识结构图谱

为代表），但是该方向无疑是这10年间引人关注的研究方向之一。从信息管理到知识管理是实质性的飞跃之一，虽然当前研究还主要集中在图书馆知识管理方面，对于企业知识管理的应用研究及案例研究还有所欠缺，但是这些理论性的研究仍然是值得肯定的。

（9）知识产权。这里的作者不是很多（图6-2中以马海群为代表），但是该方向是最近几年研究的热点之一，也是图情学的突破点之一。他们在信息资源政策、法律方面都有较多成果产出，在学术界已经有一定的影响。

（10）竞争情报。这里包含的作者相对来说也是比较多的（图6-2中以包昌火为代表）。这一研究方向非常具有情报学特色，并且最近几年的研究非常活跃，与企业市场竞争紧密结合，取得较为瞩目的成绩。

（11）三计学研究。这里包含的作者也比较多（图6-2中以邱均平为代表）。其中包括网络信息计量（主要是链接分析和网络影响因子）和传统的科学计量（主要是期刊评价和引文分析）。该方向一直是图情学的研究重点，也是图情学的核心部分，需要不断加强并扩大国际影响力。

2. 1998～2002年

这5年间研究对象的选取标准是在1998～2007年这10年间被引次数在50次以上（保证作者有一定影响力和知名度）并且在1998～2002年这5年间发文数在3次以上的作者，共155位。建立155×155的耦合矩阵，删除最大值小于4的作者，最后剩下82位作者。从研究对象的筛选来看，最后剩下的作者是初选作者的一半左右，可见这5年间图情学的研究不是很活跃，也不是很集中。这82位作者的可视化结果如图6-3所示。

从图6-3来看，这5年的可视化图谱显得比较凌乱和分散。这5年的研究方向大致如下。

（1）文献编目。这一方向是传统图情学非常重视的一块（图6-3中以文榕生为代表），这5年间这一研究方向仍然是热点，这和当时图书编目自动化这样的大背景是分不开的。

（2）竞争情报。这5年间该方向的作者不是很多（图6-3中以查先进为代表），这个时间还是竞争情报在我国刚刚起步的时候，还不是很成熟，但是已经有一些作者在从事相关研究。

（3）文献计量。这5年间三计学的研究还主要集中在文献计量方面（图6-3中以邱均平为代表），包括期刊评价、引文分析等。

（4）知识管理。这5年间从事这方面研究的作者不是很多（邱均平、盛小

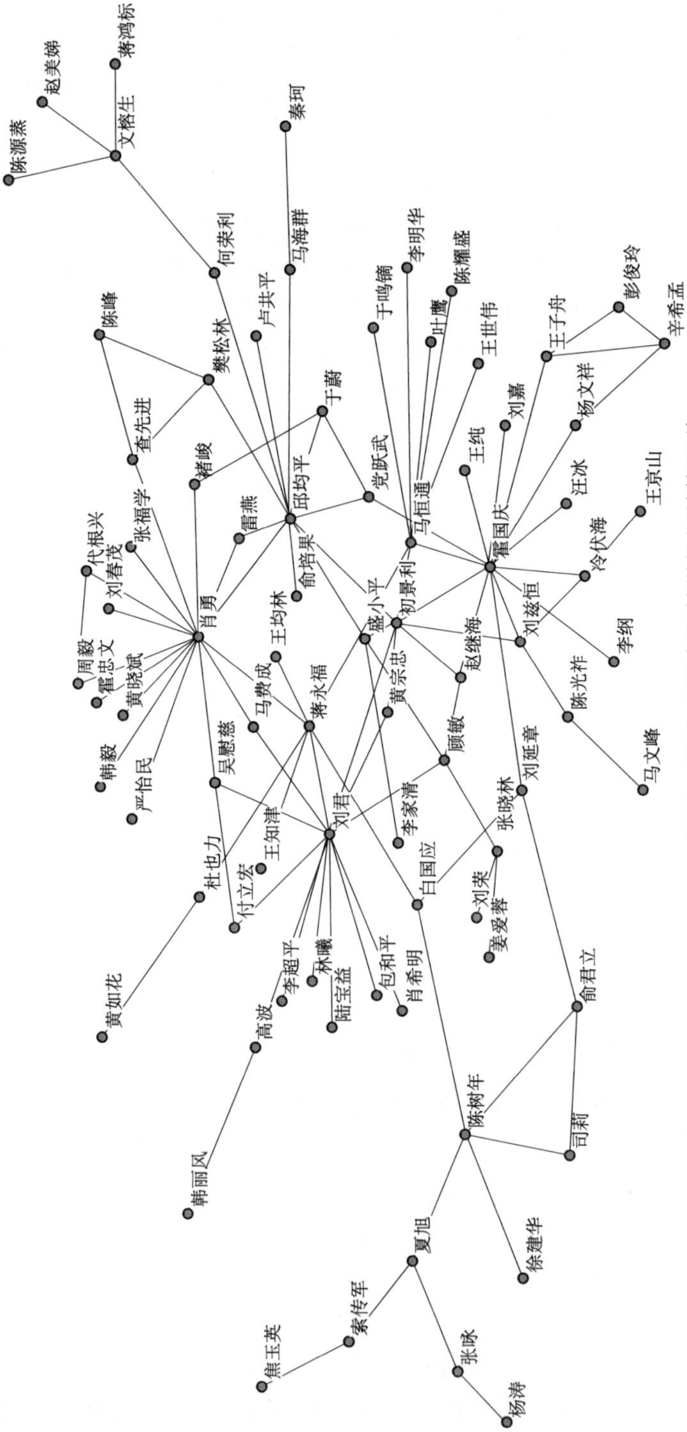

图6-3　1997~2002年图情学知识结构图谱

平、丁蔚、卢共平等)，主要从事基础理论的研究，如研究从信息管理到知识管理转变的意义等。

(5) 情报学基本理论与方法。这一方向的作者主要从事情报学基本原理、情报学研究对象和范围等方面的研究，人员比较多(图 6-3 中以肖勇为代表)。正如前文所讲，该研究方向是非常必要的。

(6) 电子图书馆研究。图 6-3 中相关作者是数字图书馆相关研究的先驱(包括陈光祚、汪冰、马文峰、刘荣等)，该方向是对传统图书馆研究的拓展，为图情学研究开辟了新的研究领域。

(7) 信息资源管理。这一研究方向也是才刚刚起步(图 6-3 中以霍国庆为代表)，其研究也主要是集中在基础理论研究方面，包括信息资源管理的研究范围、内容框架等，为以后该方向的发展和成熟奠定了基础。

(8) 图书馆基本理论与方法。这一研究方向所涉及作者比较多(图 6-3 中以刘君、蒋永福、马恒通为代表)，包含内容也比较多，包括文献资源建设与共享(以肖希明、高波等为代表)、基础理论(包括图书馆服务质量评价、图书馆学教育等)。这些作者几乎占据了这 82 位作者的 1/3，这也透射出这 5 年图情学的研究以理论研究为主。

(9) 信息标引与检索。这一研究方向一直是图情学研究的重点领域(图 6-3 中以陈树年为代表)，这一方向既有对传统文献分类和标引的研究(如中图分类)，也初步涉及了网络信息资源的分类研究。

3. 2003～2007 年

这 5 年研究对象的选取标准是 1998～2007 年的被引次数在 50 次以上并且在 2003～2007 这 5 年间发文 3 篇以上的作者，共 152 位。删除最大值小于 4 的作者，最后剩下 80 位作者并形成 80×80 的耦合矩阵。这 5 年间图情学知识结构可视化如图 6-4 所示。图 6-4 相较 1998～2002 年来讲，研究方向比较集中，主要如下。

(1) 数字信息资源组织与检索。信息检索一直是图情学的重要研究领域，随着研究对象的深化，从传统的文献检索拓展到网络文献和信息的检索。当前该方向研究成果较多，是图情学研究的热点领域。

(2) 情报学基本理论与方法。这一方向的研究一直都进行着，不断总结并逐步形成了情报学的基本理论和方法体系，这为情报学以后的研究范围和框架奠定了重要的理论基础。

(3) 数字图书馆研究。这5年间数字图书馆的研究非常热，作者数量众多（图6-4中以盛小平为代表）。如何实现图书馆信息资源的数字化和共享化是当前图书馆要着重解决的问题之一，很多作者加入这一阵营，从理论、标准、内容体系、组织方法和应用等多个角度系统化地研究这一问题，取得了较多成果。

(4) 信息资源配置与测度。这一方向在这5年间研究很热，包含作者也比较多（图6-4中以马费成、吕斌等为代表）。这些作者原来基本都是研究信息资源管理的基本理论与方法的作者，现在他们的研究更加专深，融情报学和经济学为一体，形成较有特色的研究方向。

(5) 三计学研究。这5年间，三计学的研究不仅有传统的文献计量，网络计量的研究也逐步开展起来。三计学和信息检索一样，在图情学中有着重要地位，需要不断加强并有所创新。

(6) 竞争情报。这5年中，竞争情报的研究逐步成熟，有影响力的作者也逐渐增多（图6-4中以包昌火、秦铁辉等为代表）。竞争情报在这5年间已经成为情报学重要的研究领域。

(7) 网络信息标引与检索。传统的信息标引与检索逐步过渡和扩展到网络信息资源（图6-4中以曹树金为代表），实质上，传统的分类和标引方法在网络信息资源组织方面有着重要的应用。

(8) 图书馆学基本理论研究。这方面的研究一直是图书馆的重要研究领域（图6-4中以马恒通、代根兴等为代表），研究内容仍然建立在图书馆学研究对象和教育（包括学科体系建设）、文献资源建设、用户服务等方面。

从1998～2007年、1998～2002年、2003～2007年这三个时间段的分析来看，从作者耦合关系出发也可以分析一个学科的科学交流的知识结构。比如，就图情学来看，该学科的研究多偏向于理论研究，应用研究还比较少。图情学的研究对象不断扩展和深化，从传统的文献资源到数字信息资源及更加宽泛的网络信息资源，网络信息资源管理已经占据了图情学研究的主体地位。但是我们也发现，虽然关于网络信息资源的研究比较热，但还是偏重于理论研究，实际应用取得的有着重要社会或者经济效益的成果并不是很多，所以当前研究要继续深入和专业化，而不是盲目地追求研究的“新颖性”。

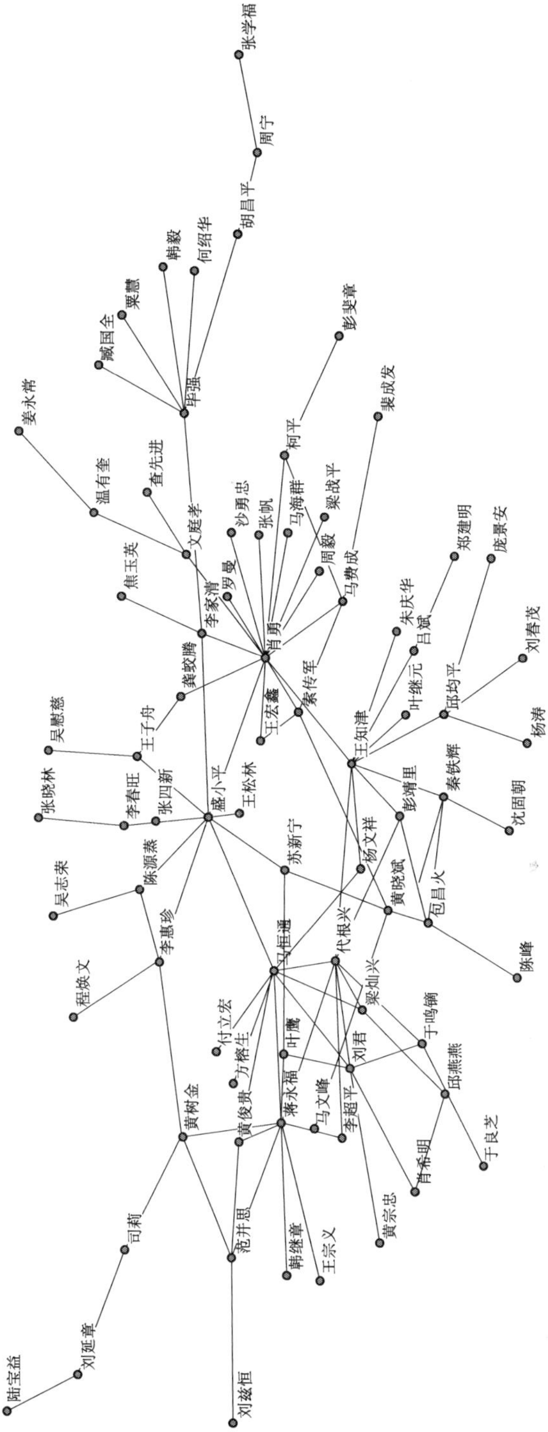

图6-4 2003~2007年图情学知识结构图谱

6.3.3 与作者同被引分析的比较研究

通过上面对作者耦合关系的分时段分析，可以证实作者耦合分析也可以挖掘一个学科的科学交流知识结构。而在第五章，作者同被引分析也可以研究一个学科的知识结构。那么两者有何区别和联系？这是本节着重研究的内容。

要想认识作者耦合分析与作者同被引分析的区别，首先要区分文献耦合与文献同被引的区别。表 6-3 给出了文献耦合与文献同被引的区别①。

表 6-3 文献耦合与文献同被引的区别

序号	文献耦合	文献同被引
1	反映引证文献之间的关系	反映被引证文献之间的关系
2	必须由两个（或两个以上）引证文献的作者共同建立	可以由一个引证文献的作者单独建立
3	关系媒介是被引文献或参考文献	关系媒介是引证文献
4	其程度以耦合强度指标衡量（共同的参考文献数）	其程度以同被引强度指标衡量（共同的引证论文数）
5	耦合强度固定不变	同被引强度随时改变
6	表示引证文献之间固定而长久的关系，反映静态结构	表示被引文献之间变化而暂时的关系，反映的是动态结构
7	处于主动的引证地位	处于被动的被引证地位
8	回溯性的，属于“回向引证”	展望性的，属于“前向引证”
9	被引文献 引证文献 C ← A ↑ B 先发表 后发表 A 与 B 为文献耦合关系	引证文献 被引文献 C → A ↓ B 后发表 先发表 A 与 B 为同被引关系

在表 6-3 中两者最大区别在于第 5、6 和 8 点。从第 5 点和第 6 点可以看出，文献耦合表示文献之间的固定关系，耦合强度恒久不变；而文献同被引则表示的是文献之间的动态关系，同被引强度随着时间的改变而改变。从第 8 点（及第 9 点）来看，文献耦合是回溯性的，而文献同被引是展望性的。在实际研究中，我们可以发现文献同被引分析所选取的研究对象一般都是高被引论文，而这些高被引论文往往是多年积累的经典成果；而文献耦合研究对象的选择则是从发文角度出发，这些文献能够及时地表现当前的研究热点和动态。所以，早在 1994 年，Persson② 就指出，文献同被引分析研究的是一个学科的“基础结

① 邱均平．信息计量学［M］．武汉：武汉大学出版社，2007：404

② Persson O. The intellectual base and research fronts of JASIS 1986—1990［J］. Journal of the Ameri-can Society for Information Science，1994，45（1）：31-38

构”（intellectual base），而文献耦合分析研究的是一个学科的“前沿结构”（research front）。他的这一结论于 2005 年和 2007 年 Jarneving 的两篇论文中①②也得到了验证。当然，在很多文献中也可以看到，文献同被引也可以分析一个学科的前沿结构，如 Åström 的论文就证实了这点③。综合以上分析，文献耦合分析主要是挖掘一个学科的“前沿结构”，而文献同被引分析在挖掘“前沿结构”和“基础结构”方面都有一定的应用。

在分析文献耦合与文献同被引基础上，接着分析作者耦合和作者同被引的区别与联系。在前文已经提及，作者耦合的强度也是随着时间的变化而变化的，并且不断增强，这和作者同被引分析并无区别。作者同被引分析可以动态分析一个学科的知识结构④，那么作者耦合也可以动态分析一个学科的知识结构，作者耦合弥补了文献耦合的“静态性”这一“缺陷”，具有了“动态性”的特征。综上所述，作者耦合主要是分析一个学科“动态的前沿知识结构”，而作者同被引分析主要是分析一个学科“动态的前沿或者基础结构”。

另外还要注意的是，研究对象的选取方面两者也有较大差别。作者同被引的作者选择范围较广，可以包括已经过世的先辈学者；而作者耦合选择的作者必然只能是当前活跃着的优秀学者。

下面通过比较两种方法在 1998～2007 年、1998～2002 年及 2003～2007 年图情学知识结构分析中的区别，具体结果如图 6-5～图 6-7 所示。

1. 1998～2007 年知识结构比较研究

为了更加明显地观察和比较两种关系得到的知识结构的异同点，图 6-5 用实线来表示两种方法得到的相同结构，虚线表示得到的结构有所区别，涂灰的表示得到的结构完全不同。

从图 6-5 可以看出，这 10 年间，两种方法得到的知识结构既有相同之处，也有不同之处。首先作者耦合得到的数字图书馆组织、系统与服务这一方向凸显出来，而在作者同被引中则糅合在网络信息资源组织、检索与服务中。其次

---

① Jarneving B. Bibliographic coupling and its application to research-front and other core documents ［J］. Journal of Informatrics，2007，(1)：287-307

② Jarneving B. A comparison of two bibliometric methods for mapping of the research front ［J］. Scientometrics，2005，65 (2)：245-263

③ Åström F. Changes in the LIS research front：time-sliced cocitation analyses of LIS journal articles，1990—2004 ［J］. Journal of the American Society for Information Science and Technology，2007，58 (7)：947-957

④ Bayer A E，Smart J C，McLaughlin G W. Mapping intellectual structure of a scientific subfield through author cocitations ［J］. Journal of the American Society for Information Science，1990，41 (6)：444-452

是信息资源配置单列出来，并且看出了信息资源测度这一研究方向的端倪，而在同被引分析中融合在信息资源管理中。还有，作者耦合得到的是网络信息标引与检索，而作者同被引得到的是比较传统的信息标引与检索，从这点来看，作者耦合得到的结果更加具有“新颖性”。但是，作者同被引得到了目录学这一研究方向，而作者耦合并没有探测出这一方向（更准确地说是目录学在作者耦合分析结果中作者很少，不能单列出来，如只有柯平和彭斐章两人）。

从上面的分析可以看出，作者耦合得到的结果比较具体且更加前沿，而作者同被引得到的结果比较全面。两者结合起来，能够更加具体且全面反映图情学这10年间科学交流的知识结构。

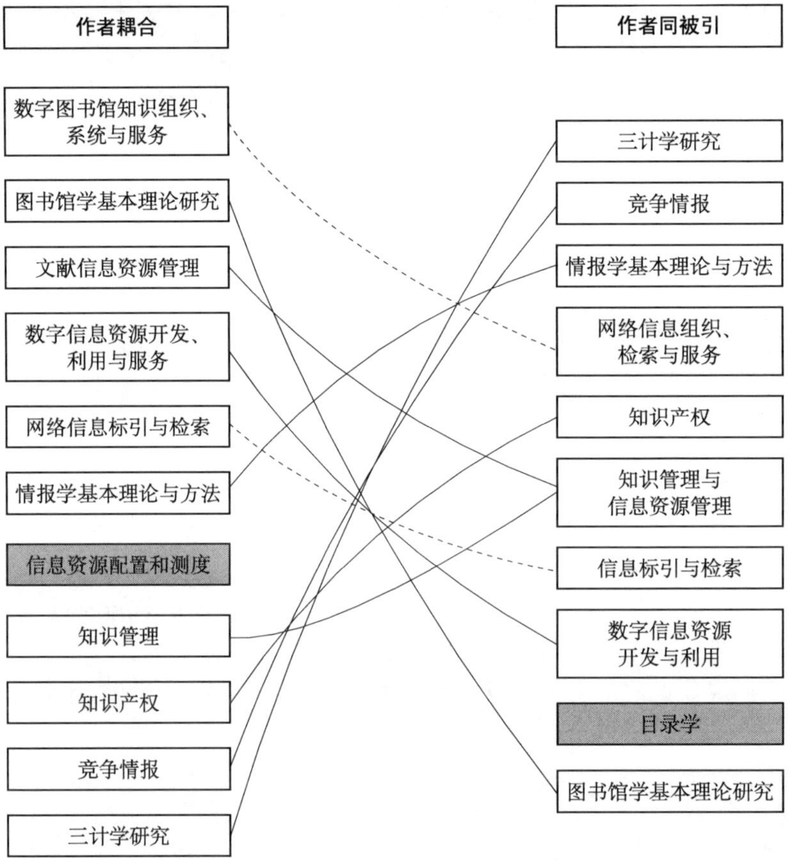

图 6-5　1998～2007 年图情学知识结构比较图

2. 1998～2002 年知识结构比较研究

图 6-6 给出的是这 5 年间作者耦合分析和作者同被引分析得到的图情学知识

结构比较图。

从图 6-6 可以看出，这 5 年间基于不同的关系得到的知识结构有着较大的差异。在作者同被引分析中，探测出网络信息资源检索、知识产权和目录学这三个研究方向，但是在作者耦合分析中却没有探测出来；同样的，在作者耦合分析中探测出文献编目、竞争情报和电子图书馆研究这三个方向，而在作者同被引中却没探测出来。从这点可以看出这两种关系得到的知识结构各有千秋，需要结合考虑。另外，在信息资源管理与知识管理这两个方面，作者耦合和作者同被引得到的结果也有一定差异，作者耦合得到的比较具体，而作者同被引得到的比较宽泛。

从这 5 年的比较研究中，我们可以看到这两种关系得到的知识结构相互补充则可以更好地挖掘出整个学科的知识结构。需要注意的是，这里对于前沿结构还是基础结构区分得并不是很明显，主要强调的是两者“互补性”。

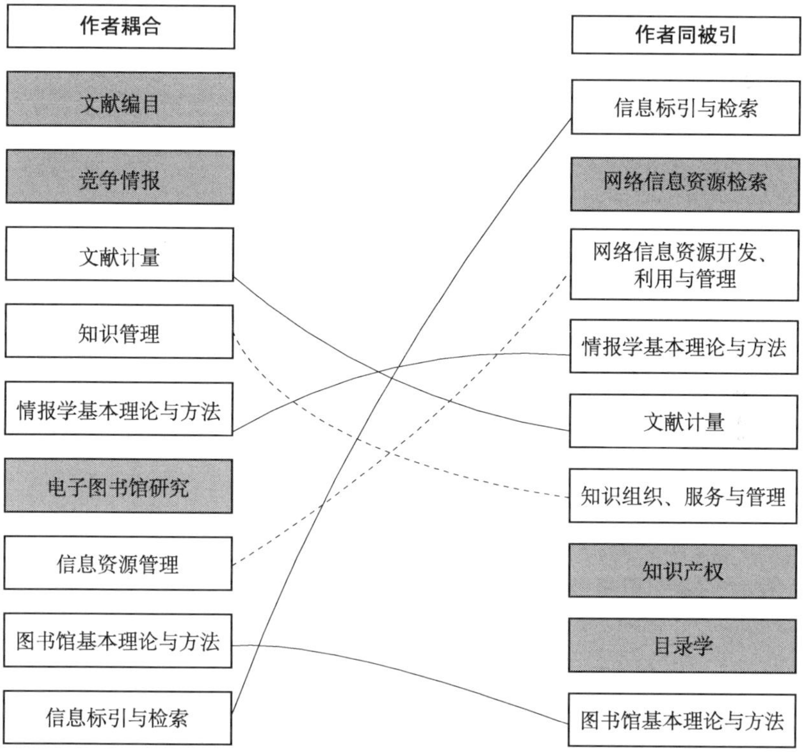

图 6-6　1998～2002 年图情学知识结构比较图

3. 2003～2007 年知识结构比较研究

图 6-7 给出的是这 5 年间作者耦合分析和作者同被引分析得到的图情学知识

结构比较图。

从图 6-7 来看，这次得到的结果和前两个时间段得到的结果有所不同。这次同被引分析得到的结果要比作者耦合具体一些，如数字参考咨询、知识产权和信息资源管理这三个方向在作者耦合分析中就没有得到。另外，在作者同被引分析中的本体检索与系统设计比作者耦合分析中的数字信息资源组织与检索要更加具体。但是，作者耦合分析得到的网络信息标引与检索比作者同被引分析得到的信息标引与检索更具有“新颖性”，更能解释当前研究的前沿问题。

由此可见，这 5 年间作者耦合分析和作者同被引分析各有特色，相结合并互为补充就可以得到一个学科较好的知识结构。

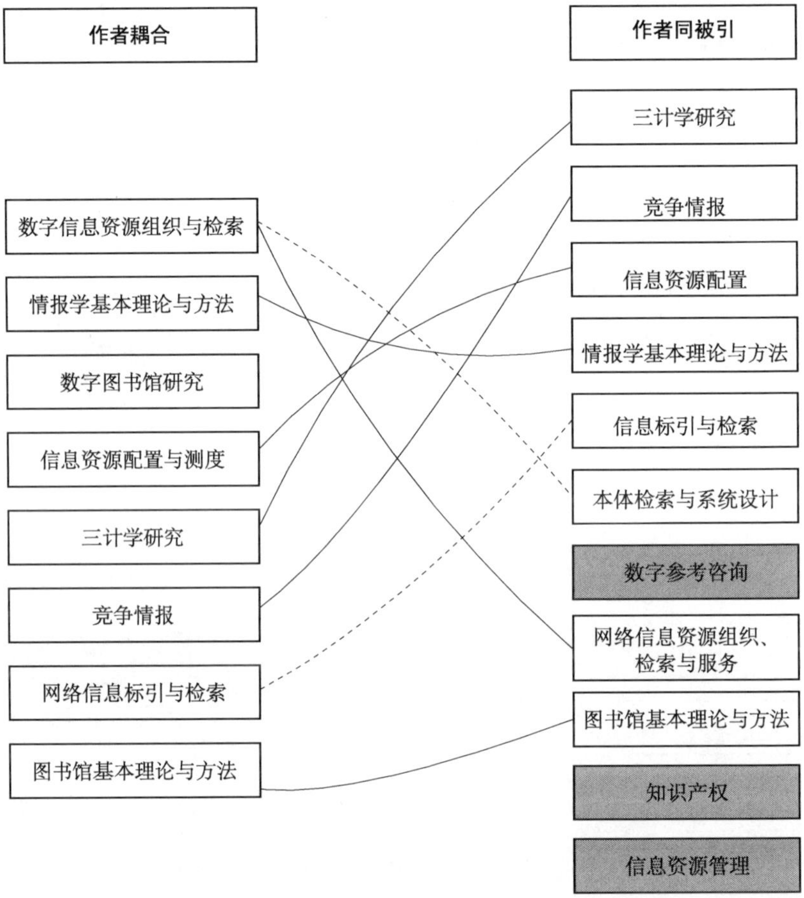

图 6-7 2003～2007 年图情学知识结构比较图

6.4 本章小结

本章在分析作者耦合基本理论的基础上，构建了作者耦合分析的技术路线，并且实证了从作者耦合关系出发也可以挖掘一个学科（或者领域）的科学交流知识结构，最后比较了作者耦合分析与其密切相关的作者同被引分析两者之间的区别，主要得到以下结论，简要表述如下。

（1）作者耦合来源于文献耦合，有着坚实的理论与方法基础。

（2）作者耦合分析和作者同被引分析在方法方面基本一致，但是在数据挖掘和可视化方面有些特殊。这一特殊性主要是在对我国一些学科知识结构进行研究时不适合用聚类分析，也不适合于笔者在第五章提出的可视化方法，而只适合于从绝对相似性出发，应用 Pathfinder 来进行可视化分析。

（3）从作者耦合关系出发，能够动态地揭示一个学科（领域）的知识结构。本章对图情学知识结构分年段进行了详细研究，结果充分证实作者耦合分析能够揭示一个学科（领域）的知识结构，并且主要是该学科（领域）的前沿知识结构。

（4）作者耦合分析与作者同被引分析得到的知识结构有异同点，两者互补能够更全面地描述一个学科（领域）的知识结构。作者耦合主要是揭示前沿结构，而作者同被引则揭示基础结构或者是前沿结构，两者各有特色、互为补充。

第七章

一些启示

科学交流是一个庞大的学术体系，本书只是从作者学术关系视角来进行研究。虽然只是一个视角，但是从“作者”这一科学交流的主体和根本出发，我们可以对科学交流的模式和结构等有一个系统认识和把握，并从中得到一些启示，希望这些启示能够为以后科学交流的规范化与有序化提供积极的参考和借鉴。

（1）科学交流系统不是杂乱无章的，而是高度有序的自组织系统，有着自己的模式与规律。在本书的研究中，首先从文献逻辑生长曲线出发论证了科学交流系统尤其是正式交流系统完全符合自组织系统的特征。而模式的研究使得我们对于作者间如何科学交流及科学交流的方式和状况有一个较为微观的了解，并且从模式中可以发现当前科学交流存在的问题，为以后科学交流的发展和改进起着导向作用。另外，作者合作关系和作者引用关系网络都是复杂网络，都具有复杂网络的分布特征和规律，即小世界分布特征与幂律分布特征。小世界现象告诉我们，知识可以通过较短的路径传递给科学交流系统中的（更准确地说是最大连通成分）任何一个人，知识流通是畅通的。而幂律分布则告诉我们，科学交流系统是一个等级系统，作者的贡献、学术地位甚至吸收知识的能力都是不一样的，有着等级差异，呈现金字塔形的基本结构。这些规律性的结论告诉我们，在平时的科学研究中首先要尽量缩短作者之间知识传递的距离，使得作者之间的交流更加频繁和紧密，形成更加活跃的科学共同体。其次，要充分重视高影响力作者的重要作用，他们处于“金字塔”的顶端，有着很大的学术影响力和知名度，在他们周围已经或者正在形成一定的交流合作圈，并最终有可能形成一定的“学派”，从而使得影响更加长久。综合两方面的考虑，要想缩短一个科学共同体内作者之间交流的距离，要格外重视共同体内核心作者的作用，缩短作者距离首先要缩短核心作者之间的距离，这样就能逐步扩大其他作者交流的范围，扩大交流圈，最终使一个科学共同体的小世界特征更加明显，交流更畅通与频繁。

（2）科学交流系统是一个社会系统，要正视并科学处理好科学交流中作者之间的社会关系。社会关系对于科学交流的影响一直都是科学社会学研究的重中之重，默顿学派更是将科学交流系统作为一种“社会建制”来研究。作者合作和作者引用关系虽然是作者之间的学术关系，但是其背后隐藏着作者之间深厚的社会关系。首先，对于作者合作关系，师生合作和同事合作是其最基本的合作模式，而这两种模式无疑都受到作者之间社会关系的限制。合作并不是理想化的产物，也不是口号，它具有非常明显的“社会小团体”性质。虽然本书研究的是作者合作写论文，但是社会关系也深深影响着其他合作形式（如项目合作、联合主持学术会议）。所以，在一定程度上讲，要想合作必然要首先培养社会关系，没有深厚的社会关系在内，那么合作交流的内容可能比较肤浅，频次也不会很高。其次，对于作者引用关系，本书也反复强调了作者之间引用的一个重要条件，即“作者之间的相互认可”，这里的相互认可可以从多个角度来理解，如两个人是好朋友，相互认可；两个人不是朋友，但是相互欣赏等。很明显，这里的“认可”也包含作者之间的社会关系。所以，科学交流系统是一个社会系统，深刻反映着作者之间的社会关系，这点必须加以正视。这也告诉我们，在平时交流中要加深和扩大自己的社会关系圈，这将有利于自己合作圈子的扩大，并且可以更大概率地让同行认同自己，这样自己才能在科学交流系统的“金字塔”结构中处于有利地位。

(3) 作者学术关系是一个有机整体，关系之间亦有关系，结合起来可以更好地展现一个学科（或领域）的科学交流特点与规律。作者合作和作者引用甚至网络环境下的作者链接关系作为作者学术关系的基本类型，并不是独立和脱节的，而是一个有机的整体。本书的研究已经表明，作者合作关系和作者引用关系之间不仅在统计学上有着一定的相关性，在特例分析中也存在较高的相关性。这直接证实了作者学术关系的有机性。作者合作与作者引用都包含着一定程度的社会关系在其中，这就为它们之间有一定的相关性提供了可能。所以，在研究作者学术关系时，要多角度进行研究，这样才能全面揭示作者之间的交流特点和规律。

(4) 马太效应在科学交流系统中起着支配作用，要清晰认识这点并弥补其带来的负面影响。这点虽然在研究与启示的第一点有所涉及，但是为了突出这点的重要，特单列出来进行阐述。在交流规律研究中，我们发现幂律分布广泛存在于科学研究中，即少数人掌控着整个科学交流系统，这些少数人有着较大的学术话语权，并且在科学共同体科学交流圈的形成中起着举足轻重的作用。马太效应就似一只无形的手紧紧掌控着整个科学交流系统，并且保持着科学交流系统的“金字塔”结构。所以，在平时的科学研究中要正视马太效应，也就是要正视权威作者的巨大学术影响力，在项目、科研经费方面要适当倾斜于他们，这样可以保障项目进行顺利并产出有较大影响力的成果。但是，一定要对马太效应的负面效应有足够的认识，那就是不利于新人的成长，所以在平时如何引导师生之间（或者是权威专家与新人之间）的“传、帮、带”非常重要，如何让新人从“金字塔”的最底层逐渐上升到上层是每个权威学者尤其是年长权威学者必须考虑的问题，否则会出现断层，甚至在某一方面后继无人，最终导致“学派”的倾覆。如何帮助新人成长不是口号，也不仅仅是单靠新人个人努力的问题，外部环境和机制的保障也非常重要，是一个系统化工程。

后 记

中学时代，写作文时经常用“光阴似箭，岁月如梭”来形容时间的飞逝，那个时候更多的是文字的把玩，实质上更期盼的是时间过得更快一点。但是，工作以后才真正感觉到时间的飞逝，一晃眼博士毕业已近4年，2014年我得到了“中西部高校综合实力提升工程人才支持计划”和“山西省高等学校优秀青年学术带头人”的资助，出版计划才提上日程。经过一段时间的修改，终于付诸出版。

首先要感谢恩师邱均平教授的悉心指导，至今邱老师9年前为我仔细修改第一篇学术论文的情景仍然历历在目。没有邱老师的悉心指导就不会有我的快速成长，撰写的博士论文也不可能获得湖北省优秀博士论文的荣誉称号。没有邱老师的极力引荐，也不可能在科学出版社这样权威的出版社出版。另外，我也要感谢山西大学刘维奇教授、李景峰教授、李常洪教授、裴成发教授、相丽玲教授、尚珊教授、郎永杰主任、吴文清处长和山西省教育厅张志强处长等领导和同事对我工作的帮助和支持，尤其要感谢刘维奇教授为我提供了更多的学术发展空间和机会。我还要感谢我的家人：感谢父母的养育之恩，没有他们含辛茹苦的抚育就不可能有我今天的一切；感谢妻子对我的关心、照顾和支持，使我能够静心做一些自己喜欢做的事情；感谢儿子给整个家庭带来的快乐，希望他开心健康成长。最后还要感谢科学出版社邹聪编辑的悉心帮助和辛勤劳动。

本书虽将出版，但相关研究还需进一步进行，如基于作者链接关系的科学交流研究、不同共现强度算法效果的比较、只计第一作者与考虑合作者的比较研究、多学科的验证及专门信息计量系统的开发等。笔者最近几年在此基础上进行了一些后续研究，相关论文已经发表在国内外学术期刊上，欢迎各位同行探讨，也期待与各位的深入合作，为我国科学计量学研究做一些力所能及的贡献。

最后，谨以此书深切缅怀已经去世多年的爷爷、奶奶、姥爷、姥姥，感谢他们对我的无尽疼爱！

马瑞敏

2015年1月16日于山西大学